数据结构与算法

入门到提高（Python语言实现）

谭琨 韦韬◎编著

化学工业出版社

·北京·

内容简介

《数据结构与算法入门到提高（Python 语言实现）》面向零基础的读者，全面讲解了数据结构和算法的相关知识。全书共 8 章，首先介绍了相关概念和 Python 语言的基本情况，再讲解核心知识：线性表、栈、队列、树、图等数据结构，最后解读了查找、排序等算法及 Python 的相关库和模块实现多种数据结构的方法。全书内容通俗易懂、文字精练，搭配相关例题和案例，可快速理解重点、难点。同时，本书附有代码，且对代码均做了详尽的解析，可轻松上手实操，对初学者非常友好。

本书适合数据结构和算法的初学者阅读学习，也可作为高校计算机及相关专业的教材使用。

图书在版编目（CIP）数据

数据结构与算法入门到提高：Python 语言实现 / 谭琨，韦韬编著．—北京：化学工业出版社，2023.10

ISBN 978-7-122-43877-5

Ⅰ．①数… Ⅱ．①谭…②韦… Ⅲ．①软件工具 - 程序设计 Ⅳ．① TP311.561

中国国家版本馆 CIP 数据核字（2023）第 136148 号

责任编辑：雷桐辉
责任校对：李露洁
装帧设计：王晓宇

出版发行：化学工业出版社
（北京市东城区青年湖南街13号 邮政编码100011）
印　　刷：北京云浩印刷有限责任公司
装　　订：三河市振勇印装有限公司
787mm×1092mm 1/16 印张13½ 字数332千字
2024年1月北京第1版第1次印刷

购书咨询：010-64518888
售后服务：010-64518899
网　　址：http://www.cip.com.cn
凡购买本书，如有缺损质量问题，本社销售中心负责调换。

定　　价：79.80元

前言

PREFACE

计算机是一种“笨”机器，只会按照预定的指令一步步执行，计算机语言的特点是精确、无二意，它的本质是一连串0、1构成的代码，即使是C、Java等高级语言也要翻译成机器语言，才能被计算机执行，因此高级语言的表达能力并没有得到本质上的提升。而人类交流时使用的语言则是模糊的、不精确的，程序员的主要工作就是怎么把这种用人类语言描述的内容转化为用计算机语言来描述和表达。这种转化描述和表达的能力是程序员入门的条件，学习数据结构则是锻炼和提高这种能力的方式。

另外，学习数据结构和算法的过程也是深化学习编程语言的过程，数据结构和算法需要通过实现、观察效果、了解过程来学习，同时，整个学习过程会提升对语言的理解和使用能力，这种同时学习、共同进步的状态是最好的。

自2003年以来，Python始终是排行于TIOBE编程社区索引前十最流行的编程语言之一。2021年10月，它首次成为最流行语言第一名（居于C语言和Java之前），并被选为2007年、2010年、2018年、2020年和2021年的年度编程语言。因此本书用Python语言来展示数据结构和算法的相关代码，可以看成Python语言的应用提高部分。

本书包括Python语言基础、线性表、栈、队列、树、图、查找、排序等内容。本书所有的代码均可直接运行，这将降低读者进行实践的难度并可以提高学习兴趣，毕竟兴趣才是最好的老师。

本书可作为数据结构的入门书籍，所有解决问题的思路都以图或表的方式呈现，这种深入浅出的方式希望能给读者带来更好的阅读体验。

感谢化学工业出版社的编辑，在他们帮助下确立了本书的方向和主要内容；感谢所有支持本书出版的工作人员和家人。

限于编者的水平，本书一定存在不妥之处，希望广大读者批评指正。

编著者

目录

CONTENTS

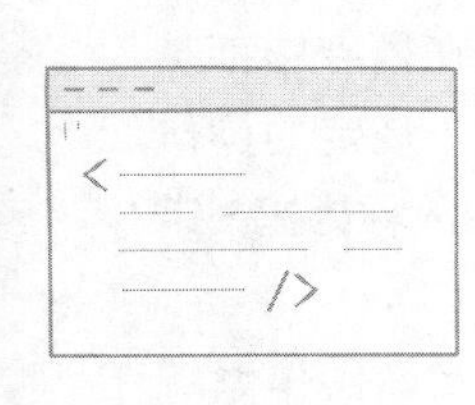

PYTHON

第1章 绪论

1.1 计算机程序是什么

人类探索世界最初采用的工具是石器或动物骨骼。人类的祖先在使用天然工具的过程中逐渐学会了制造工具。早期人类制造的工具都是石器，这些石器常常与动物的遗骸和人为弄碎的骨头一起被发现。由此，古人类学家推断，石器的出现与早期人类的狩猎和食肉行为密切相关。

为了生产或生活，人类一直在创造工具解决问题，如同蒸汽时代的蒸汽机、电气时代的电机，信息时代人类创造了计算机和互联网。

时至今日，在能看到的任何地方，计算机都在改变着世界，它们在桌子上、口袋里或者别的什么地方。那么计算机如何工作呢？

CPU 是计算机的核心，它的内部有控制器、运算器和寄存器。计算机在运行时，先从内存中取出第一条指令，控制器对指令进行译码，按照译码结果，从存储器中取出数据进行算术运算、逻辑运算等操作，然后再按地址把结果送到内存中去。接下来，再取出第二条指令，在控制器的指挥下完成规定操作，依此进行下去，直至遇到停止指令。程序与数据在内存中都是以 0、1 的方式存取，按程序编排的顺序，一步一步地取出指令。自动地完成指令规定的操作是计算机最基本的工作原理，这一原理最初是由冯•诺依曼于 1945 年提出来的，故称为冯•诺依曼原理。

一系列的指令被称为程序，那些优秀的程序让人们更方便地使用计算机，比如操作系统 Windows 的出现，比如 Java、Python、C 语言等高级语言的出现。不仅如此，程序还会改变人们的生活方式，如微信、京东、美团的出现。指令或者程序操作的原料就是数据。

1.2 常见的数据结构

简单来说，数据结构指数据的组织形式和基本框架，可以理解为人体的骨架、大树的根茎、房屋的地基等。合适的数据结构，让我们能够更好地处理数据。常见的数据结构有以下三种。

（1）线性表

表结构是数据处理中最常见，也是最基础的结构形式。线性表是 n 个具有相同特性的数据元素的有限序列。数据元素是一个抽象的符号，其具体含义在不同的情况下一般不同。

在稍复杂的线性表中，一个数据元素可由多个数据项（item）组成，此种情况下常把数据元素称为记录（record），含有大量记录的线性表又称文件（file）。

线性表中的个数 n 定义为线性表的长度，n=0 时称为空表。在非空表中每个数据元素都有一个确定的位置，如用 a_i 表示数据元素，则 i 称为数据元素 a_i 在线性表中的位序。

线性表的相邻元素之间存在着序偶关系。如用（$a_1, \cdots, a_{i-1}, a_i, a_{i+1}, \cdots, a_n$）表示一个顺序表，则表中 a_{i-1} 领先于 a_i，a_i 领先于 a_{i+1}，称 a_{i-1} 是 a_i 的直接前驱元素，a_{i+1} 是 a_i 的直接后继元素。当 i=1, 2, …, n−1 时，a_i 有且仅有一个直接后继，当 i=2, 3, …, n 时，a_i 有且仅有一个直接前驱。非空线性表的特点如下：

① 集合中必存在唯一的一个“第一元素”。

② 集合中必存在唯一的一个“最后元素”。

③ 除最后一个元素之外，均有唯一的后继（后件）。

④ 除第一个元素之外，均有唯一的前驱（前件）。

如图 1.1 所示的线性表有 a、b、c、d 四个元素，第一个元素为 a，最后一个元素为 d。

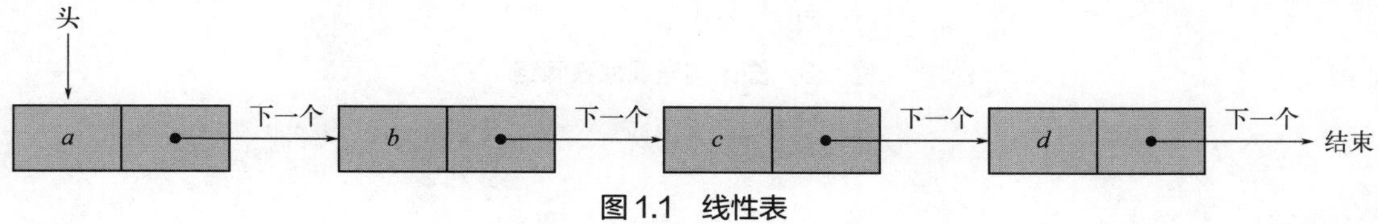

图 1.1　线性表

（2）树结构

树结构在客观世界中广泛存在，如人类社会的族谱和各种社会组织机构都可用树形象表示。如图 1.2 所示呈现了《红楼梦》中的主要人物关系，它像一颗倒置的大树，最上面一个结点称为根结点。

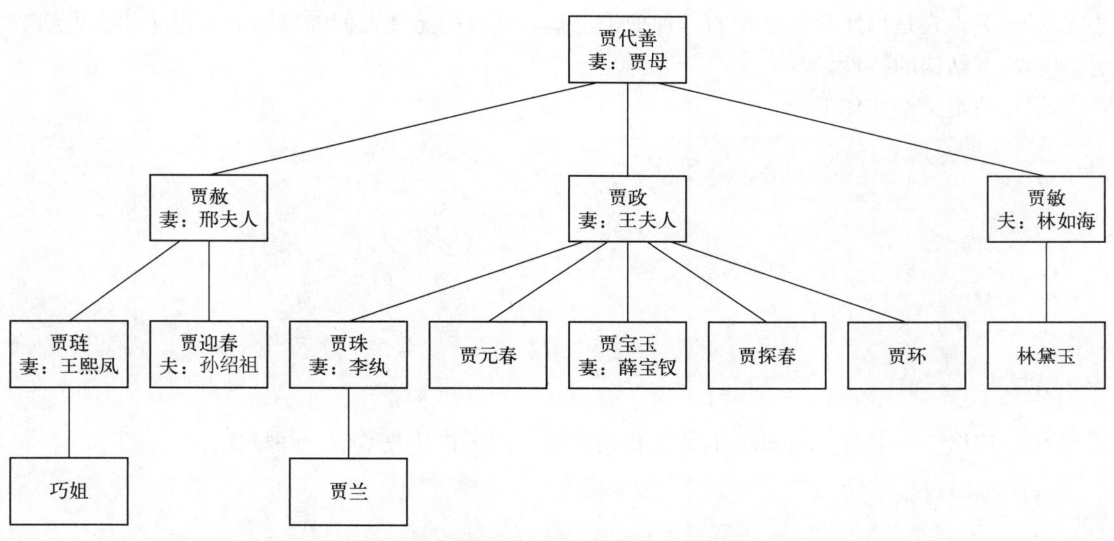

图 1.2　树结构呈现《红楼梦》中主要人物关系

（3）图结构

图在实际生活中有很多例子，比如交通运输网、地铁网络、社交网络、计算机中的状态执行（自动机）等都可以抽象成图结构。图结构是比树结构复杂的非线性结构。

如图 1.3 所示为北京地铁站北新桥周围的地铁站示意图，其中的阿拉伯数字表示地铁线路编号。

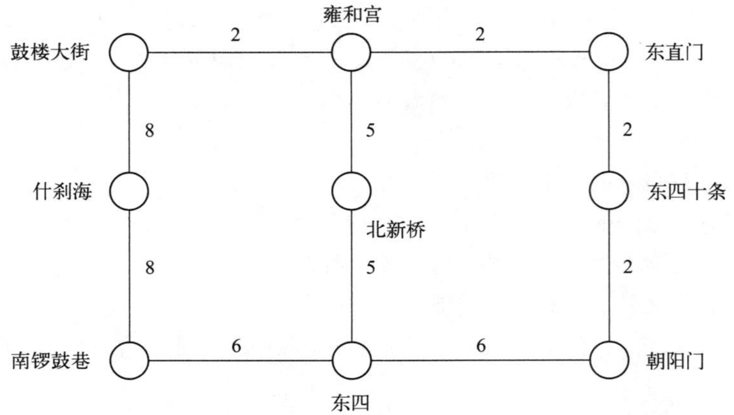

图 1.3　图结构呈现地铁网络

1.3 抽象数据类型（ADT）

抽象数据类型（abstract data type, ADT）是指计算机科学中对操作对象所做的一种规范化描述，该描述取决于它的一组逻辑特性（比如它的属性定义和操作方法），而与计算机内部如何表示无关。它是描述数据结构的一种理论工具，其目的是使人们能够独立于程序的实现细节来理解数据结构的特性。

常见的定义格式如下：

```
ADT 抽象数据类型名
{
   Data:
     数据定义;
   Operation:
     操作 1;
     操作 2;
     ...
}
```

例：构造一个名为 Complex 的抽象数据类型，用于描述复数的一些特性。

```
ADT Complex
{
数据对象：
    D={a,b| a,b 均为实数 }
数据关系：
    R={<a,b>| a 是实部, b 是虚部 }
数据操作:
    AssignComplex(z,a,b) : 构造复数 z
    DestroyComplex( z ): 销毁复数 z
    Add(z1,z2): 返回两个复数 z1,z2 之和
}
```

1.4 算法及其作用

1.4.1 算法的定义和性质

算法（algorithm）是对特定问题求解步骤的一种描述，它是指令的有限序列，其中每一条指令表示一个或多个操作。此外，算法还具有下列 5 个重要特性：

① 有穷性。一个算法必须总是（对任何合法的输入值）在执行有穷步之后结束，且每一步都可在有穷时间内完成。

② 确定性。算法中每一条指令必须有确切的含义，当读者理解时不会产生二义性。即对于相同的输入只能得出相同的输出。

③ 可行性。一个算法是可行的，即算法中描述的操作都是通过已经实现的基本运算执行有限次来实现的。

④ 输入。一个算法有零个或多个的输入，这些输入取自于某个特定的对象的集合。

⑤ 输出。一个算法有一个或多个的输出，这些输出是同输入有着某种特定关系的量。

通常设计一个“好”的算法应考虑达到以下目标：

① 正确性。算法应当能够正确地解决求解问题。

② 可读性。算法应当具有良好的可读性，以助于人们理解。

③ 健壮性。当输入非法数据时，算法也能适当地做出反应或进行处理，而不会产生莫名其妙的输出结果。

④ 效率与低存储量需求：效率是指算法执行的时间，存储量需求是指算法执行过程中所需要的最大存储空间，这两者都与问题的规模有关。

1.4.2 算法和算法分析

算法分析包括空间效率分析和时间效率分析。对于现代计算机，内存已经足够，对算法影响最大的是时间效率。在时间效率的分析中，抛开具体机器，一个算法所花费的时间与其中核心应用代码的执行次数成正比（其余代码的执行次数忽略不计），执行次数取决于需要处理的元素个数和算法的循环结构。

现就几种典型的循环结构探讨语句的执行次数，用函数 $f(n)$ 来表示核心应用代码的执行次数，也称为效率函数。

（1）线性循环

```
i=0
while i<n:
    # 应用代码 ;
    i=i+1
```

在这个结构中，应用代码会执行 n 次。这一部分的效率函数可以表示为：$f(n)=n$。同理：

```
i=0
while  i<n:
   #应用代码；
   i=i+2
```

这一部分的效率函数可以表示为：$f(n)=n/2$。

（2）对数循环

```
i=1
while i<=n:
   #应用代码；
   i=i*2
```

在这个结构中，应用代码会执行 $\log_2 n$ 次，这一部分的效率函数可以表示为：$f(n)=\log_2 n$。同理：

```
i=n
while i >= 1:
   #应用代码；
   i=i/2
```

这一部分代码的效率函数可以表示为：$f(n)=\log_2 n$。

（3）线性对数循环

```
i=0
while i<n:
   j=1
   while j<=n:
       #应用代码；
       j=j*2
   i=i+1
```

内层循环为对数循环，应用代码执行次数为 $\log_2 n$；外层循环为线性循环，外层代码执行次数为 n，因此，线性循环总共执行 n 次。应用代码执行总次数为 $n\times\log_2 n$。这一部分的效率函数可以表示为：$f(n)=n\times\log_2 n$。

（4）多项式循环

```
i=1
while i<=n:
    j=1
    while j<=n:
       #应用代码；
       j=j+1
   i=i+1
```

内层循环为线性循环，应用代码执行 n 次；外层循环为线性循环，外层循环总共执行 n 次。应用代码总共执行 n^2 次。因此，这一部分的效率函数可以表示为：$f(n)=n^2$。

（5）依赖多项式循环

```
i=1
while i<=n:
   j=0
   while j<i:
      # 应用代码；
      j=j+1
   i=i+1
```

应用代码的执行次数为 $1+2+\cdots+n=[n\times(n+1)]/2$，这一部分的时间效率函数可以表示为：$f(n)=[n\times(n+1)]/2$。

一般来说，应用代码位于嵌套的循环结构里面时，其执行次数为外层循环次数乘以内层循环次数；位于并列的循环结构里面时，其执行次数为两个循环次数相加。这样写出的效率函数 $f(n)$ 可能比较长，当 n 增大时，$f(n)$ 里的一些常量或某些项对函数值影响较小，可以略去不计，这种略去不计的方式称为大 O 表示法。如果 $f(n)$ 为常数，记为 $O(1)$。

大 O 表示法表示 $f(n)$ 的原则是：

① 省略常数，如果执行次数是常数，用常数 1 表示；

② 保留最高阶的项；

③ 变最高阶项的系数为 1。

如 $f(n)=3n+3$，记为 $O(n)$。

如 $f(n)=[n\times(n+1)]/2$，记为 $O(n^2)$。

这种用大 O 表示法表示的效率函数称为时间复杂度，常见时间复杂度排序：

$$O(1)<O(\log n)<O(n)<O(n\log n)^{❶}<O(n^2)<O(n^3)<O(2^n)$$

❶ $O(n\log n)$ 是算法的时间复杂度的表示方法，它表示对数阶的时间复杂度。比如 $\log_2 n$ 和 $\log_9 n$ 的时间复杂度都为 $O(\log n)$，这是因为计算机计算速度很快，它们之间的差别就显得很小。这相当于数学中常讨论数量级，而不讨论具体的数值一样。常数的底影响非常小，因此略去。

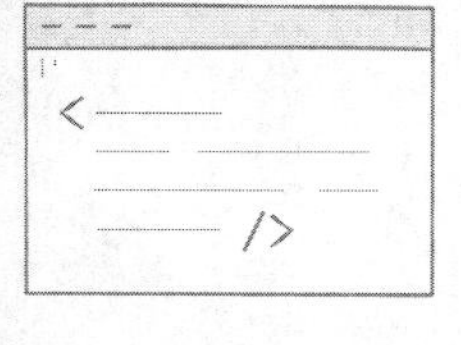

PYTHON

第 2 章

Python 语言基础

高级语言分为编译型语言和解释型语言。

① 编译型语言要求将所有源代码提前一次性转换成二进制指令，生成一个可执行程序（比如 Windows 下的 .exe 文件属于可执行文件，里面包含可执行程序），像 C 语言、C++、汇编语言等，使用的转换工具称为编译器。

② 解释型语言可以一边执行一边转换，需要哪些源代码就转换哪些源代码，不会生成可执行程序，比如 Python、JavaScript、PHP、Shell 等，使用的转换工具称为解释器。解释型语言又称为脚本语言。

Python 语言作为一种解释型脚本语言是吉多・范罗苏姆（Guido van Rossum）开发的，时至今日已经发展为绝不仅仅是“脚本”的语言。由于 Python 具有简洁、严谨、高效和开放免费等优点，很快成了科学计算领域的“新宠”，其源源不断地涌现出功能强大的扩展库，各种开发文档比较完善，形成了良好的 Python 生态环境。特别是近年来随着人工智能的热潮不断，Python 的热度也随之水涨船高。Python 还被用于大型复杂系统项目的实现，比如功能强大的 Web 开发框架 Django。加之 Python 语言易学、易懂且不失严谨，国内外很多大学、教育机构都已经将 Python 语言作为教学语言之一。

Python 的解释器有多种实现，有官方采用 C 语言实现的 CPython，Java 实现的 Jython，还有 .NET 和 Mono 平台实现的 IronPython，以及用 rPython 实现并支持 JIT 即时编译的 PyPy 等。

Python 也经历了多个版本，有一些软件项目或系统仍然在使用旧的 2.X 版本，但大多数都已经升级或是计划升级到 3.X 版本。两个版本在语法上有所不同，虽然提供了迁移的工具软件，但时常需要人工介入处理一些兼容性问题。本书截稿时，Python 的最新版本是 3.11.1，读者调试本书代码至少需要 3.8 版本的 Python。

使用 Python 作为数据结构的“描述”语言，最大的原因是其代码风格简洁高效，能够使读者专注于算法本身，而不需要过于受到语言本身的“约束”。另外需要注意的是，虽然本书给出了数据结构基本原理算法的一系列 Python 实现，但大部分代码是为了解释数据结构原理而实现的算法步骤，并非用于实践的“最优解”，而 Python 对各种常见数据结构的定义、操作早已有相当完善、高效的扩展库来实现。

2.1 Python 的安装

大多数 Linux 发行版、macOS 系统都已经预装了 Python，因为有些系统应用需要使用它。但是这些预装的 Python 不一定是最新的版本，甚至有些还在使用 Python 2.X。可以在命令行使用以下指令查看安装的 Python 版本：

```
python -V
```

如果显示没有找到命令，或是版本号太低，则需要下载安装 Python。不同的 Linux 发行版有不同的安装命令，请参考具体的发行版手册。对于 macOS，可以打开终端，使用以下命令安装：

```
brew install python3
```

对于 Windows 系统，可以在官方网站下载 exe 安装程序。笔者建议使用 Miniconda 这个第三方 Python 包管理器，通过它可以管理多个不同版本的 Python 环境，也可以方便地安装各种扩展库，并自动解决各种文件依赖问题。

注意，Miniconda 实际是 Anaconda 的一种缩小版，只包含了基本的 Python 和 conda 包管理器，而完整的 Anaconda 会安装一系列常用的数据科学扩展库。

安装完成以后，直接在命令行运行“python”即可进入交互模式，可以在此运行 Python 语句并即时获得结果。如果读者喜欢这种模式，可以安装 ipython，这是另一个交互式 Shell，它支持代码自动完成和历史信息查看，安装命令（pip 是 Python 提供的一个包管理器）如下：


```
pip install ipython
```

如果还需要一个功能丰富的（如代码自动完成，可视化界面等）IDE（integrated development environment，集成开发环境）的话，可以考虑使用 PyCharm，它是一个专业的 Python 项目开发工具，全面支持 Django 框架或其他 Python 项目的开发过程。还可以选择免费的 Visual Studio Code（VScode），但是需要做额外的设置。除了以一般的方式开发 Python 项目外，PyCharm 和 VScode 还支持 Jupyter Notebook，以交互的方式使用 Python。

当然，也可以单独使用免费的 JupyterLab，它是基于浏览器的应用程序，使用了开源框架 Electron。但要让它变得更好用也需要做一些设置，而且 JupyterLab 已经加入 pypi 库，可以像安装其他 Python 扩展库一样安装它，命令如下：

```
pip install jupyterlab
```

或者通过 conda 包管理器安装，命令如下：

```
conda install jupyterlab
```

然后通过命令“jupyter-lab”来运行，没有错误的话，它会自动打开一个 Web 浏览器窗口，如图 2.1 所示。

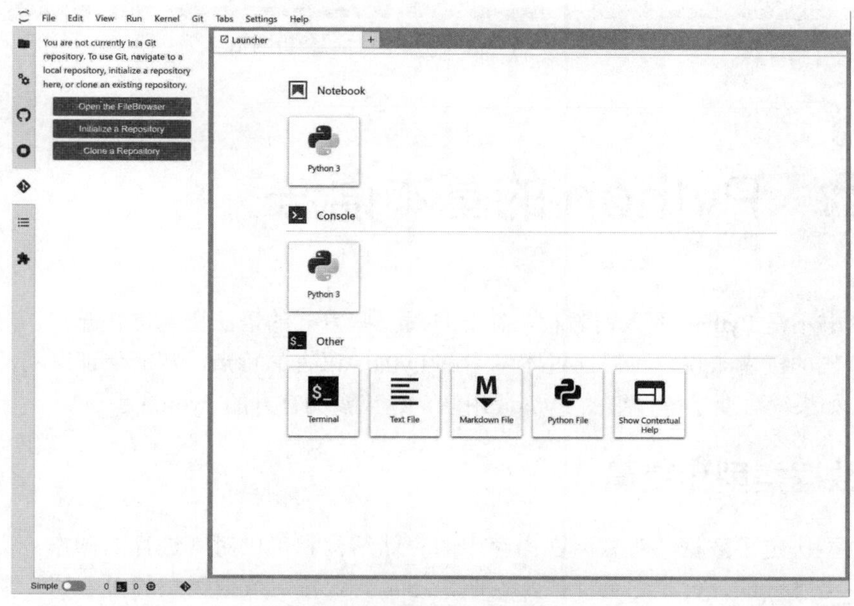

图 2.1　JupyterLab

本书的大部分代码在 JupyterLab 下调试完成。

实际上，也可以不用在本地机器上安装任何 Python 解释器，很多网站提供了一种在线编辑和运行 Python 代码的解决方案，对于不太长的代码调试来说已经足够。比如：Pythontutor.com 的特点是可以提供可视化的代码分析，如图 2.2 所示。

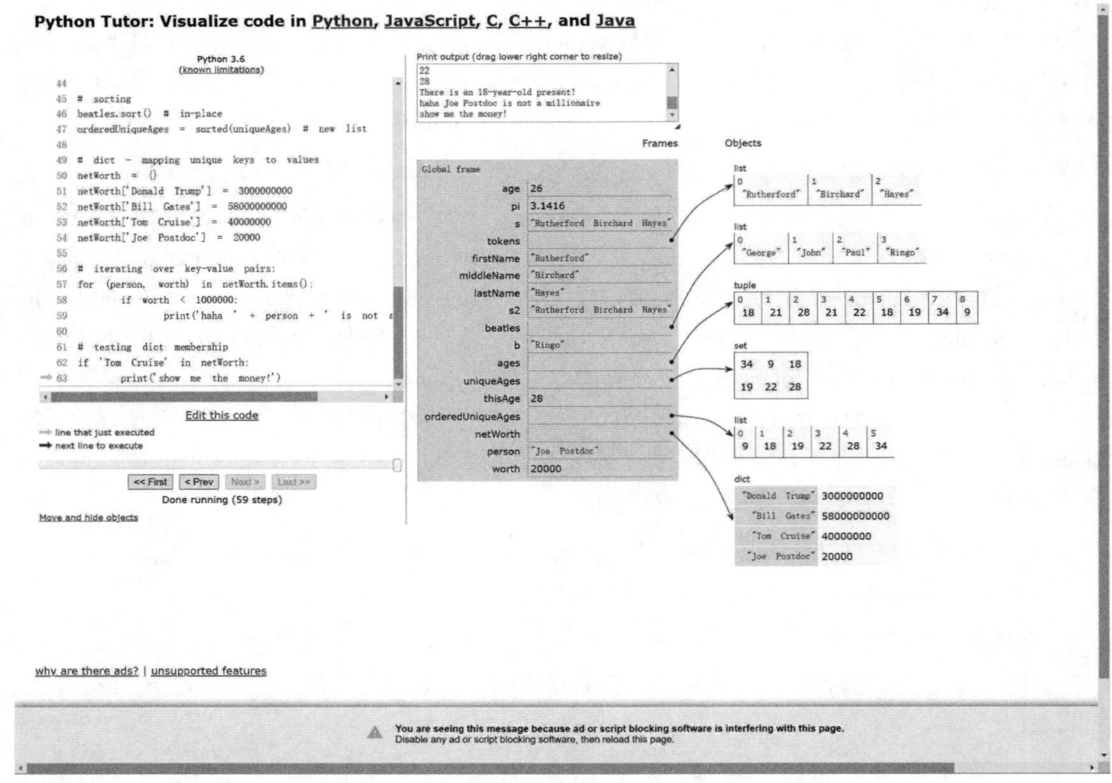

图 2.2　一个线上 Python 代码分析网站

2.2 Python 的基本语法

因为本书不是 Python 的入门教程，在此只对一些重要的语法概念进行介绍，对于有一定程序设计基础的读者来说，可以通过本章了解 Python 语言的特点，从而保证顺利阅读后面章节的代码。如果读者要了解详细的 Python 用法，建议参阅官方的 Python 手册。

2.2.1 数据类型和变量

数据类型决定了数据（对象）在内存中的存储结构和可以对其进行的操作。比如一条狗（dog）是不会飞行的，但是它会“汪汪”叫。通常要把特定数据类型的对象和一个名字关联（有时候会和多个名字关联，称为别名），这个名字就被称为变量，比如一条名叫 maizi 的 dog。

Python 中变量不需要事先声明即可使用，但是必须先给它赋值。而且和其他很多语言不同，maizi 这个变量名不仅可以关联一条狗，在另一时间还可以关联到一只鸟，也就是说变量所代表的（对象的）类型是可以变化的。比如下面的赋值语句是允许的：

```
val = 19
val = 'hello'
```

val 首先引用了（或者说代表、关联，可以想象成这是一根系在对象上的绳子）一个整型的对象，然后它又引用了一个字符串对象（绳子解开，系在了“hello”上）。上面的代码可能会导致永远丢失“19”这个整型对象，因为 Python 的内存回收机制会对不再被使用的对象内存自动进行清理。

Python 具有表 2.1 所示的内置数据类型。

表 2.1 Python 内置数据类型

字符串类型	str
数值类型	int, float, complex
序列类型	list, tuple, range
字典类型	dict
集合类型	set, frozenset
布尔类型	bool
二进制类型	bytes, bytearray, memoryview

注意，变量名（包括其他标识符，比如函数名、类名等）是大小写敏感的，Python 3 支持 UTF-8 字符集，因此可以用中文作为标识符（但不要自找麻烦），并且要符合以下命名规则：

① 标识符可以由字母、数字、下划线（_）组成，其中数字不能作为开头。

② 标识符不能是 Python 关键字，但可以包含关键字。

③ 标识符不能包含空格。

在 Python 中，一切都是对象，包括所有数值类型和字符串类型等，因此它们除了值之外，还都具有相关联的方法和属性。本书出现 Python 内置对象的方法和属性时，只做简要说明，不进行全面深入阐述。

2.2.2 Python 的基本语法结构

不同于其他语言，Python 以换行作为每条语句的分隔，并且用不同的代码缩进来区分不同的代码块及其级别，例如：

```
def hello():
    print('Hello World!')
    print('The first Python program.')

if __name__ == '__main__':
    hello()
```

将以上代码用任一文本编辑器输入，并以文件名 hello.py 进行保存，在命令行通过“python hello.py”命令执行。如果使用 PyCharm 等 IDE，可以直接从菜单或工具栏选择“运行”。如果使用 JupyterLab，笔记（notebook）是它的主体，被保存为后缀是 .ipynb 的笔记本文件，Python 代码是以笔记中的代码单元格出现的，不需要另外保存，可以交互式地执行单元格。

这个程序将在用户的屏幕上打印输出，如下所示：

```
Hello World!
The first Python program.
```

可以看到，函数定义的头部“def 函数名（参数列表）：”下方的两条语句向内缩进了相同的长度，表示这些 print 语句都属于这个函数体；后面的分支语句“if 布尔表达式 :”也是类似的情况，函数调用 hello() 被缩进了，表示它属于这个分支语句块；也可以看到函数头部的 def 和 if 语句是对齐的，从而判断出这是两个同等级别的语句块。总之，Python 通过强制缩进的方式使得不同程序员编程的风格得到较大的统一，这对于代码阅读和协同开发是有好处的。

不过也可以想象，如果一段代码有很多嵌套的语句块的话，就会出现很多层次的缩进，反而会对阅读造成困难，但这也反过来使得程序员避免写出嵌套层次过多的代码结构。也就是说，如果代码难读懂，那很可能需要对代码进行优化。

下面对程序设计中的三种常用基本结构：顺序、分支和循环进行简单的介绍。Python 还具有“函数式编程”的一些特征，也将在本章进行解释。

（1）顺序结构

和其他编程语言一样，Python 语句的基本执行顺序是从上往下依次执行的，除非使用特定的命令改变这种执行流程。

```
a=0
a=a+1
a=a+2
a=a+3
# ……省略 96 行代码
a=a+100
```

比如上面的语句序列，将依次从 1 加到 100，最终通过变量 a 可以获得结果。当然，有编程基础的读者都知道应该用循环结构来改写这种出现重复操作的算法。在程序设计中，经常用盒图（也称为 NS 图）或者流程图来描述算法步骤，如图 2.3 和图 2.4 所示。

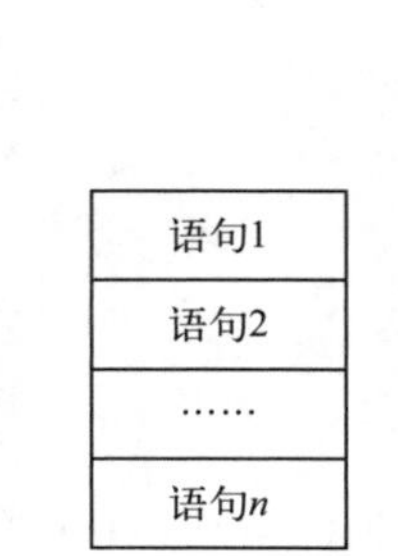

图 2.3 顺序结构的盒图

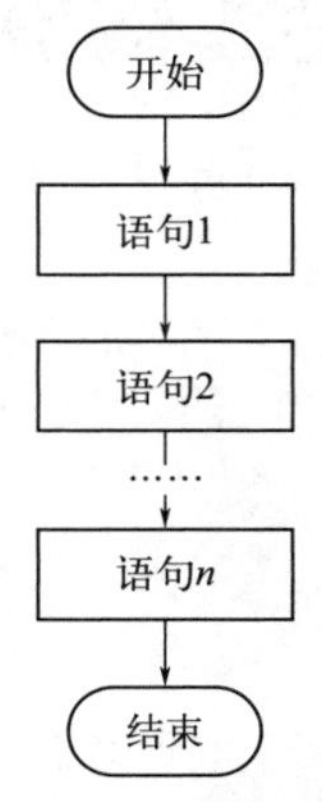

图 2.4 顺序结构的流程图

用图形的方式来描述算法步骤，是程序设计的一个重要技术，还可以通过度量流程图具有的“环”来计算算法的时间复杂度。

（2）分支结构和布尔类型

如将“如果今天晚上你有空就一起去看电影吧。”这句话画成分支结构。

通过一定的条件判断可以选择不同的执行流程，所以也被称为选择结构。可以用图表示，如图 2.5 和图 2.6 所示。

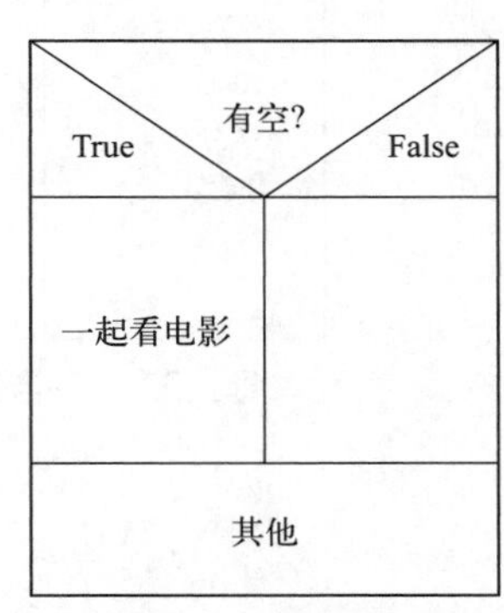

图 2.5　单分支盒图

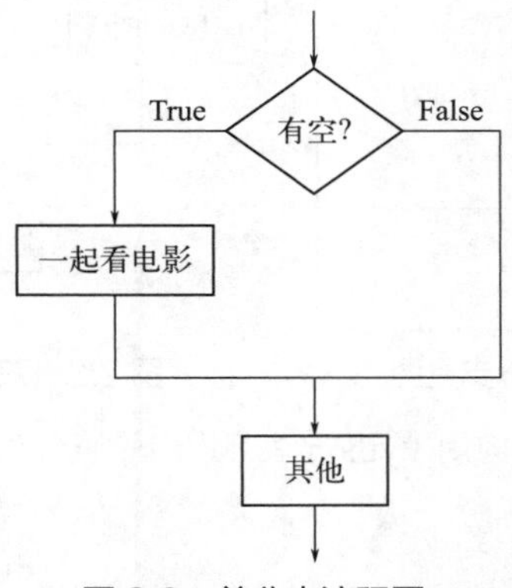

图 2.6　单分支流程图

用 Python 伪代码表示：

```
if 今天晚上有空：
        一起看电影
其他语句
```

在关键字 if 后应该是一个布尔（bool）表达式，其结果类型是 bool 或者是可以转换为 bool 的其他值。比如 Python 任何非零整数都为真，零为假；任何序列长度非零就为真，空序列则为假。当它取值为“真”时，就会执行冒号后缩进的代码块，否则就会跳过这些语句直接执行后面的代码。布尔值有两个：True 和 False，注意首字母大写。在 Python 中，比较运算支持链式操作，比如：

```
a, b, c = 1, 2, 3
a < b < c
```

结果是 True，表示 a<b 且 b<c。也可以使用布尔运算符，比如上面例子可以等效地表示为：

```
a < b and b < c
```

其他布尔运算还有 or（或）、not（非）。Python 的布尔运算采用短路方式，如果想在应该出现布尔表达式的地方使用赋值运算，必须使用 := 符号，这是为了避免与 = 和 == 混淆。

前面的例子中，“没有空闲时间”似乎是一个借口，因为当条件为 False 时，并没有去做特别的事。也许更合理的是下面的“双分支”结构：

```
if 今天晚上有空：
        一起看电影
else:
        加班
其他语句
```

其结构的图形化表示如图 2.7 和图 2.8 所示。当布尔表达式的值为 False 时，就会转去执行“else:”语句块。

分支结构允许嵌套，多层次的分支嵌套就形成了多分支结构。如图 2.9 所示。

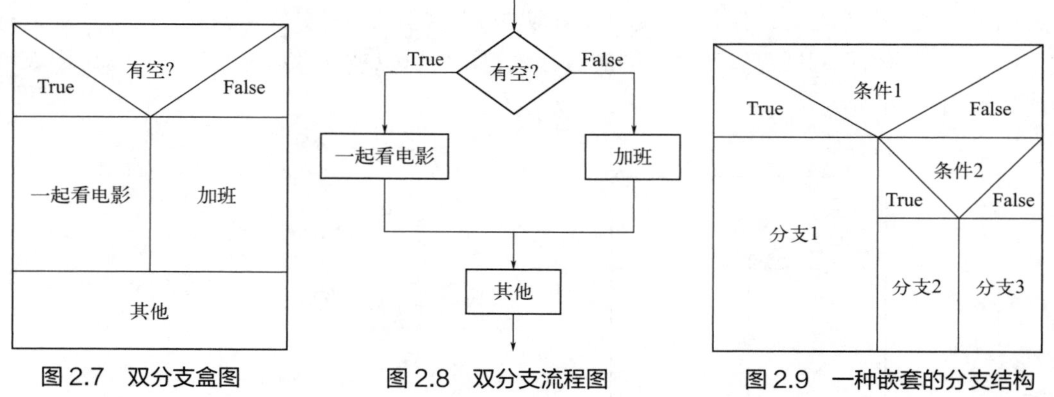

图 2.7　双分支盒图　　图 2.8　双分支流程图　　图 2.9　一种嵌套的分支结构

图 2.9 的结构用 Python 表示如下：

```
if 条件 1:
    分支 1
elif 条件 2:
    分支 2
else:
    分支 3
```

注意到 Python 将下面代码进行了合并：

```
else:
    if:
```

合并写为 elif:。

在 True 的分支同样是可以嵌套其他复杂结构的，上面的例子只在 False 的分支中包含了另一个分支结构，这是更常见的设计模式。

学过其他编程语言的读者可能知道，嵌套的分支结构在某些时候可以使用 switch-case 的语法来实现，但是 Python 一直都不支持，使得程序员只能使用字典来模拟这个功能。直到 3.10 版本以后，推出了功能更强的模式匹配语法 match-case，感兴趣的读者可以参考官方手册。需要注意的是虽然有时候两种多分支能够互相转换，但二者在语义上是不同的，后者用图描述如图 2.10 所示。

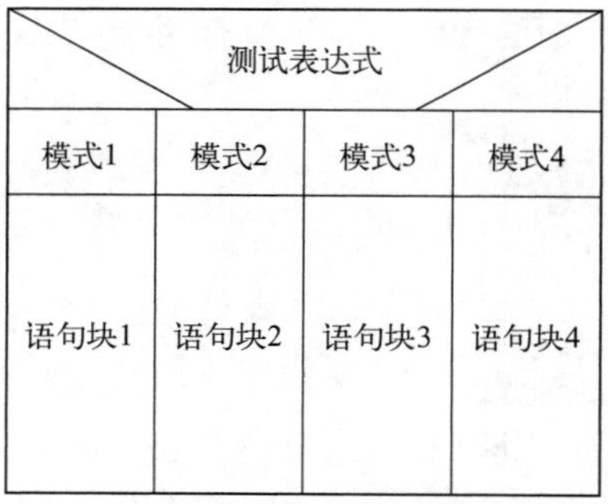

图 2.10　另一种语义的多分支结构

可以看到它并不是以布尔表达式的结果（True 或 False）来选择不同的执行流程，而是将测试表达式和各个模式进行匹配，最先匹配的会被执行。

（3）循环结构

① while 循环。对于前面讲的从 1 加到 100 的程序，可以用 while 语句改写为：

```
1. s, i = 0, 1
2. while i <= 100:
3.     s += i
4.     i += 1
5. print(f'sum={s}')
```

注：为便于描述，给各行语句加上了行号。

第1行分别给变量s和i赋值为0和1，在一条语句中同时为多个变量赋值被称为多重赋值。变量i在第2行作为while循环的控制变量，只有当关系表达式i<=100为True的时候，冒号后被称为循环体的语句才会被执行，在第4行让每次循环时i的值都增加1，这将使得循环控制条件最终会变成False，循环体的执行会被中断，继续执行第5行语句，打印输出累加结果变量s的值，在用户屏幕上显示如下：


```
sum=5050
```

图2.11和图2.12可表示这个算法。

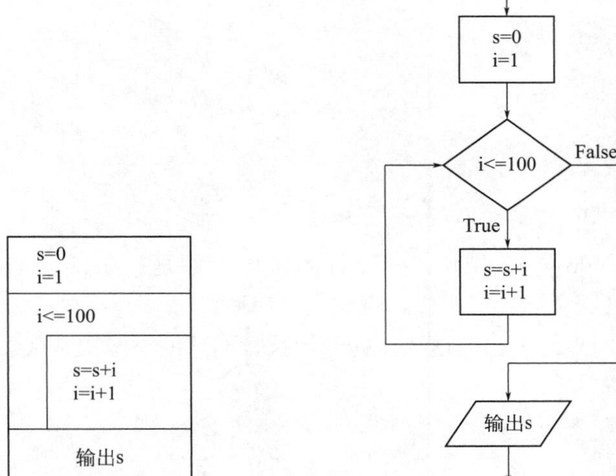

图2.11　while循环的盒图　　图2.12　while循环的流程图

Python没有do-while的语法，只能使用其他方式来实现。

注意，不要使用“sum”作为变量名，因为这和Python的内置函数同名。

② for…in循环。和C语言等不同，Python的for语句本身不提供布尔表达式来终止循环，而是通过迭代（遍历）某个序列（列表或字符串），当迭代完最后一个元素就会终止循环。比如前面while的例子用for来实现如下：

```
1. s = 0
2. for i in range(1, 101):
3.     s += i
4. print(f'sum={s}')
```

第2行语句的函数调用range(1,101)会生成一个有序列表（准确地说是一个迭代生成器对象，因为它不会直接产生一个完整的list，而是需要取出列表中元素时，才返回这个值），其中包含的元素是从1到100的整数。每次迭代将从列表中取出一个元素赋值给i。

如果想像 C 语言一样使用索引的方式进行迭代，可以结合 len 函数，比如：

```
1. a = ['Mary', 'had', 'a', 'little', 'lamb']
2. for i in range(len(a)):
3.   print(i, a[i])
```

上述代码第 2 行中，len(a) 的结果为 5。当 range 函数的调用只有一个参数时，生成的列表元素默认从 0 开始，到参数值 −1 的元素结束，即 [0,1,2,3,4]。

输出结果为：

```
0 Mary
1 had
2 a
3 little
4 lamb
```

③ 循环控制子句 break、continue、else

a. break 语句和 C 语言中一样，用于跳出它所在的 while 或 for 循环，通常和条件语句一起使用。再次以累加为例如下：

```
1. sum, i = 0, 1
2. while True:
3.     sum += i
4.     i += 1
5.     if i > 100:
6.         break
7. print(f'sum={sum}')
```

这个例子模拟了 do-while 结构，第 2 行的循环条件是布尔常量 True，如果没有后面的 break 语句，这个循环将无限执行下去，直到程序崩溃。

b. continue 子句用于结束当前迭代，并开始执行循环的下一次迭代。下面例子跳过了字母 ‘l’，只输出其他字符：

```
for ch in 'hello world!':
    if ch == 'l':
        continue
print(ch, end='')
```

输出结果为：

```
heo word!
```

c. 当 while 循环条件为 False，或者 for 循环全部迭代结束时，将会执行 else 子句，也就是说，使用 break 结束的循环不会执行 else 子句。下面的例子利用这个特点打印素数：

```
for n in range(2, 50):
    for x in range(2, n//2+1):
        if n % x == 0:
            break
    else:
        print(n, end=' ')
```

输出结果为：

```
2 3 5 7 11 13 17 19 23 29 31 37 41 43 47
```

注意这里的 else 是 for 的子句，并非 if 的子句。代码第 2 行中，n//2 表示 n 除以 2 后取整数部分，因为 n 肯定不能被大于它一半的数整除（使得 n 能够被整除的某个因子肯定小于等于 n 的平方根）。第 3 行中，n 如果能被某个 x 整除（余数为 0），将会用 break 退出 x 的循环。如果直到循环结束，全部 x 都不能整除某个 n，则会执行 else 分支，打印这个 n（素数）。第 6 行中，为了避免换行，print 函数调用使用了一个 end 参数，用来设置输出字符串最后附加的内容为空格，默认是 \n。

2.3 重要内置数据类型

在 2.2.1 小节中已经提到，Python 有若干内置数据类型，它们的实例实际上都是对象，具有丰富的属性和方法，大多数是自然、直观的，不需赘述，在此只对最常用的类型做简单的介绍。

2.3.1 字符串（str）

字符串既可以用一对单引号括起来，也可以用一对双引号括起来。下面是在交互模式下的输入输出，其中 >>> 符号是输入提示符。

```
>>> print("麦子是一条狗，它会说'汪汪汪'")
麦子是一条狗，它会说'汪汪汪'
>>> print('橘子是一只猫，它会说"喵呜"')
橘子是一只猫，它会说"喵呜"
```

优点是很多时候不需要为字符串中的单引号或双引号设置转义符 \。

字符串属于 immutable 对象，即不可变对象，不可以修改原字符串。字符串和列表都是一种序列，有很多相同的操作，比如都可以通过索引访问各个字符，如下：

```
>>> say = 'Hello World!'
>>> type(say)
<class 'str'>
>>> say[0]
'H'
>>> say[-1]
'!'
```

在交互模式下可以单独输入变量名，查看对象的值。上面例子说明变量 say 所引用的对象是 str 类型，字符串索引是从 0 开始计数，同时还支持负值索引，表示从右至左的方向进行索引，最右边元素索引为 −1。

字符串支持切片操作，如下：

```
>>> say[1:4]
'ell'
>>> say[5:-1]
' World'
>>> say[:]
'Hello World!'
```

可以看到 [1:4] 表示截取索引 1 到 4 之间的字符元素，但不包括索引为 4 的元素。当省略 : 左右两侧的整数时，表示头或尾的范围。

2.3.2 列表（list）

列表是 Python 最常用的复合数据类型。和 C 语言的数组不同，列表可以包含不同类型的元素，如下：

```
>>> age = [12, 20, 60, '青年', '中年']
>>> age
[12, 20, 60, '青年', '中年']
```

和字符串类似，列表也支持索引和切片，但它属于 mutable 类型，其内容可以改变，如下：

```
>>> age[3] = 80
>>> age
[12, 20, 60, 80, '中年']
```

可以通过 append 方法向列表末尾增加元素，如下：

```
>>> age.append(100)
>>> age
[12, 20, 60, 80, '中年', 100]
```

Python 提供了很多修改列表元素的方法，如 insert、remove、pop 等。

列表可以嵌套，如下：

```
>>> age.append(['不惑','耄耋'])
>>> age
[12, 20, 60, 80, '中年', 100, ['不惑', '耄耋']]
```

对于列表（或序列）的操作有很多内置函数和方法，比如排序、求最大值、求最小值等。

字符串和列表都会检查索引范围，并对越界抛出 IndexError 异常，但是注意切片表达式会自动处理索引，不会抛出异常。

列表推导式是 Python 的一个重要功能，它提供了在一行语句内用迭代来创建新列表的方法，如下：

```
>>> squares = [x**2 for x in range(10)]
>>> squares
[0, 1, 4, 9, 16, 25, 36, 49, 64, 81]
```

在上面例子的列表中出现了 for in 循环，每次迭代将 [0, 1, 2, …, 9] 中的元素依次取出做平方运算（x**2 表示 x^2），将运算结果作为列表的元素。列表推导式还支持条件约束，比如只取偶数的平方作为列表元素，如下：

```
>>> squares = [x**2 for x in range(10) if x%2==0]
>>> squares
[0, 4, 16, 36, 64]
```

2.3.3 元组（tuple）

可以简单地将元组视为列表的只读版本，支持索引、切片等，但不能修改元组中元素的值，它的形式是使用一对小括号括起来，如下：

```
>>> pets=('麦子','橘子',101,'Tomcat')
>>> pets
('麦子', '橘子', 101, 'Tomcat')
```

要学习的是使用元组打包、解包变量的能力，如下：

```
>>> a,b,c,d=pets
>>> a
'麦子'
>>> d
'Tomcat'
```

上面的例子将 pets 包含的四个元素解包到 a、b、c、d 四个变量中。实际上前面提到过的多重赋值，就是元组打包和解包的组合。有时候可以省略小括号。

2.3.4 集合（set）

集合包含一系列不重复的无序元素，所以不可能通过索引来访问。Python 的集合类型支持并、交、差、异或操作，使用大括号或 set() 来创建，如下：

```
>>> basket1 = {'苹果', '橙子', '苹果'}
>>> basket2 = {'梨', '橙子', '香蕉'}
>>> basket1
{'苹果', '橙子'}
```

可以使用 in 或 not in 来判断集合是否包含某个元素，如下：

```
>>> '苹果' in basket1
True
```

2.3.5 字典（dict）

字典是一种键值对的集合，以关键字作为索引来访问其中的元素，如下：

```
>>> cat = {'name':'橘子', 'age':2}
>>> cat
{'name': '橘子', 'age': 2}
>>> cat['name']
'橘子'
```

关键字必须是不可变类型，通常用字符串或数值，值可以为任意类型。注意空的大括号 {} 创建的是空字典，而不是 set，如下：

```
>>> type({})
<class 'dict'>
```

2.4 函数

函数是具有特定功能的一段程序指令，通常情况下可以通过函数名在程序的任意位置进行调用，而没有名字的函数又被称为匿名函数，通常在定义它的地方进行调用，或者作为其他函数的参数和返回值等。

2.4.1 函数定义

函数定义的一般形式如下：

```
def 函数名(形式参数列表):
    函数体
```

函数可以使用 return 语句返回一个值。下面是一个求斐波那契数列的例子：

```
1. def fib(n):
2.     """返回一个最大值为 n 的斐波拉契数列 list"""
3.     result = []
4.     a, b = 0, 1
5.     while a < n:
6.         result.append(a)
7.         a, b = b, a+b
8.     return result
```

第 2 行代码由三个引号（双引号或单引号）括起来的字符串被称为文档字符串，因为它在其他工具的帮助下可以自动生成文档，或直接使用 help() 函数查阅。它实际是 Python 多行文本的语法，会自动在换行处加入 \n 换行符，当字符串出现在模块或函数的开始时，就会成为文档字符串；而当多行字符串独立出现在程序中的其他地方时，把它作为注释（单行注释用符号 # 开始）。

当没有设置缺省参数值时，函数调用要注意实际参数与形式参数数量一致，如下：

```
>>> fib(10)
[0, 1, 1, 2, 3, 5, 8]
```

Python 函数调用时参数总是按值传递，或者说是拷贝了一份引用的副本到函数，但不会拷贝引用所指向的对象本身，如下。

```
>>> def test1(stu):
...     stu['姓名'] = '张三'
...     stu['成绩'] = 80
...
>>> stu1 = {}
>>> test1(stu1)
>>> stu1
{'姓名': '张三', '成绩': 80}
```

实参 stu1 和形参 stu 都引用的是同一个字典对象，所以给形参添加键值对，其实就是给实参添加键值对。而如果在函数中让 stu 引用了其他的对象，并不会影响实参引用的对象，如下：

```
>>> def test2(stu):
...     stu = {'姓名': '李四', '成绩': 90}
...
>>> stu1 = {}
>>> test2(stu1)
>>> stu1
{}
```


在 test2 函数中，形参 stu 实际上是引用了一个新创建的字典，对这个字典的操作不会影响实参 stu1 引用的字典（一直都是空字典 {}）。

2.4.2 匿名函数

可以使用 lambda 关键字创建匿名函数。一般定义形式如下：

```
lambda 形参列表 : 表达式
```

例如将匿名函数作为另一个函数的返回值，如下：

```
def addbase(n):
    return lambda x: x+n
```

相当于：

```
def addbase(n):
    def add(x):
        return x+n
    return add
```

调用结果如下：

```
>>> fifty = addbase(50)
>>> fifty(5)
55
>>> ten = addbase(10)
>>> ten(5)
15
```

2.5 类

类用于创建将变量（属性）和函数（方法）绑定在一起的对象。类定义的一般形式如下：

```
class 类名 :
      属性定义
      方法定义
```

如下代码定义了一个 Dog 类，它拥有类属性 counter，用于记录产生了多少个 Dog 的实例（对象），类属性可以通过类名或对象名（不建议）后加点“.”来直接访问，比如 Dog.counter。

```
1. class Dog:
2.     counter = 0
3.
4.     def __init__(self, name):
5.         self._name = name
6.         Dog.counter += 1
7.
8.     def get_name(self):
9.         return self._name
10.
11.     @classmethod
12.     def count(cls):
13.         return cls.counter
```

所有实例属性前都需要加上 self 前缀，如上述代码中实例属性 _name，以和方法的局部变量进行区分。实例属性名以一个下划线开始，代表它是一个私有变量，但其实是一个编程风格的约定，语言本身并没有私有变量。

这个例子有两个实例方法 __init__ 和 get_name，实例方法至少有一个参数，并且第一个参数总是代表实例本身，不一定必须是 self 这个名字，这只是一种习惯，但最好不要用别的名字。其中，__init__ 方法（注意前后各有两条下划线）被称为构造方法，即用来创建对象的方法，通常在这里对实例属性进行初始化。

它还拥有一个类方法 count，类方法必须使用第 11 行代码所写的 @classmethod 装饰器进行“装饰”。类方法至少需要一个参数，即第一个参数代表类自身，使用 cls 这个名称和 self 类似，只是一种编程习惯。Dog 类的使用，如下：

```
>>> dg=Dog('麦子')
>>> dg.get_name()
'麦子'
>>> Dog.count()
1
>>> other=Dog('豆豆')
>>> other.count()        # 不建议使用对象实例访问类成员
2
>>> dg._name             # 不建议直接访问约定私有成员
'麦子'
```

在调用实例方法时，不用通过形参传递 self，因为对象实例会自动传递给 self。Python 类也支持静态方法和抽象方法，要注意的是，Python 对象是动态的，可以在运行时增加或删除属性。比如给 dg 对象添加年龄属性：dg._age=2。

类的继承的一般形式如下：

```
class 子类(父类):
      属性定义
      方法定义
```

Python 也支持多重继承，下面的例子说明了继承的用法：

```
1. class Firewood(Dog):
2.   def __init__(self, name, age):
3.     super().__init__(name)
4.     self._age = age
5.
6.   def get_name(self):
7.     return f'柴犬：{self._name}'
8.
9.   def get_age(self):
10.    return self._age
```


第 1 行代码，Firewood 类继承了 Dog 类。在子类中可以通过 super() 直接调用父类的属性或方法，如第 3 行代码调用了父类的构造方法，以对 _name 属性进行初始化。子类自动继承父类的所有方法和属性，也可以改写父类的方法，或是添加自己的方法、属性。Firewood 类的使用如下：

```
>>> dg = Firewood('麦子', 2)
>>> dg.get_name()        # 子类的方法
'柴犬：麦子'
>>> dg.get_age()         # 子类的方法
2
>>> Firewood.counter     # 继承自父类的属性
3
>>> Firewood.count()     # 继承自父类的方法
3
```

2.6 变量作用域

作用域是指名字（变量名、函数名、类名等）可以被访问到的范围。Python 有四种类型的作用域：

① local，局部作用域，函数中定义的变量具有此种作用域；

② enclosing，嵌套的父级函数的局部作用域，即包含此函数的上级函数的作用域；

③ global，全局作用域，模块级别定义的变量具有此种作用域；

④ built-in，系统内置模块中定义的各种名字具有此种作用域，比如数据类型的名字 int、bool 等。

只有模块（module）、类（class）以及函数（def、lambda）才会引入新的作用域，其他的代码块，如 if、while、for 等不会引入新的作用域。

如图 2.13 所示，方框表示了三个 var 变量不同的作用范围，这里为了强调优先级别，三个变量都用了相同的名字。在最内层的方框，即 do_local() 函数内无法访问到外层方框的两个 var 变量，因为同名的局部变量覆盖了它们的作用域；同理，中间一层，即 scope_test() 函数也无法访问到最外层的全局变量 var。

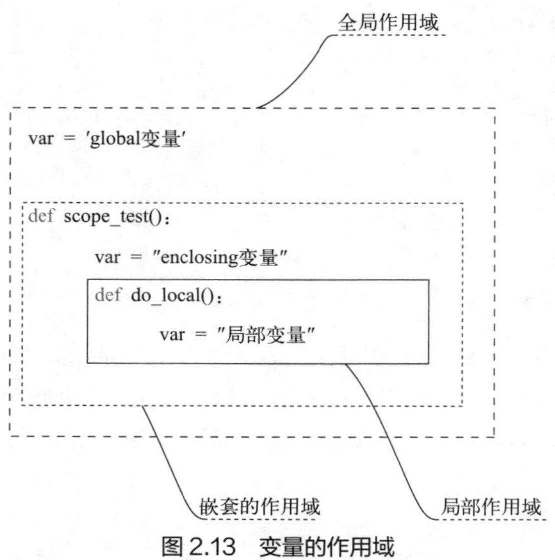

图 2.13　变量的作用域

如果想要在函数内对全局变量或者上层函数的变量进行赋值，必须使用 global 或 nonlocal 语句进行声明，否则会被视为创建新的局部变量，如下：

```
var = 'global 变量 '

def scope_test():
    var = "enclosing 变量 "

    def do_local():
        var = " 局部变量 "

    def do_nonlocal():
        nonlocal var
        var = " 访问非局部变量 "

    def do_global():
        global var
        var = " 访问全局变量 "

        do_local()
        print(" 局部变量赋值之后 :", var)
        do_nonlocal()
        print(" 非局部变量赋值之后 :", var)
        do_global()
        print(" 全局变量赋值之后 :", var)

scope_test()
print(" 全局作用域 :", var)
```

运行结果：

```
局部变量赋值之后 : enclosing 变量
非局部变量赋值之后 : 访问非局部变量
全局变量赋值之后 : 访问非局部变量
全局作用域 : 访问全局变量
```

第 10 行代码使用 nonlocal 对 var 变量进行声明，表示它来自最近的上层函数，所以当第 19 行调用结束，而第 20 行输出语句时，scope_test 函数的 var 变量已经被修改。第 14 行语句通过 global 声明，表示访问的是全局变量 var。

注意，global 声明不要求该全局变量名已经存在，如果不存在则会新建一个全局变量，而 nonlocal 声明要求变量名已经存在上层函数中。

2.7 异常处理

异常是代码执行时检测到的错误，且具有不同的类型，如被 0 除、索引越界等。

```
>>> 1/0
Traceback (most recent call last):
    File "<stdin>", line 1, in <module>
ZeroDivisionError: division by zero
```

如上面例子，未处理的异常会抛出错误，并且系统会指出错误位置和异常类型。

使用 try…except 语句可以捕获和处理异常，如下：

```
1. def divide(x, y):
2.     try:
3.         result = x / y
4.     except ZeroDivisionError:
5.         print("被0除！")
6.     else:
7.         print("结果为：", result)
8.     finally:
9.         print("最后必定执行。")
```

定义了一个除法的函数作为例子。如第 2、3 行代码，将可能引发异常的语句放在 try 语句块内，如果没有出现错误，将会执行 else 语句块，最后执行第 8 行 finally 语句块；如果出现被 0 除的情况，将会被第 4 行代码 except ZeroDivisionError 捕获，然后进行处理，这里的 ZeroDivisionError 就是被 0 除的异常类型，最后还是要执行 finally 语句块。

调用结果如下：

```
>>> divide(1,2)
结果为：0.5
最后必定执行。
>>> divide(1,0)
被0除!
最后必定执行。
>>> divide(1,'0')
最后必定执行。
Traceback (most recent call last):
    File "<stdin>", line 1, in <module>
    File "<stdin>", line 3, in divide
TypeError: unsupported operand type(s) for /: 'int' and 'str'
```

可以看到，当被 0 除时，该异常被捕获，不会执行 else 语句。当出现未被处理的异常时，比如除以了一个字符串，只会执行 finally 语句块，然后抛出异常。

还可以使用 raise 语句重新抛出异常，或是抛出指定的异常类型。

Python 可以编写用户自定义的异常类，只需要继承 Exception 异常类，在此不再详述。

第3章 基本数据结构

首先讲解几种简单而强大的数据结构：线性表、栈、队列。

3.1 线性表

3.1.1 线性表的概念和性质

线性表是 n（$n \geqslant 0$）个相同数据类型的数据元素组成的有限序列。用 L 命名线性表，则其一般表示为：

$$L=(a_1, a_2, \cdots, a_i, a_{i+1}, \cdots, a_n)$$

除第一个元素外，每个元素有且仅有一个直接前驱。除最后一个元素外，每个元素有且仅有一个直接后继。

3.1.2 线性表的数据操作

① 线性表中数据的关系为一对一的关系；

② 线性表中数据的操作包括：

a. 数据的插入：将数据插入线性表中任意位置；

b. 数据的删除：删除线性表中任意位置处的数据；

c. 数据的查找：在线性表中查找某个数据；

d. 求表长：求线性表中元素的个数。

3.1.3 线性表的顺序存储及数据操作

(1) 使用 List 实现线性表的间接顺序存储及相关数据操作

线性表的抽象数据类型只是一个简单的描述，所有的高级语言都有这种抽象数据类型的具体实现，比如 List（列表）就是一种线性表，List 提供了数据的插入、删除、查找等功能，因此 List 是具体的数据类型的实现。

① 插入。使用方法 insert() 可在 List 的任何位置插入新元素，需要指定新元素的索引和值。

② 删除。

a. 使用 del 可删除任意位置处的 List 元素，条件是知道其索引。

b. 方法 pop() 是删除 List 末尾的元素，并能够接着使用该元素。当在小括号中指定要删除元素的索引时，可删除任意位置的元素。

c. 当不知道要从 List 中删除的值所处的位置，只知道要删除的元素的值，可使用 remove()，括号中指定要删除的值。remove() 只删除第一个指定的值，如果要删除的值可能在 List 中出现多次，就需要使用循环来确保将每个值都删除。

③ 查找。查找指定位置的元素，只需指出 List 的名称，再指出元素的索引，并将后者放在中括号内。

④ 求表长。使用 len()，括号内放 List 的名称，即可求 List 的元素个数。

线性表的间接顺序存储是指用一块地址连续的存储空间存放线性表的数据地址，而不是存储数据本身。存储器的存储空间被划分为若干个存储单元，存储单元从 0 开始顺序编号，例如一个存储器有 128 个存储单元，编号从 0 ～ 127，这些编号可以看作存储单元在存储器中的地址，就像一条街，每个房子都有门牌号码。下面看看 List 的元素是不是顺序存储的。

程序 3.1 是查看名为 datas 的 List 中元素的存储地址。id() 功能，返回对象在存储器中的存储地址；hex() 功能，将十进制数转换为十六进制数。从程序结果可以看出，List 的元素不是按顺序存放的。

程序 3.1　查看存储地址

```
datas=['PYTHON',7,0.8,3.1415]
print(hex(id(datas[0])))
print(hex(id(datas[1])))
print(hex(id(datas[2])))
print(hex(id(datas[3])))
```


结果如下：

```
0x7f714ae98e70
0x7f714c1701b0
0x7f714996de50
0x7f714996e890
```

List 中的元素在存储器中没有顺序存储，但是元素的地址是按顺序存放在一段连续的存储空间中，如图 3.1 所示。为了表述方便，设 A、B 是两段存储器，地址 16 位，datas 的元素存储在 B 中，设这些元素的存储地址存放在 A 中 4000H ～ 4007H 这 8 个连续的存储单元。每个存储单元可存储一个字节，每个地址占 2 个字节，4 个地址正好需要 8 个存储单元。有这样的内存分配方式，List 中才可以存放不同类型的数据元素，如程序 3.1 中的 datas，里面有字符串、整型和浮点型的元素。而其他大部分语言实现的线性表，比如 C 语言中的数组也是一种顺序存储的线性表，数组元素（不是元素地址）本身在内存中是顺序存放的，同一个数组的元素必须具有相同的数据类型。

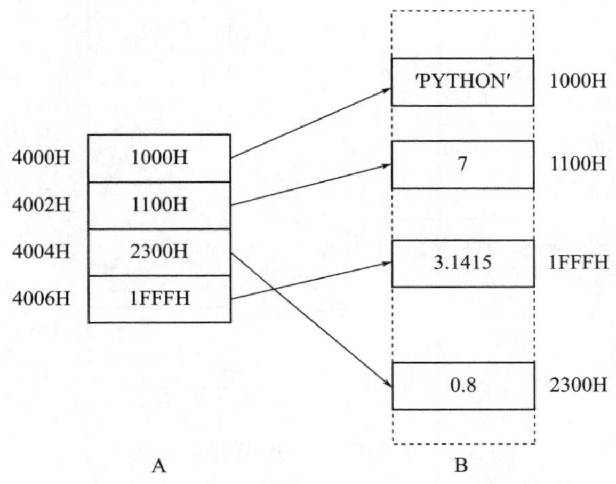

图 3.1　元素地址按顺序存放在连续存储空间

当使用语句如 remove(7) 删除 datas 中的元素 7 时，7 在存储器 B 中的存储地址为 1100H，该地址存储于 A 中，A 将产生如图 3.2 所示的变化，2300H、1FFFH 移动覆盖 1100H，地址移动两次，所以 remove() 的时间复杂度与 List 的元素个数 n 有关，最坏的情况是移动元素地址 $n-1$ 次，remove() 的时间复杂度为 $O(n)$。同理，使用 del 删除元素时，时间复杂度也是 $O(n)$。而 pop() 有两种情况，括号内指明索引值时，时间复杂度是 $O(n)$；pop() 不带参数时，用于删除末尾的元素，不需要移动元素地址，只需要修改元素个数，因此不带参数时 pop() 的时间复杂度是 $O(1)$。

设存储器初始情况如图 3.2 所示，datas[1]=0.8，0.8 的存储地址 2300H 存在 A 中地址 4002H 处。如果使用语句 datas.insert(1,8)，在索引为 1 的位置处插入元素 8，如图 3.3 所示，A 中的地址信息将移动两次，第一次将 1FFFH 移到地址 4006H 处，第二次将 2300H 移到地址 4004H 处，空出的地址空间 4002H 处放入新元素 8 的存储地址 1100H，则完成 datas.insert(1,8) 操作。因此 insert() 的时间复杂度与元素个数有关，最坏的情况是移动元素地址 $n-1$ 次，insert() 的时间复杂度为 $O(n)$。

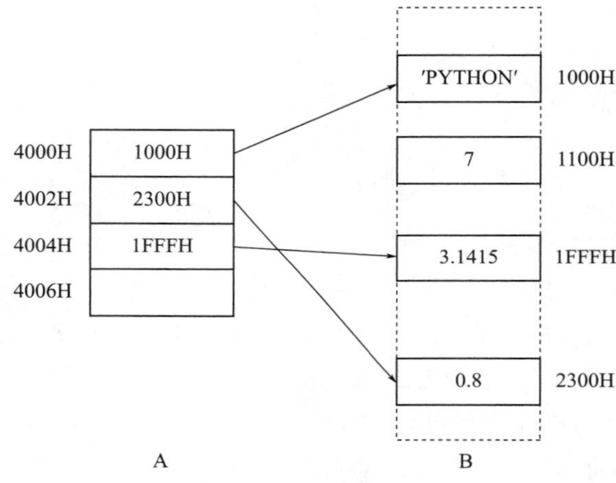

图 3.2　删除 datas 中元素 7 后 A 的变化

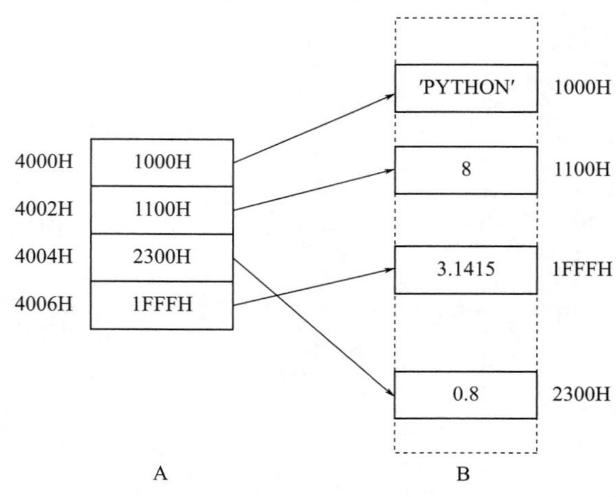

图 3.3　在索引为 1 的位置插入元素 8

【案例 3.1】将线性表（22, 34, 78, 56, 90, 88, 100）中位于区间 (0, 60] 的数据删除。

程序 3.2　数据删除（1）

```
1. datas=[22,34,78,56,90,88,100]
2. i=6
3. while i >= 0 :
4.     if datas[i] > 0 and datas[i] <= 60 :
5.         del datas[i]
6.     i=i-1
7. print ( datas)
```

程序 3.2 中第 5 行 del 后跟 List 名和索引，指删除 List 中指定位置的元素。第一个 List 元素的索引为 0，而不是 1。Print() 为打印函数。第 3 ～ 6 行是将 datas 的元素从后往前进行判断，当元素大于 0 且小于等于 60，即位于区间 (0, 60] 时，则删除该元素。第 7 行为退出循环后打印 List，结果如下：

```
[78, 90, 88, 100]
```

还可以用更简洁的程序 3.3 代替程序 3.2。

程序 3.3　数据删除（2）

```
datas=[22,34,78,56,90,88,100]
newdatas=[item for item in datas if item < 0 or item > 60]
print(newdatas)
```

与程序 3.2 的输出结果相同，如下：

```
[78, 90, 88, 100]
```

问题 3.1

将程序 3.2 改成程序 3.4，输出结果是 [34, 78, 90, 88, 100]，为什么没有删除数据 34 ？思考后看分析。

程序 3.4　改写程序 3.2

```
1. datas=[22,34,78,56,90,88,100]
2.  i=0
3.  while i<=4:
4.     if datas[i] > 0 and datas[i] <= 60 :
5.         del datas[i]
6.     i=i+1
7. print ( datas)
```

分析

i=0 时，datas[0]=22，第 4 行为真，则执行第 5 行 del datas[0]，执行后 datas=[34, 78, 56, 90, 88, 100]，此时 34 的索引从原来的 1 变为 0，第 6 行执行后 i=1，转到第 4 行，程序将判断和操作 data[1]，而不是 data[0]，34 将不再被访问，导致输出结果有误。

【案例 3.2】程序 3.5 为输出线性表（1, 9, 2, 5, 7, 3, 4, 6, 8, 0, 75, 76, 80, 70, 69）中第一个最长连续递增子序列的程序。

程序 3.5　输出第一个最长连续递增子序列

```
datas=[1,9,2,5,7,3,4,6,8,0,75,76,80,70,69]
```

```
length=1                        # 当前递增子序列的长度
start_index=0                   # 当前递增子序列的开始索引
max_length=0                    # 当前最长递增子序列的长度
max_length_index =0             # 当前最长递增子序列的开始索引
i =0
while i < len(datas)-1 :
    if datas[i] < datas[i+1]:
        length=length+1
    else :
        length=1
        start_index=i+1
    if length > max_length:
        max_length=length
        max_length_index =start_index
    i=i+1

print(f" 第一个最长连续递增子序列为:
  {datas[max_length_index:max_length_index+max_length]}")
```

len(datas) 确定 Listdatas 的长度，Listdatas 的索引从 0 到 len(datas)-1。datas[max_length_index: max_length_index + max_length] 代入参数变为 datas[5:9]，表示 List 切片，该切片是包含数据 datas[5]、datas[6]、datas[7]、datas[8] 的 List，即 [3, 4, 6, 8]。表 3.1 展示了程序 3.5 中变量的值。

表 3.1　程序 3.5 中变量的值

i	datas[i]	length	start_index	max_length	max_length_index
0	1	2	0	2	0
1	9	1	2	2	0
2	2	2	2	2	0
3	5	3	2	3	2
4	7	1	5	3	2
5	3	2	5	3	2
6	4	3	5	3	2
7	6	4	5	4	5
8	8	1	9	4	5
9	0	2	9	4	5
10	75	3	9	4	5
11	76	4	9	4	5
12	80	1	13	4	5
13	70	1	14	4	5
14	69	1	14	4	5

结果如下：

```
第一个最长连续递增子序列为: [3, 4, 6, 8]
```

问题 3.2

将程序 3.5 中第 13 行改为“if length >= max_length:”，输出结果还是 [3, 4, 6, 8] 吗？思考后看分析。

分析：

程序 3.5 中第 13 行改为“if length >= max_length:”。参照表 3.1，i=11 时，length=max_length=4，第 13 行为真，从而执行第 14、15 行，执行后 max_length_index 为 9，max_length 为 4，最后输出的结果是 datas[9:13]，即 [0, 75, 76, 80]。

（2）用 array 或 numpy 模块实现线性表的直接顺序存储及相关操作

前面提到 list 顺序存储在内存中的实际上是数据的地址，数据本身并非连续存放，即所谓的间接顺序存储，虽然牺牲了访问速度，但带来了数据的灵活性。如果为了更快地访问数据，并且各个数据元素的类型都一样的话，应该使用 array 或 NumPy 模块，它们可以将数据直接存储在一段连续的内存空间中，也就是实现了大多数经典语言如 C 语言的“数组”类型。

具体使用方法本书不再赘述，需要注意 NumPy 是第三方模块，导入之前需要先使用 pip install numpy 命令安装该模块。

3.1.4 用 Python 实现线性表的链式存储及数据操作

线性表的链式存储，又称链表，它是指通过一组任意的存储单元来存储线性表中的数据元素。

为了建立数据元素之间的线性关系，对每个链表结点，除存放元素自身的信息外，还需要一个指向其后继结点的引用，如图 3.4 所示，这种结点构成的链表称为单向链表。

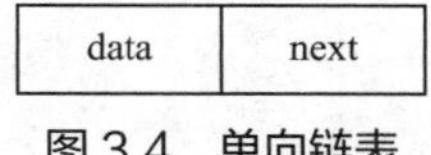

图 3.4 单向链表

图 3.4 中，data 存放数据元素；next 是对后继结点的引用。

常见的单向链表结点类定义如程序 3.6 所示。

程序 3.6 常见的单向链表结点类定义

```
class Node:
      def __init__(self, data=None):
          self.data=data
          self.next=None
```

（1）不带头结点单向链表的数据操作

Python 在内存中分配的对象分成两类：可变对象和不可变对象。可变对象是指对象的内容可变，而不可变对象是指对象内容不可变。

① 可变（mutable）：字典型（dictionary）、列表型（list）。

② 不可变（immutable）：int、字符串（string）、float、数值型（number）、元组（tuple）。

例如，当运行 i=20 这样的语句时，Python 在内存中创建一个“20”，用 i 指向它，20 是

int，属于不可变对象，此时如果运行 i=i+2 时，Python 不是将 i 指向的“20”改为“22”，而是在内存中重新创建一个“22”，将 i 从指向“20”改为指向“22”。

因为整数为不可变，x=1，y=1，z=1 运行后，x、y、z 在内存中均指向一个值为 1 的内存地址，也就是说 x、y、z 均指向的是同一个地址，“x is y”或者“y is z”的结果均为 true。

不可变对象优点是可以减少重复的值对内存空间的占用。缺点是，如果要修改变量绑定的值，若不存在内容为新值的内存块，那么必须重新开辟一块内存（存放新值），再把新地址与变量名绑定。而不是修改变量原来指向的内存块的值，这会在一定程度上降低执行效率。

可变对象的特点就是，当对可变对象进行修改时，不用重新开辟内存等操作，而是直接进行内容修改。

在 Python 中的一切皆为对象，数字是对象，列表是对象，函数也是对象，任何东西都是对象。而变量（如下述的 a、b）是对象的一个引用（又称为名字或者标签），对象的操作都是通过引用来完成的。

① a=1 # 整数 1 赋值给变量 a，相当于是在整数 1 上绑定了一个 a 标签。

② a=2 # 整数 2 赋值给变量 a，相当于把原来整数 1 身上的 a 标签撕掉，贴到整数 2 身上。

③ b=a # 把变量 a 赋值给另外一个变量 b，相当于在对象 2 上贴了 a，b 两个标签，通过这两个变量都可以对对象 2 进行操作。

变量本身没有类型信息，类型信息存储在对象中。

Python 函数中，参数的传递本质上是一种赋值操作，而赋值操作是一种标签到对象的绑定过程，清楚了赋值和参数传递的本质之后，看下面两段代码：

第一段代码：

```
def fun(arg):
    arg = 2
    print(arg)
a = 1
fun(a)      # 输出: 2
print(a)    # 输出: 1
```

过程描述：一个标签 a 指向了数字对象 1，进入 fun 函数时，a 标签赋值给了 arg 标签，也就是说此时 arg 标签和 a 标签同时指向数字对象 1。然后 arg 标签又指向了数字对象 2，此时 a 标签和 arg 标签的指向不一样，print(arg) 输出的是 arg 标签指向的数字对象，即输出 2。最后 print(a) 输出的是 a 标签指向的数字对象 1，即输出 1。

第二段代码：

```
def fun(args):
    args.append(1)
b= []
print(b)            # 输出: []
print(id(b))        # 输出: 140231999072384
fun(b)
print(b)            # 输出: [1]
print(id(b))        # 输出: 140231999072384
```

过程描述：一个标签 b 指向 [] 对象（可变对象），进入 fun 函数时，b 标签赋值给了 args 标签，也就是说此时 args 标签和 b 标签同时指向 list 对象 []。然后 args 标签执行了 args.append(1)，即

list 对象 [] 添加了一个元素 1，此时执行 print(b)，输出 [1]，原因在于 b 和 args 指向同一个 list 对象，list 对象改变，那么 b 指向的对象也变为 [1]。

综上所述，Python 函数的参数传递可以称为传对象（call by object）。

回到单向链表。单向链表中，名为 head 的 Node 类对象总是指向第 1 个结点，head.next 指向下一个结点，head.next.next 指向下下个结点，以此类推，通过 head 可以遍历整个单向链表。当从 head 结点开始存放数据，如图 3.5 所示的数据 4，这样的单向链表称为不带头结点的单向链表，生成这样的链表有多种方法，程序 3.7 是其中一种，采用在链表头部插入结点的方式，简称头插法。

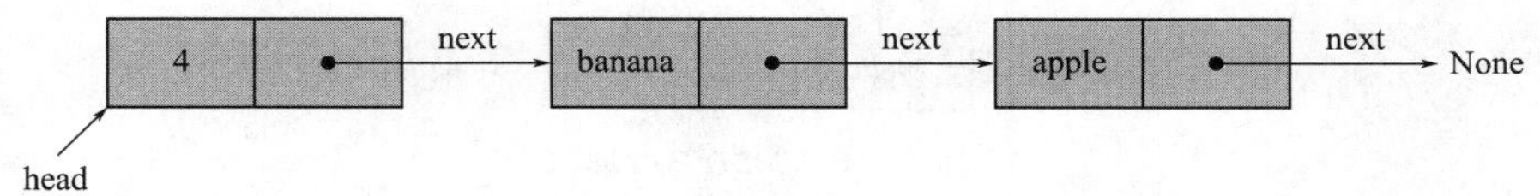

图 3.5　不带头结点的单向链表

程序 3.7 前加上程序 3.6 构成一个完整的程序。

程序 3.7　生成不带头结点的单向链表

```
1. def insert(h,data):
2.         newnode=Node(data)
3.         if h.data==None:# 链表为空
4.            h=newnode# 插入第 1 个结点 newnode
5.         else:
6.            newnode.next=h
7.            h=newnode
8.         return h
9. head=Node()
10. head=insert(head,'apple')
11. head=insert(head,'banana')
12. head=insert(head,4)
13. print(head.data)
14. print(head.next.data)
15. print(head.next.next.data)
```

程序 3.7 中，第 1 行：insert 函数有两个参数，一个参数是名为 h 的结点类对象，另一个参数是待插入的任意类型的数据 data；第 2 行：新生成一个名为 newnode 的结点对象，用于存放待插入的数据 data；第 3、4 行：当 h 的 data 属性为 None 时，单向链表为空，此时 newnode 就是单向链表的第 1 个结点，因此 h 指向 newnode；第 5、6、7 行：如果单向链表不为空，将 newnode 插入第 1 个结点即 h 的前面，插入后 newnode 处于第 1 个结点，因此 h 将指向 newnode；第 9 行：生成一个 Node 类对象 head，由程序 3.6 知，head.data=None，head.next=None，如图 3.6 所示；第 10 行：调用函数 insert(head, 'apple')，传递 head 的引用给 h，h 和 head 指向同一个 Node 类对象，转去执行函数第 2 行 newnode=Node('apple')，newnode 指向结点的 data 属性为 apple，简称为 apple 结点，如图 3.7 所示；转去执行函数第 3 行，h.data==None 为真，转去执行函数第 4 行 h=newnode，h 指向 apple 结点，转去指行函数第 8 行 return h，函数调用结束。此时，head 和 h 指向不同的对象，如图 3.8 所示。执行赋值语句 head=insert(head,data) 后，head 和 h 同时指向 apple 结点，如图 3.9 所示，以下的执行过程类似；第 11 行：调用 insert() 函数，生成 newnode 指向的 banana 结点，其 next 赋值为 h，h 指向 apple 结点，如图 3.10 所示，随后执行

h=newnode，如图 3.11 所示，函数执行完毕，返回第 11 行函数调用处，将函数返回值 h 赋值给 head，如图 3.12 所示；第 12 行：和 banana 结点插入 apple 结点前的方式一样，data 属性为 4 的结点插入 banana 结点前面，h 和 head 指向 data 属性为 4 的结点；第 13、14、15 行：打印单向链表中第 1、2、3 个结点，即所有结点的 data 属性。

输出如下：

```
4
banana
apple
```

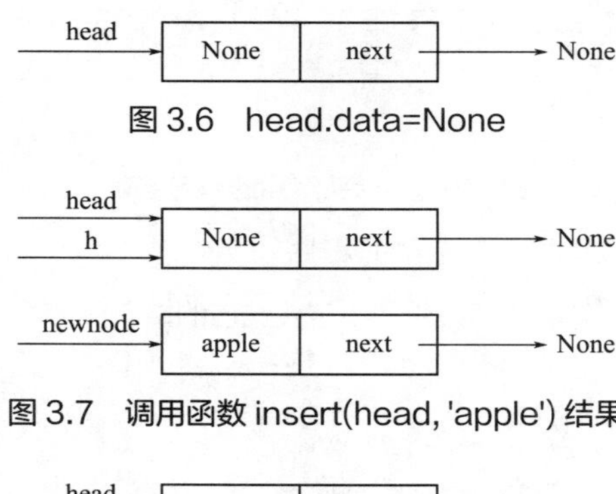

图 3.6　head.data=None

图 3.7　调用函数 insert(head, 'apple') 结果

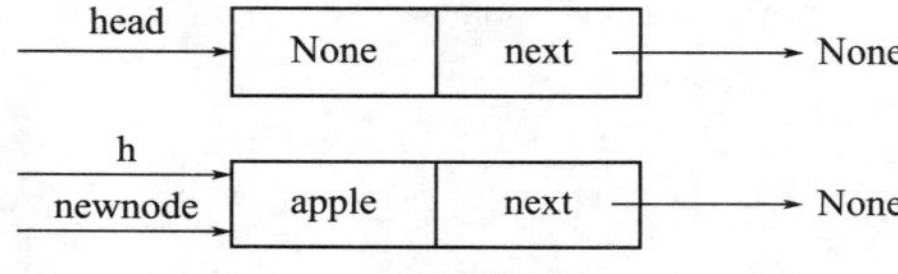

图 3.8　head 和 h 指向不同的对象

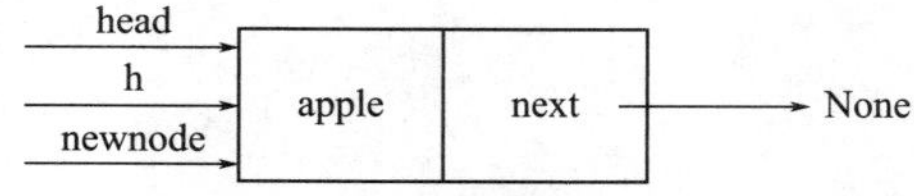

图 3.9　head 和 h 同时指向 apple 结点

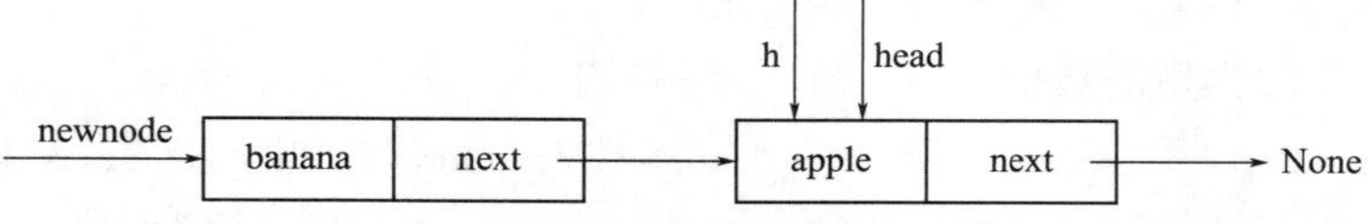

图 3.10　newnode 指向 banana 结点及 h 指向 apple 结点

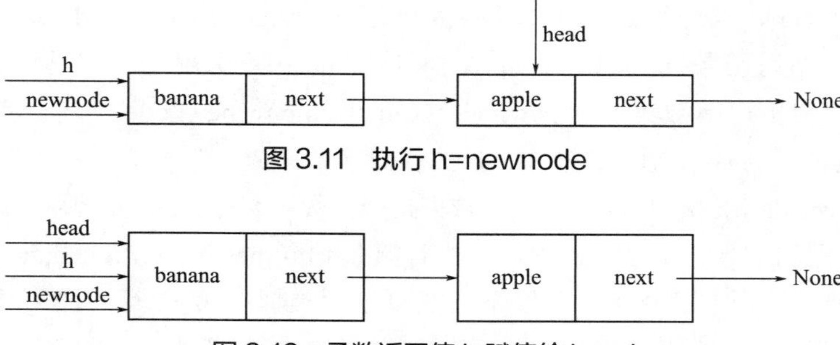

图 3.11　执行 h=newnode

图 3.12　函数返回值 h 赋值给 head

问题 3.3

程序 3.7 中第 13、14、15 这三行代码用 while 语句如何改写？思考后看程序 3.8。

程序 3.8 while 语句改写程序 3.7

```
tmp=head
while tmp!=None
      print(tmp.data)
tmp=tmp.next
```

问题 3.4

如果在程序 3.8 中不使用 tmp，而直接使用 head 作为循环变量会造成什么后果？思考后看分析。

分析：

如果使用 head 作为循环变量，while 循环体内修改循环变量的语句为 head=head.next，执行一次 head 被修改一次，并指向它的下一个结点，不再指向单向链表的头结点。虽然这样能得到同样的输出结果，但会导致无法再通过 head 访问该链表的头结点，所以不能直接使用 head 作为循环变量。

问题 3.5

如果在程序 3.7 中交换第 10 行和第 11 行代码，生成的单向链表有什么不同？思考后看分析。

分析：

头插法生成单向链表时，链表结点的顺序与结点插入顺序相反，即先插入的结点靠后，交换程序 3.7 中的第 10、11 行，得到的单向链表如图 3.13 所示。

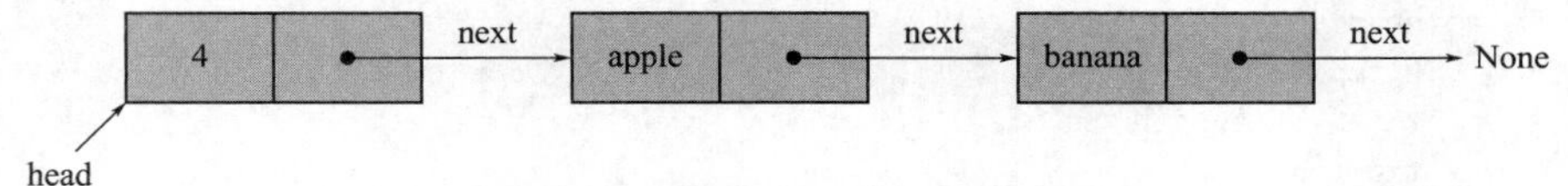

图 3.13 交换程序 3.7 中第 10、11 行代码后得到的单向链表

当生成如图 3.15 所示的单向链表后，如果想知道数据 apple 在链表中第一次出现的位置，该如何实现？可以用循环方式遍历单向链表，遍历结束前，如有结点数据和 apple 相同，返回结点位置，退出循环。遍历单向链表可以采用程序 3.8 的方法，此外，还需要一个表示位置的参数，head 的位置参数为 1，表示第 1 个结点，往后则依次加 1。程序 3.9 中第 1 ～ 11 行是按值查找数据的函数，第 13 行是调用该函数查找 apple 的位置。

程序 3.9 按值查找数据

```
1. def find_data(head,data):   # 按值查找，返回该值在单向链表中的位置
2.         i=1
3.         tmp=head
4.         while tmp!=None :
5.             if tmp.data==data:
```

```
6.                 return i
7.                 break
8.             i=i+1
9.             tmp=tmp.next
10.        if tmp==None:
11.            print('所查数据不存在')
12.
13.print(find_data(head,'apple'))
```

程序 3.9 中，第 1 行：find_data 函数有两个参数，一个参数是名为 head 的结点类对象，head 总是指向单向链表的第 1 个结点，另一个参数是待查找的任意类型的数据 data；第 2 行：位置变量 i，初值为 1；第 3 行：为变量 tmp 赋初值，将 head 的引用赋值给 tmp；第 4 行：循环开始，循环执行条件是 tmp 不为 None；第 5、6、7 行：如果 tmp 指向结点的数据等于待查找数据，返回位置变量，退出循环；第 8、9 行：如果 tmp 指向结点的数据不等于待查找数据，位置参数加 1，tmp 指向下一个结点，返回第 4 行 while 处开始执行；第 10 行：循环结束后如果 tmp 等于 None，说明第 5 句从未为真，第 6、7 句从未执行，待查数据不存在（tmp 指向单向链表最后一个结点时，如果再一次运行 tmp=tmp.next，则 tmp 不是指向下一个结点，而是等于 None，此时所有结点均已被访问）。程序 3.6 和程序 3.7 放到程序 3.9 前面构成一个完整的程序，运行结果如下：

```
3
```

还有一种方式的查找是按位置查找，在写按位查找函数之前，需要先写求结点个数即求链表长度的函数。求表长就是在遍历单向链表的基础上增加计数变量，新访问一个结点时计数变量加 1。程序如下：

程序 3.10　求表长

```
1. def length(head):
2.     i=0
3.     tmp=head
4.     while tmp!=None:
5.         i=i+1
6.         tmp=tmp.next
7.     return i
8. length(head)
```

程序 3.10 是求表长的函数。第 1 行：length() 函数有 1 个参数，参数是名为 head 的结点类对象，head 总是指向单向链表的第 1 个结点；第 2 行：计数变量 i，初值为 0；第 3 行：为变量 tmp 赋初值，将 head 的引用赋值给 tmp；第 4 行：循环开始，循环执行条件是 tmp 不为 None；第 5、6 行：计数变量加 1，tmp 指向下一个结点，返回第 4 行 while 处开始执行；第 7 行：tmp==None 为真时循环结束（tmp 指向单向链表最后一个结点时，如果再一次运行 tmp=tmp.next，则 tmp 不是指向下一个结点，而是等于 None，此时所有结点均已被访问），返回计数变量 i；第 8 行：调用 length() 函数。

程序 3.6 和程序 3.7 放到程序 3.10 前面构成一个完整的程序，运行结果如下：

```
3
```

回到按位查找函数，第 1 个结点的位置为 1，往后依次加 1。查找第 n 个结点对应的数据，从 head 结点开始，位置变量初值为 1，位置变量和 n 比较，相等则返回结点数据，退出循环；否则访问下一个结点，直到位置变量等于 n 或者单向链表遍历结束后退出循环。程序 3.11 中第 1 ～ 12 行是按位查找数据的函数，第 13 行是调用该函数查找第 2 个位置的数据。

程序 3.11　按位查找数据

```
1. def find_n(head,n):  #按位置查找，返回第 n 个结点数据
2.     i=1
3.     if(n <= 0 or n > length(head)):
4.         print('位置必须为大于零且小于等于链表长度的整数')
5.         return
6.     tmp=head
7.     while tmp!=None:
8.         if i==n:
9.             return tmp
10.            break
11.        tmp=tmp.next
12.        i=i+1
13.print(find_n(head,2).data)
```

程序 3.11 中，第 1 行：find_n 函数有两个参数，一个参数是名为 head 的结点类对象，另一个参数是待查找的位置 n；第 2 行：位置变量 i，初值为 1；第 3、4、5 行：如果位置变量为负数或 0，或者大于单向链表的结点个数，输出错误提示并结束函数；第 6 行：变量 tmp 指向单向链表 head 结点；第 7 行：循环开始；第 8、9、10 行：当结点的位置变量 i 等于 n 时，返回该结点，退出循环；第 11、12 行：否则，i 加 1，tmp 指向下一个结点，转到第 7 句循环开始处执行，循环退出条件是 tmp==None 为真或者 i==n 为真；第 13 行：调用函数查找第 2 个结点，并打印该结点的 data 属性。

程序 3.6、程序 3.7 放到程序 3.11 前面构成一个完整的程序，运行结果如下：

```
Banana
```

前面讲解了不带头结点单向链表的插入、按值查找、按位查找、求表长等数据操作，接下来讲解删除第 n 个结点的数据操作。

删除不带头结点单向链表中的第 n 个结点分两种情况：

① n=1 时，修改第 1 个结点的引用即可，如图 3.14 所示，删除第 1 个结点只需将 head 指向第 2 个结点，如果没有任何引用指向 a1 时，其内存空间会被系统自动回收；

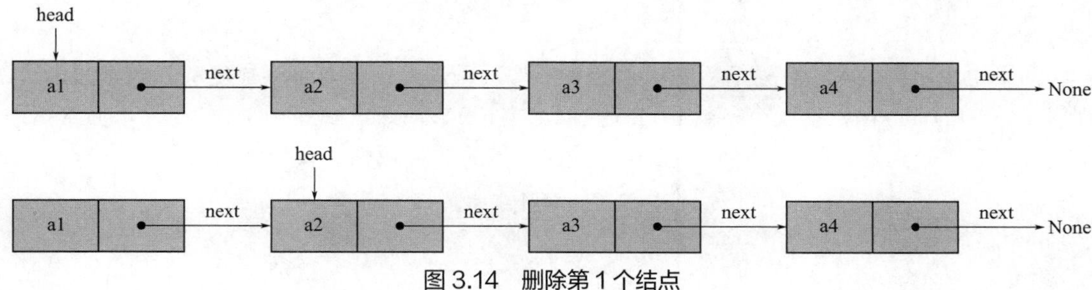

图 3.14　删除第 1 个结点

② n≠1 时，找到第 n 个结点的前一个结点——第 n−1 个结点，把第 n−1 个结点对象赋值给变量 current，修改 current 的 next 属性指向第 n+1 个结点，如图 3.15 所示，删除第 3 个结点

时，将第 2 个结点的 next 属性指向第 4 个结点，当没有任何引用指向第 3 个结点（a3 结点）时，系统会自动回收分配给 a3 结点的存储空间。

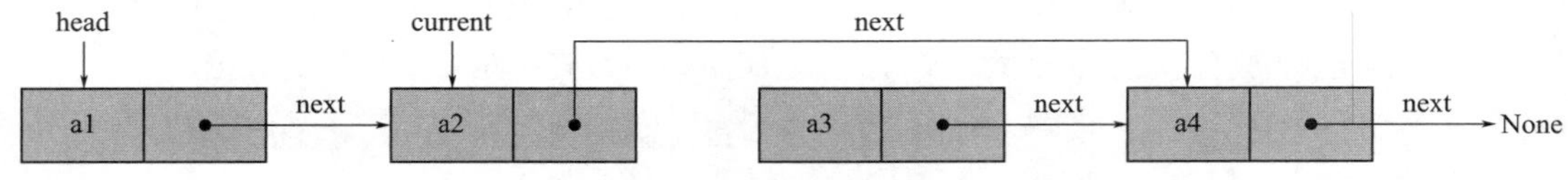

图 3.15　删除第 3 个结点

将上述算法写成代码，程序 3.12 是删除第 n 个结点。

程序 3.12　删除第 n 个结点

```
1. def delete(h,n):    #删除不带头结点单向链表中第 n 个元素
2.     if n==1:
3.         h=h.next
4.         return h
5.     elif n <= 0 or n > length(h):
6.         print('调用 delete(n)，参数 n 有误。')
7.     else:
8.         current=find_n(h,n-1)
9.         current.next=current.next.next
10. head=delete(head,1)
11. print(head.data)
12. length(head)
```

程序 3.12 中，第 1 行：delete() 函数有 2 个参数，一个参数是名 h 的结点类对象，通常指向单向链表的第 1 个结点，另一个参数是待删除结点的位置 n；第 2 行：判断位置参数是否为 1；第 3、4 行：位置参数为 1，表示删除第 1 个结点，将其引用 h 修改为指向下一个结点，返回 h，函数结束；第 5、6 行：位置参数不为 1、为负数或超过单向链表长度时，输出错误提示；第 7、8、9 行：调用 find_n(h, n−1) 函数，返回第 n−1 个结点的引用，赋值给 current，current 指向第 n−1 个结点，将 current 的 next 属性修改为下下个结点（第 n+1 个结点），删除完成，函数结束；第 10 行：调用函数，删除单向链表（第 1 个结点为 head）的第 1 个结点，将函数返回的引用 h 赋值给 head，head 指向变化后链表的第 1 个结点；第 11 行：输出 head 指向结点的 data 属性；第 12 行：调用函数，计算单向链表（head 指向其第 1 个结点）的长度。

将程序 3.6、程序 3.7、程序 3.10 的 1 ～ 7 行与程序 3.11 的第 1 ～ 12 行依次复制到程序 3.12 的前面，会得到一个完整的程序，该程序运行结果如下：

```
Banana
2
```

如果生成单向链表后，想看看链表数据的顺序对不对，可以写一个输出链表数据的函数，程序 3.13 中 pout() 函数有 1 个参数 h，h 是 Node 类（定义见程序 3.6）对象的引用，通常指向单向链表第 1 个结点，从 h 开始，往后依次输出结点的 data 属性，直到链表结束。

程序 3.13　输出链表数据

```
def pout(h):
        tmp=h
        while tmp!=None:
            print(tmp.data)
             tmp=tmp.next
```

前述每一个数据操作都是由一个函数来实现，当确定一个函数能够正确完成其工作后，就可以接着投身于下一个函数的编码任务。

函数在编写代码一次后，想重用多少次就重用多少次，需要运行函数中的代码时，只需编写一行函数调用代码，就可以让函数完成工作。需要修改函数的行为时，只需修改一个代码块，而所做的修改将影响调用这个函数的所有地方。

使用函数让程序更容易阅读，而良好的函数名概述了程序各个部分的作用。相对于阅读一系列的代码块，阅读一系列调用函数能够更快地明白程序的作用。

函数还让代码更容易测试和调试。如果程序使用一系列的函数来完成任务，而其中的每个函数都完成一项具体的工作，测试和维护起来将容易很多。可编写分别调用每个函数的程序，并测试每个函数在它可能遇到的各种情形下是否都能正确运行。

为了灵活而高效地使用函数和数据，可以采用面向对象的方法将它们封装起来。面向对象编程是最有效的软件编写方法之一，这种方法采用类来表示现实世界中的事物和情景，再基于类来创建实例对象。程序 3.14 是基于面向对象思想的代码，用 Node 类表示结点，前面讨论的 apple 结点、banana 结点就是具体的实例对象；Link 类表示不带头结点的单向链表。类中的函数称为方法，Link 类具有 insert、delete 等 6 个方法，对应链表的几个基本数据操作，函数和方法最重要的差别就是它们的调用方式。每个方法定义中都包含形参 self，Link 类的方法通过 Link 类的实例对象调用，self 由 Python 自动传入，它指向调用方法的实例对象本身，程序 3.14 第 71 行的 l 也是一个实例对象。

对于程序 3.14，可以作为实验内容上机调试，生成想要的链表，并对链表进行各种数据操作。

程序 3.14　不带头结点单向链表的数据操作

```
1.  class Node:
2.      def __init__(self,data=None):
3.          self.data=data
4.          self.next=None
5.  
6.  class Link:
7.      def __init__(self):
8.          self.head=Node( )
9.  
10.     def insert(self,data):  # 在链表头部插入新结点
11.         if self.head.data==None:# 链表为空
12.             self.head=Node(data)
13.         else:
14.             tmp=self.head
15.             self.head=Node(data)
16.             self.head.next=tmp
17. 
18.     # 按值查找，返回该值在线性表中的位置
19.     def find_data(self,data):
20.         i=1
21.         tmp=self.head
22.         while tmp!=None :
23.             if tmp.data==data:
24.                 return i
25.                 break
```

```
            i=i+1
            tmp=tmp.next
        if tmp==None:
            print('所查数据不存在')


    def length(self):
        i=0
        tmp=self.head
        while tmp!=None:
            i=i+1
            tmp=tmp.next
        return i


    def find_n(self,n):  #按位置查找，返回第n个结点
        i=1
        if n <= 0 or n > self.length() :
            print('位置必须为大于零且小于等于表长的整数')
            return
        tmp=self.head
        while tmp!=None:
            if i==n:
                return tmp
                break
            tmp=tmp.next
            i=i+1


    def delete(self,n):    #删除线性表中第n个元素
        if n==1:
            self.head=self.head.next
        elif n <= 0 or n > self.length():
            print('调用delete(n)，参数n有误。')
        else:
            current=self.find_n(n-1)
            current.next=current.next.next


    def pout(self):
        tmp=self.head
        while tmp!=None:
            print(tmp.data)
            tmp=tmp.next

l=Link()
l.insert('apple')
l.insert('banana')
l.insert('orange')
l.insert('tomato')
l.insert('onion')
l.delete(0)
l.pout()
print(l.length())
l.delete(2)
l.pout()
```

程序 3.14 编写了一个 Link 类，当根据 Link 类创建新的实例对象时，Python 会自动运行 __init__() 方法，生成 Link 类对象的 head 结点（通常是链表的第 1 个结点），此时 head 的 data、next 属性均为 None。Link 类有 6 个方法，分别是 insert()、find_data()、length()、find_n()、delete()、pout()，第 71 行生成一个 Link 类（链表类）对象 l，第 72 ～ 81 行代码演示了通过 l 调用这些方法，形参 self 由 Python 自动传入类实例对象，如 l。运行结果如下：

```
调用delete(n)，参数n有误。
onion
tomato
orange
banana
apple
5
onion
orange
banana
apple
```


（2）带头结点单向链表的数据操作

带头结点的单向链表则如图 3.16 所示。

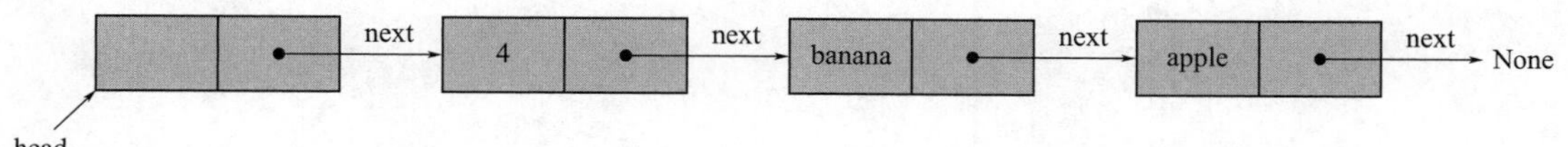

图 3.16　带头结点的单向链表

问题 3.6

对照图 3.5 和图 3.16，说出带头结点的单向链表和不带头结点的单向链表有什么区别？如何修改不带头结点单向链表的数据操作（程序 3.14），使之成为带头结点单向链表的数据操作？思考后看分析。

分析：

不带头结点单向链表的第一个结点从 head 开始，带头结点单向链表的第一个结点从 head.next 开始，程序 3.15 是将程序 3.14 中的 head 改为 head.next 得到，其中的 insert( ) 函数（头插法）做了进一步优化。

程序 3.15　带头结点单向链表的数据操作

```
class Node:
    def __init__(self,data=None):
        self.data=data
        self.next=None

class Link:
    def __init__(self):
        self.head=Node( )

     def insert(self,data):  # 链表的头部插入新结点
```

```
        newnode=Node(data)
        newnode.next=self.head.next
        self.head.next=newnode

    # 按值查找，返回该值在线性表中的位置
    def find_data(self,data):
        i=1
        tmp=self.head.next
        While tmp!=None :
            if tmp.data==data:
                return i
                break
            i=i+1
            tmp=tmp.next
        if tmp==None:
            print(' 所查数据不存在 ')

    def length(self):
        i=0
        tmp=self.head.next
        While tmp!=None:
            i=i+1
            tmp=tmp.next
        return i

    def find_n(self,n):  # 按位置查找，返回第 n 个结点
        i=1
        If n <= 0 or n >self.length( ):
            print(' 位置参数 n 必须为大于零或小于等于表长的整数 ')
            return
        tmp=self.head.next
        While tmp!=None:
            if i==n:
                return tmp
                break
            tmp=tmp.next
            i=i+1

    def delete(self,n):   # 删除线性表中的第 n 个元素
        if n==1:
            self.head=self.head.next
        elif n <= 0 or n > self.length( ):
            print(' 调用 delete(n)，参数 n 有误。')
        else:
            current=self.find_n(n-1)
            current.next=current.next.next

    def pout(self):
        tmp=self.head.next
        while tmp!=None:
            print(tmp.data)
            tmp=tmp.next

l=Link()
l.insert('apple')
```

```
66.l.insert('banana')
67.l.insert('orange')
68.l.insert('tomato')
69.l.insert('onion')
70.l.delete(0)
71.l.pout()
72.print(l.find_data('orange'))
73.l.delete(3)
74.l.pout()
```

程序 3.15 中第 65 行，链表类对象调用方法 insert('apple') 的过程如图 3.17 所示。

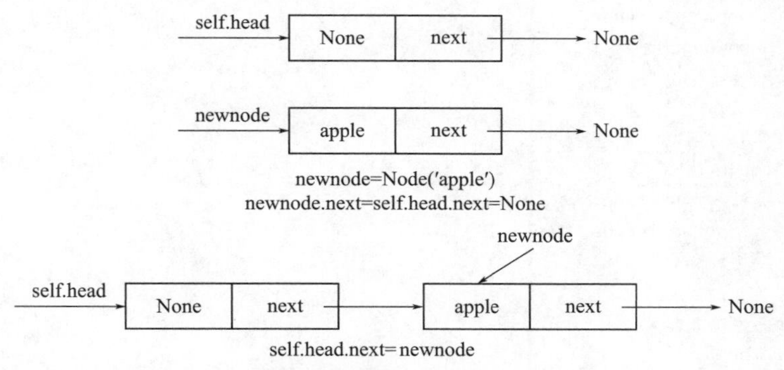

图 3.17　链表类对象调用方法 insert('apple') 的过程

程序 3.15 中第 66 行，链表类对象调用方法 insert('banana')，执行 newnode=Node('banana') 后链表如图 3.18 所示，执行 newnode.next=self.head.next，self.head.next=newnode 后链表如图 3.19 所示，链表中插入两个结点，其余结点的插入逻辑类似。其他如 delete()，find_n() 等方法的逻辑在前面用函数实现的时候讲过，此处不再赘述。

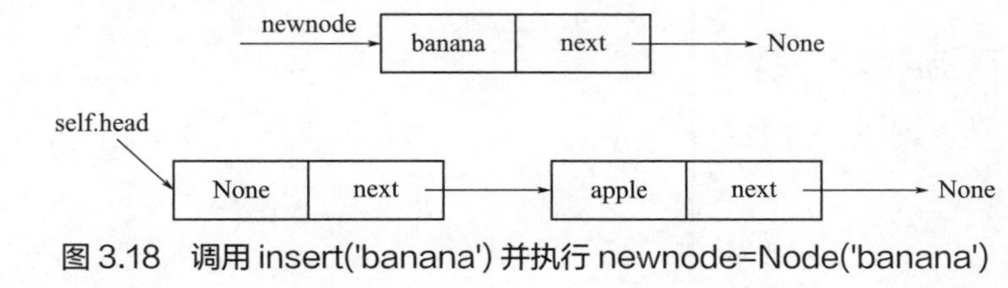

图 3.18　调用 insert('banana') 并执行 newnode=Node('banana')

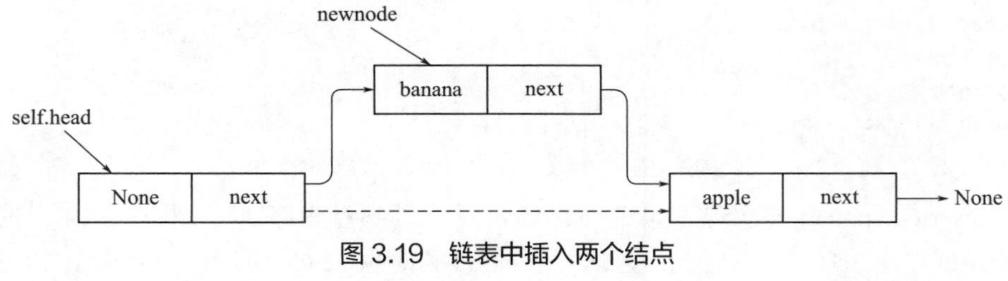

图 3.19　链表中插入两个结点

【案例 3.3】对单向链表逆序操作的程序

程序 3.16 是对不带头结点的单向链表进行逆序操作，包含 1 个 Node 类和 3 个函数，生成链表 a、b、c、d，直接在链表上翻转，逆序成 d、c、b、a。

程序 3.16　对不带头结点的单向链表逆序操作

```
1. class Node:
2.     def __init__(self,data=None):
3.         self.data=data
4.         self.next=None
5.
6. def insert(h,data):
7.     newnode=Node(data)
8.     if h.data==None:# 链表为空
9.          h=newnode# 插入第一个结点 newnode
10.     else:
11.         newnode.next=head
12.         h=newnode
13.     return h
14.
15. def pout(h):
16.         tmp=h
17.         while tmp!=None:
18.             print(tmp.data,end=",")
19.             tmp=tmp.next
20.
21. def reverse(h):
22.     cur=h.next
23.     temp=cur.next
24.     cur.next=h
25.     h.next=None
26.     while cur!=h:
27.         h=cur;
28.         cur=temp;
29.         if temp.next!=None:
30.             temp=temp.next
31.         if cur!=h:
32.             cur.next=h
33.     return h
34.
35. head=Node()
36. head=insert(head,'d')
37. head=insert(head,'c')
38. head=insert(head,'b')
39. head=insert(head,'a')
40. pout(head)
41. print( "      " )
42. head=reverse(head)
43. pout(head)
```

函数 insert()、pout() 的实现逻辑前面已经讲过，可参看程序 3.6 ～程序 3.14 中的相关函数。下面分析程序 3.16，第 35 行：生成一个 Node 类对象 head；第 36 ～ 39 行，通过 insert() 函数生成链表，函数返回的引用赋值给 head，链表如图 3.20 所示；第 40 行：调用 pout() 函数输出链表；第 41 行：换行；第 42 行，调用 reverse() 函数，将 head 指向的引用传给 h，第 42 行转第 21 行开始执行，第 22、23 行执行后，链表如图 3.21 所示；第 24、25 行执行后链表如图 3.22 所示；第 26 行为真，进入循环体；执行第 27、28 行，第 29 行为真，执行第 30 行，第 26 ～ 30 行执行后链表如图 3.23 所示；执行第 31、32 行后链表如图 3.24 所示；回到第 26 行循环开始处，第 26 ～ 28 行执行后链表如图 3.25 所示；第 29 行为假，跳过第 30 行，执行第 31 行，为真，执行第 32 行后链表如图 3.26 所示；回到第 26 行循环开始处，cur!=h 为真，执行第 27、28 行后链表如图 3.27 所示；执行第 29、30 行后链表如图 3.28 所示；第 31 行执行结果为假，跳过第 32 行，回到第 26 行，循环条件为假，退出循环，执行第 33 行，函数调用结束，返回结点对象的引用 h，h 被赋值给 head。此时，单向链表的逆序操作已经完成，head 指向单向链表逆序后的第 1 个结点。

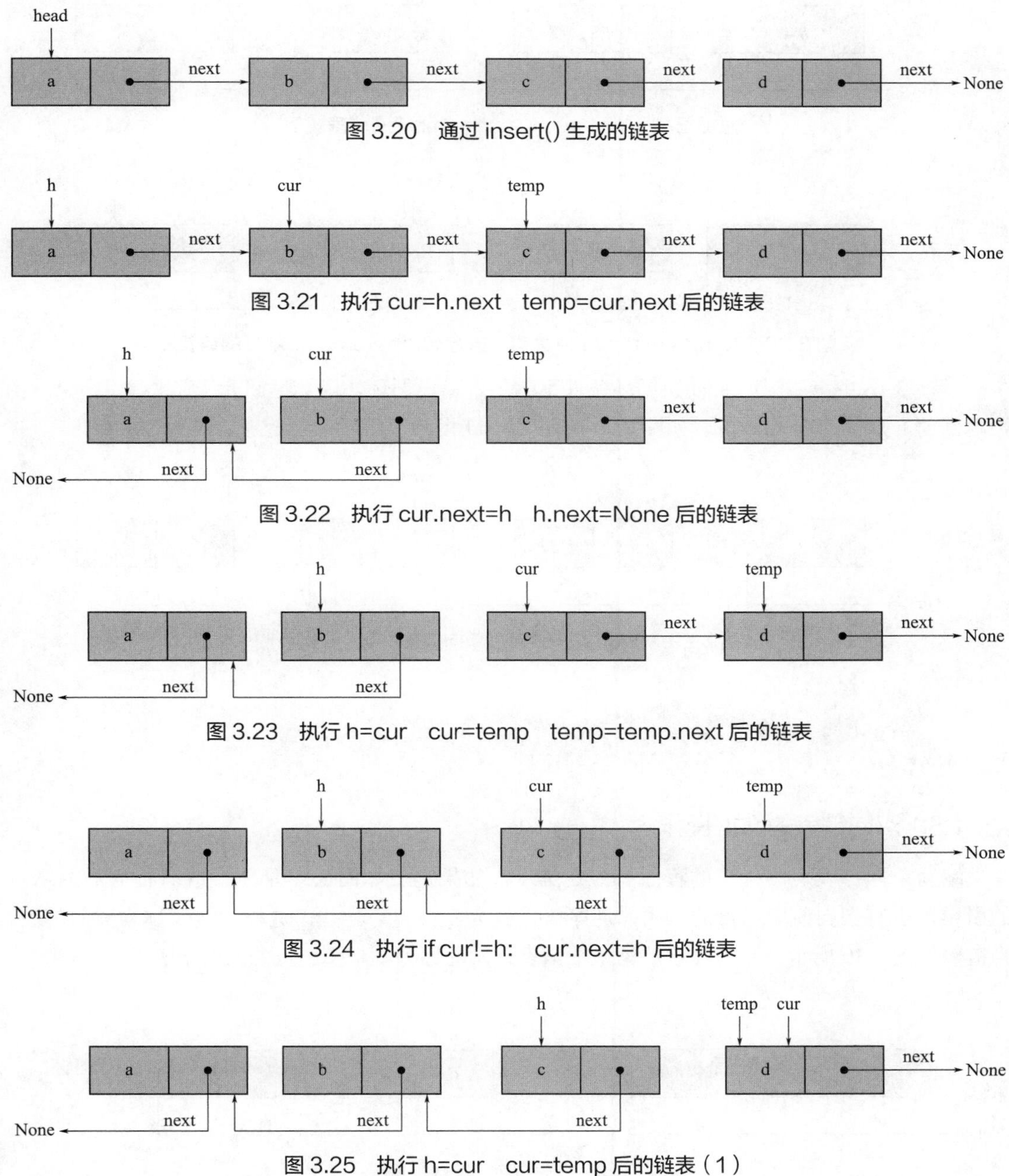

图 3.20　通过 insert() 生成的链表

图 3.21　执行 cur=h.next　temp=cur.next 后的链表

图 3.22　执行 cur.next=h　h.next=None 后的链表

图 3.23　执行 h=cur　cur=temp　temp=temp.next 后的链表

图 3.24　执行 if cur!=h:　cur.next=h 后的链表

图 3.25　执行 h=cur　cur=temp 后的链表（1）

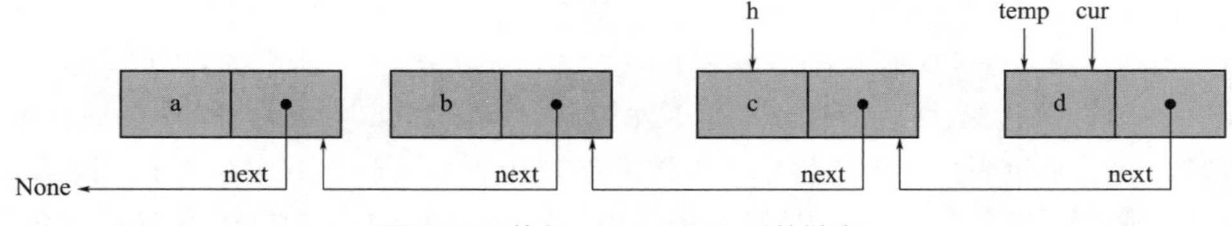

图 3.26　执行 cur.next=h 后的链表

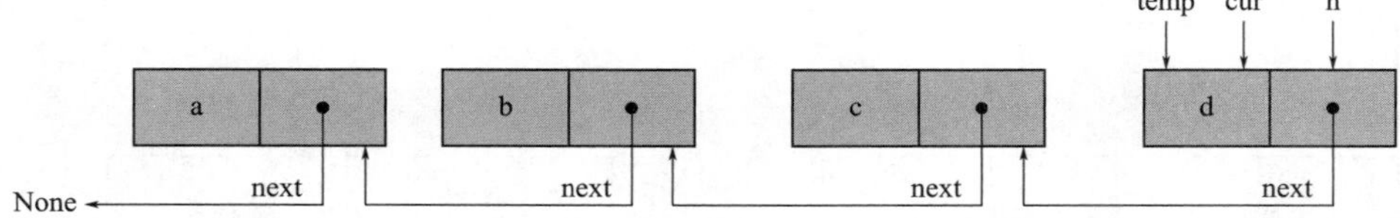

图 3.27　执行 h=cur　cur=temp 后的链表（2）

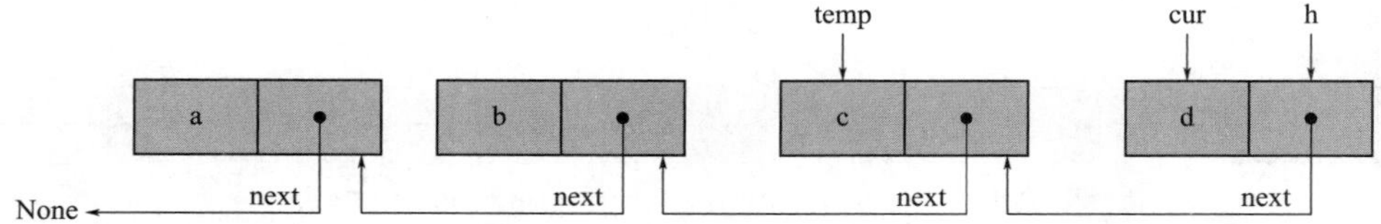

图 3.28　temp.next!=None 为真，执行 temp=temp.next 后的链表

程序 3.16 中第 26 行 cur=h，循环条件不满足，退出循环，函数返回 h，函数调用结束，函数返回值 h 赋值给 head，链表如图 3.29 所示，head 指向逆序后单向链表的第 1 个结点。

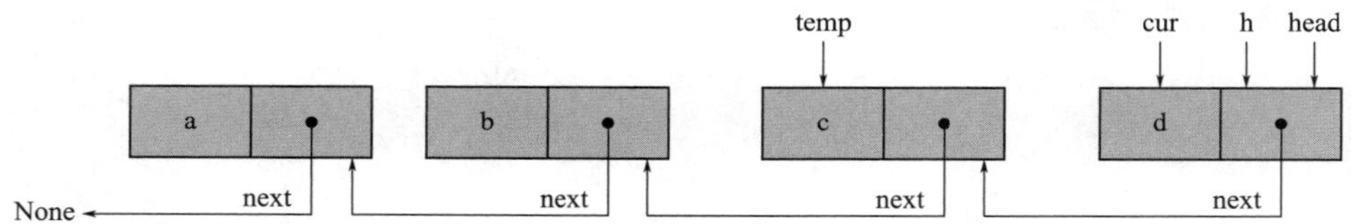

图 3.29　head 指向逆序后单向链表的第 1 个结点

程序 3.16 运行结果如下：

```
a,b,c,d,
d,c,b,a,
```

（3）双向链表的数据操作

编写单向链表逆序操作的程序有一定难度，如果链表如图 3.30 所示，既有指向后继结点的引用，也有指向前驱结点的引用，逆序操作就会变得容易一些，这样的链表称为双向链表。当链表如图 3.30 所示，数据存放从第一个结点开始的称为不带头结点的双向链表。

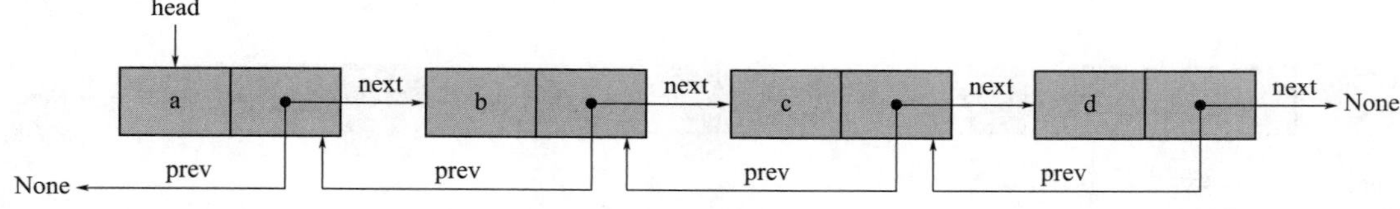

图 3.30　不带头结点的双向链表

程序 3.17 是生成一个不带头结点的双向链表并打印。

程序 3.17　生成一个不带头结点的双向链表并打印

```
1. class Node:
2.     def __init__(self, data=None):
3.         self.data=data
4.         self.next=None
5.         self.prev=None
6.
7. def insert_at_head(h,data):
8.     temp=Node(data)
9.     if h.data==None:
10.         h=temp
11.     else:
12.         temp.next=h
13.         h.prev=temp
14.         h=temp
15.     return h
16.
17. head=Node( )
18. head=insert_at_head(head,'d')
19. head=insert_at_head(head,'c')
20. head=insert_at_head(head,'b')
21. head=insert_at_head(head,'a')
22. print(head.data)
23. print(head.next.data)
24. print(head.next.next.data)
25. print(head.next.next.next.data)
```

程序 3.17 中，第 1 ～ 5 行是双向链表结点类的定义；第 7 ～ 15 行是函数定义，该函数的功能是在链表头部插入数据；第 17 行生成一个结点类对象 head，head 一直指向链表的第 1 个结点，通过 head 可找到任意一个结点，因此可用 head 表示双向链表；第 18 ～ 21 行调用 insert_at_head() 函数，传入实参 head 和结点的 data 属性，每次调用都将函数返回值赋值给 head，生成不带头结点的双向链表；最后四行打印所有结点的 data 属性。

第 17 行为 head=Node()，Node 类的 data 属性缺省值为 None，执行结果如图 3.31 所示。

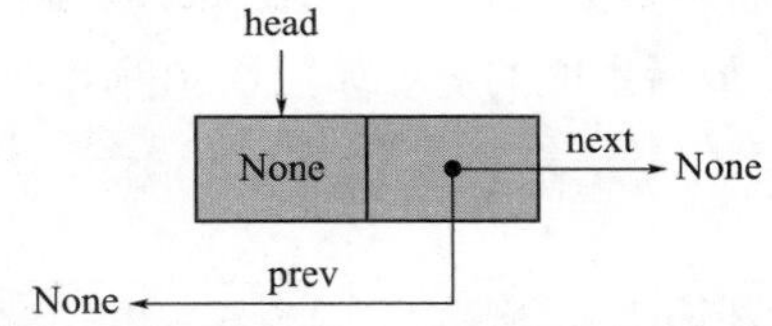

图 3.31　执行 head=Node() 后的结果

第 18 行为 head=insert_at_head(head, 'd')，函数参数 h=head，data='d'，调用函数转去执行第 8 行 temp=Node('d')，执行后结果如图 3.32 所示。

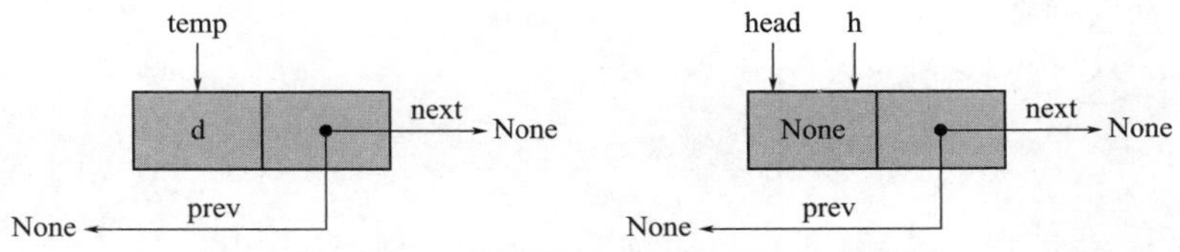

图 3.32　执行第 18 行和第 8 行后的结果

执行第 9 行 if h.data==None:，如图 3.32 所示，结果为真。执行第 10 行 h=temp，结果如图 3.33 所示。

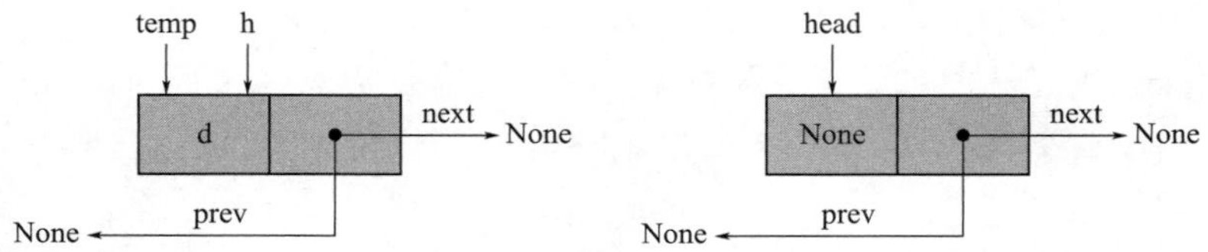

图 3.33　执行第 9 行和第 10 行后的结果

跳过 else 语句执行第 15 行 return h，调用函数结束，返回第 18 行函数调用处，将函数返回值 h 赋值给 head，结果如图 3.34，此时链表只有一个结点。

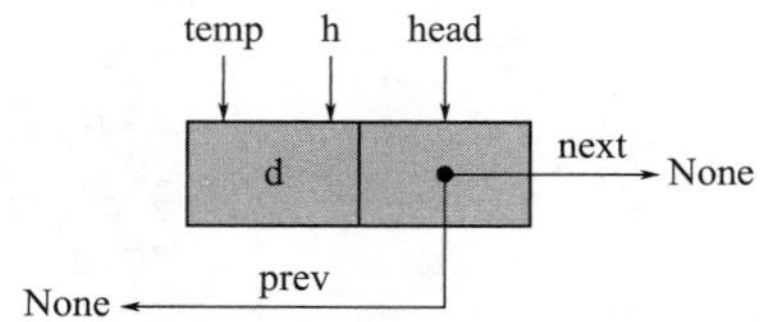

图 3.34　执行第 15 行和第 18 行后的结果

第 19 行为 head=insert_at_head (head, 'c')，函数参数 h=head，data='c'，调用函数转去执行第 8 行 temp=Node('c')，执行后结果如图 3.35 所示，此时，h.data=d，第 9 行为假，转去第 12 行。

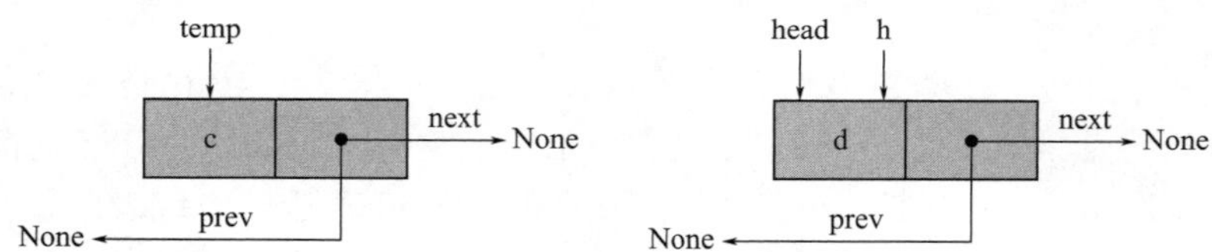

图 3.35　执行第 19 行和第 8 行后的结果

第 12 行 temp.next=h、第 13 行 h.prev=temp、第 14 行 h=temp、第 15 行 return h 执行后，调用函数结束，返回第 19 行，将函数返回值 h 赋值给 head，此时链表如图 3.36。结点 b、a 的插入过程与 c 的插入过程类似，最后生成的链表如图 3.30 所示。

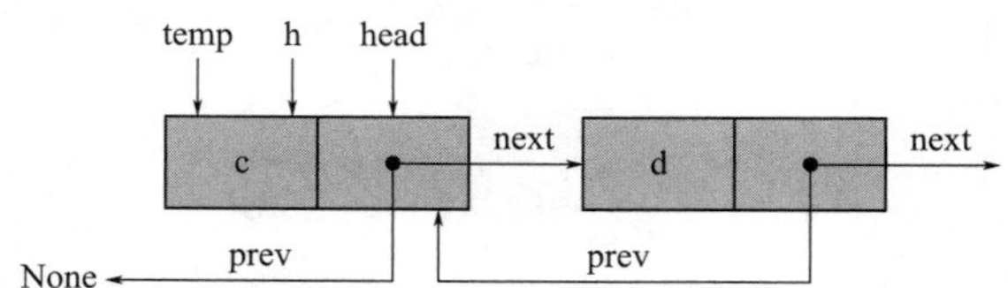

图 3.36　将返回值 h 赋值给 head 的结果

程序 3.17 的运行结果如下：

```
a
b
c
d
```

问题 3.7

不带头结点单向链表的函数find_data()、length()、find_n()可用于不带头结点双向链表中吗？思考后看分析。

分析：

这三个函数都是对链表进行遍历操作或是进行结点的比较，只需要使用结点的属性 next，并没有增加或删除结点，对不带头结点的单、双向链表都适用。因此，可以在程序 3.17 第 16 行位置处插入这三个函数：程序 3.9 第 1 ～ 11 行、程序 3.10 第 1 ～ 7 行、程序 3.11 第 1 ～ 12 行，并在程序 3.17 的后面调用它们。

在前述三个函数的基础上，可以修改程序 3.12 第 1 ～ 9 行（删除不带头结点单向链表中第 n 个元素的函数 delete()），使之适用于不带头结点的双向链表，程序 3.18 是删除不带头结点双向链表中第 n 个元素的函数，其中使用了 length()、find_n() 两个函数。

程序 3.18　删除不带头结点双向链表中第 n 个元素

```
1. def delete(h,n):    # 删除不带头结点双向链表中第 n 个元素
2.     if n==1:
3.         h=h.next
4.         h.prev=None
5.         return h
6.     elif n <= 0 or n > length(h):
7.         print('调用 delete(n)，参数 n 有误。')
8.     else:
9.         current=find_n(h,n-1)
10.        current.next=current.next.next
11.        current.next.prev=current
12.        return h
```

设已经生成如图 3.30 所示链表，此时运行 delete (head,1)，执行程序 3.18 中第 2 ～ 5 行，结果如图 3.37 所示。

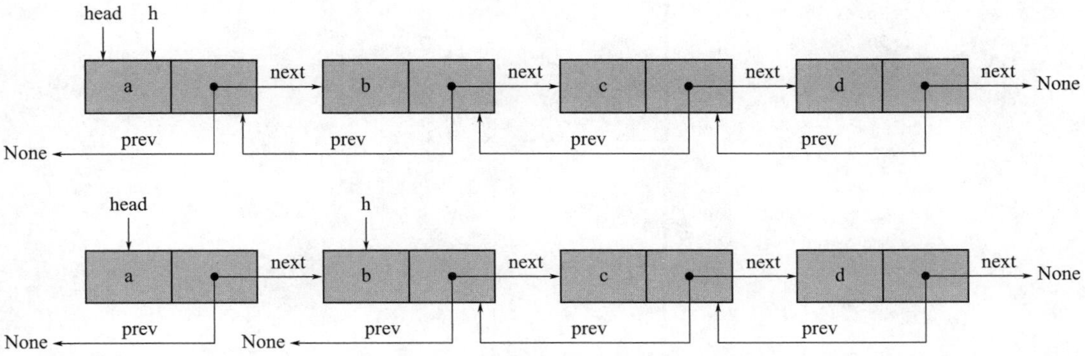

图 3.37　运行 delete (head,1) 后的双向链表变化

设双向链表初始状态如图 3.30 所示，此时运行 delete(head,3)，执行程序 3.18 中第 9 ～ 12 行，过程如图 3.38 所示。current 指向第 2 个结点，current.next.next 指向 d 结点，修改 curren.next 指向 d 结点，即 current.next=current.next.next，再将 current.next.prev 修改为 current，即 current.next.prev=current。当没有任何引用指向 c 结点时，系统会自动回收 c 结点占用的内存空间。

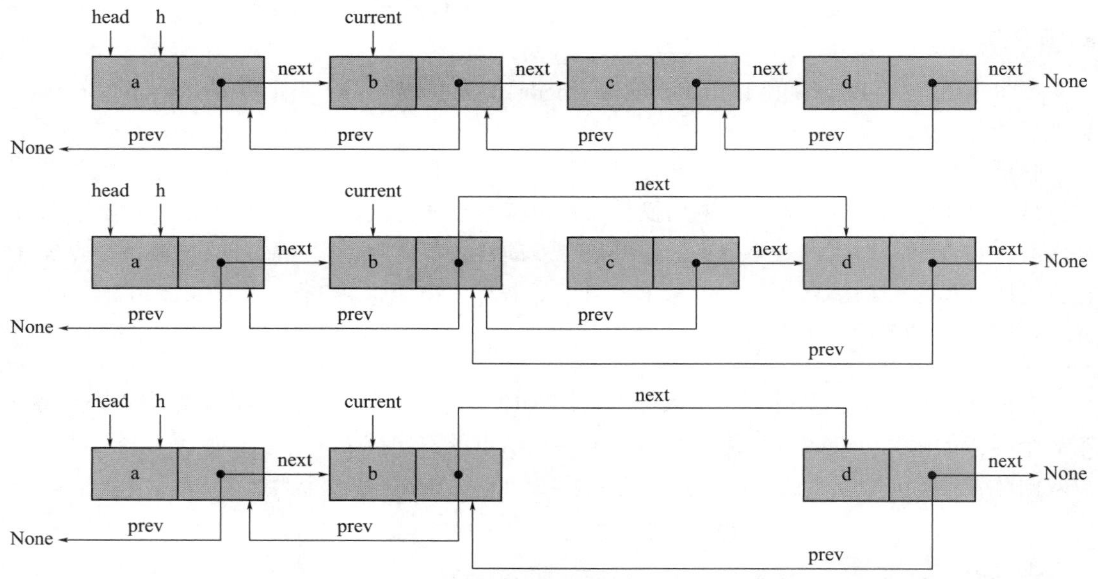

图 3.38　执行程序 3.18 第 9 ~ 12 行的过程

【案例 3.4】对双向链表实现逆序操作的程序

程序 3.19 是逆序输出双向链表的函数，实现步骤是：

① 链表如果为空，提示错误并返回；

② 否则遍历链表，找到链表最后一个结点；

③ 输出结点的 data 属性；

④ 通过 prev 找到前一个结点；

⑤ 转到第 3 行处，直到输出所有结点。

程序 3.19　逆序输出双向链表

```
1. def reverse_print(h):
2.     temp=h
3.     if  temp.data==None:
4.         print('链表为空，操作有误')
5.         return
6.     else:
7.         while temp.next!=None:
8.             temp=temp.next
9.     while  temp!=None:
10.         print(temp.data,end=",")
11.         temp=temp.prev
12.     print("     ")
13.
```

问题 3.8

上述不带头结点双向链表的几个函数如何封装？思考后看分析。

分析：

定义一个双向链表类，通过第 1 个结点可以访问链表所有结点，因此第 1 个结点 head 可以代表链表，链表类的定义就是生成一个名为 head 的结点类对象，其 next、prev 初始值为 None；将上述几个函数放到双向链表类中作为类的方法，函数中的形参为结点类对象（调用函数时传入的实参是链表的第 1 个结点 head）时改为 self，将函数体中该形参改为 self.head，如 delete(h,n) 里的 h 改为 self，函数体中的 h 改为 self.head；函数中调用其他函数时修改调用方式——通过 self 调用函数，如 length(h) 改为 self.length()，find_n(h, n-1) 改为 self.find_n(n-1)。程序 3.20 就是采用这种思路封装了 2 个类、7 个方法，最后通过双向链表类对象 l 调用这些方法。

程序 3.20　封装不带头结点双向链表的函数

```
class Node:
    def __init__(self, data=None):
        self.data=data
        self.next=None
        self.prev=None

class Dlink:
    def __init__(self):
        self.head=Node( )

    #不带头结点双向链表的头部插入方法
    def insert_at_head(self,data):
        temp=Node(data)
        if self.head.data==None:
            self.head=temp
        else:
            temp.next=self.head
            self.head.prev=temp
            self.head=temp

    # 按值查找，返回该值在链表中的位置
    def find_data(self,data):
            i=1
        tmp=self.head
        while tmp!= None :
            if tmp.data==data:
                return i
                break
            i=i+1
            tmp=tmp.next
        if tmp==None:
            print('所查数据不存在')

    def length(self): #输出链表长度
        i=0
        tmp=self.head
        while tmp!=None:
            i=i+1
            tmp=tmp.next
        return i

    def find_n(self,n):  #按位置查找，输出并返回第 n 个结点数据
        i=1
```

```
        if(n <= 0 or n > self.length( )):
            print('位置必须为大于零且小于等于链表长度的整数')
            return
        tmp=self.head
        while tmp!=None:
            if i==n:
                return tmp
                break
            tmp=tmp.next
            i=i+1

    def delete(self,n):    #删除不带头结点双向链表中的第n个元素
        if n==1:
            self.head=self.head.next
            self.head.prev=None
            return
        elif n <= 0 or n > self.length( ):
            print('调用delete(n)，参数n有误。')
        else:
            current=self.find_n(n-1)
            current.next=current.next.next
            current.next.prev=current
            return

    #逆序输出不带头结点双向链表的data属性
    def reverse_print(self):
        temp=self.head
        if  temp.data==None:
            print('链表为空，操作有误')
            return
        else:
            while temp.next!=None:
                temp=temp.next
        while  temp!=None:
            print(temp.data,end=",")
            temp=temp.prev
        print("    ")

    def pout(self):  #输出链表
        tmp=self.head
        while tmp!=None:
            print(tmp.data,end=",")
            tmp=tmp.next
        print("    ")

l=Dlink( )
l.insert_at_head('d')
l.insert_at_head('c')
l.insert_at_head('b')
l.insert_at_head('a')
l.pout( )
l.delete(3)
l.pout( )
print(l.find_data('a'))
print(l.find_n(2).data)
```

```
print(l.length( ))
l.reverse_print( )
```

程序 3.20 的运行结果如下：

```
a,b,c,d,
a,b,d,
1
b
3
d,b,a,
```


【案例 3.5】一元多项式的加法程序

设有两个一元多项式 $p1$、$p2$，$p1=9x^{18}+9x^{12}+15x^{8}+3x^{2}$，可用每一项的系数和指数表示 $p1$，表示为（9 18）、（9 12）、（15 8）、（3 2）；则 $p2=26x^{12}-15x^{8}-13x^{6}+82$ 表示为（26 12）、（−15 8）、（−13 6）、（82 0）。

两个多项式相加，指数相同的项相加，其余项不变，结果按指数从大到小排列，如 $p3=p1+p2=9x^{18}+35x^{12}-13x^{6}+3x^{2}+82$，$p3$ 表示为（9 18）、（35 12）、（−13 6）、（3 2）、（82 0）。采用（系数 指数）的表示方法叙述 $p1+p2$ 的过程见表 3.2。

表 3.2 $p1+p2$ 的过程

$p1$ 的项	$p2$ 的项	$p1+p2$ 的过程	相加结果
（9 18）	（26 12）	指数 18>12，将（9 18）加入结果多项式中。取 $p1$ 的下一项（9 12）与（26 12）继续比较指数	（9 18）
（9 12）	（26 12）	指数相等，系数 9+26，将（35 12）加入结果多项式中。取 $p1$ 的下一项（15 8）与 $p2$ 下一项（−15 8）比较指数	（35 12）
（15 8）	（−15 8）	指数相等，系数 15−15=0，不改变结果多项式。取 $p1$ 下一项（3 2）与 $p2$ 下一项（−13 6）比较指数	0
（3 2）	（−13 6）	指数 6>2，将（−13 6）加入结果多项式中。取 $p2$ 的下一项（82 0）与（3 2）继续比较指数	（−13 6）
（3 2）	（82 0）	指数 2>0，将（3 2）加入结果多项式中，$p1$ 的项处理完毕	（3 2）
—	（82 0）	将 $p2$ 剩余项加入结果中	（82 0）

在编写代码时，可以采用不带头结点的单向链表或双向链表存储多项式的项，本例采用单向链表，如图 3.39 所示，前面学习的链表只有一个数据属性，而该链表有两个数据属性，分别存储系数 coef 和指数 expon。

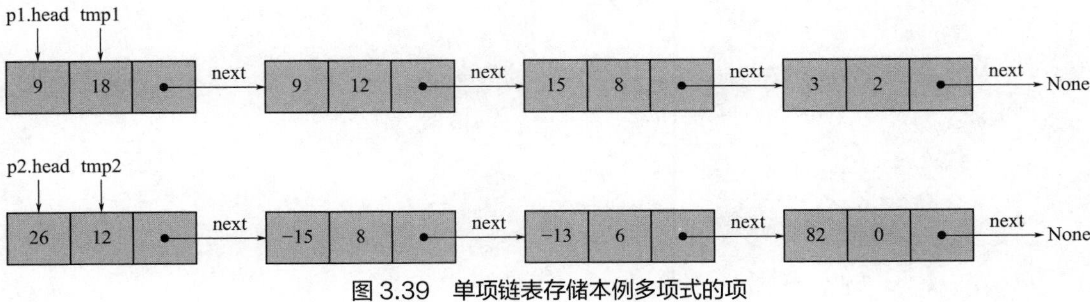

图 3.39 单项链表存储本例多项式的项

tmp1 初始时指向 $p1$ 的第 1 项，tmp2 初始时指向 $p2$ 的第 1 项。为编写代码，$p3=p1+p2$ 的过程可进一步描述为：

① tmp1=None 或者 tmp2=None 时转到第⑥条处执行（当两个相加的多项式都还有未加入结果的项时，执行第②～⑤条）；

② 比较 tmp1、tmp2 所指项的指数 tmp1.expon 和 tmp2.expon；

③ 如果 tmp1.expon > tmp2.expon，将 tmp1 所指项插入 $p3$ 尾部，tmp1=tmp1.next，转到第①条处执行；

④ 如果 tmp1.expon < tmp2.expon，将 tmp2 所指插入 $p3$ 尾部，tmp2=tmp2.next，转到第①条处执行；

⑤ 如果 tmp1.expon=tmp2.expon、tmp1.coef+tmp2.coef!=0 时，将（tmp1.coef+tmp2.coef，tmp1.expon）插入 $p3$ 尾部，tmp1=tmp1.next，tmp2=tmp2.next，转到第①条处执行；

⑥ 如果 tmp1!=None（链表 $p1$ 未到末尾），将剩余项全部插入 $p3$ 尾部；

⑦ 如果 tmp2!=None（链表 $p2$ 未到末尾），将剩余项全部插入 $p3$ 尾部。

问题 3.9

上述 $p1+p2$ 的过程中，为什么 tmp1 所指项、tmp2 所指项或者剩余项插入 $p3$ 时，是插入 $p3$ 尾部，而不是插入 $p3$ 头部？思考后看分析。

分析：

头插法的特点是先插入的项（结点）位置靠后，如果采用插入 $p3$ 头部的方式，最后 $p3$ 的结果是指数越高的项越靠后，不符合多项式的表示习惯，所以采用在链表最后一个结点后面插入的方式——尾插法。尾插法实现步骤：当链表为空时，插入的新结点就是链表的第一个结点 head；链表不为空时，遍历找到链表的最后一个结点，在该结点后面插入新结点。

程序 3.21 是用不带头结点的单向链表存储多项式，并实现了多项式加法的程序。

程序 3.21　不带头结点单向链表存储多项式并实现多项式加法

```
class PolyNode:  #表示多项式中项的类
    def __init__(self,coef=None,expon=None):
        self.coef=coef       #存放每一项的系数
        self.expon=expon  #存放每一项的指数
        self.next=None      #指向多项式的下一项

#表示多项式的类，该类有 3 个方法：尾插法、输出及多项式相加
class Polynomial:
    def __init__(self):
        #第一个结点 head 代表链表（多项式）
        self.head=PolyNode( )

    def insert_at_tail(self,coef,expon): #在链表尾部插入新结点
        temp=PolyNode(coef,expon)
        #如果链表为空，新插入的结点 temp 就是链表的第一个结点 head
        if self.head.coef==None:
            self.head=temp
        #如果链表已经有结点
        else:
            #从 head 开始
```

```
            temp1=self.head
            # 找到链表的最后一个结点，记为 temp1
            while temp1.next!=None:
                temp1=temp1.next
            # 新结点 temp 插到最后一个结点 temp1 的后面
            temp1.next=temp
    # 采用（系数 指数）的方式输出多项式
    def pout(self):
        temp=self.head
        while temp!=None:
            print ("(",temp.coef,temp.expon,")" ,end=",")
            temp=temp.next
        print("    ")

    def poly_add(self,P1,P2): # 求多项式 p1、p2 的和
        tmp1=p1.head # 从 p1 的第 1 项开始，记为 tmp1
        tmp2=p2.head # 从 p2 的第 1 项开始，记为 tmp2
        # 当两个多项式 p1、p2 都还有未访问的项时
        while (tmp1!=None) and (tmp2!=None):
            #tmp1 所指结点的指数大于 tmp2 所指结点的指数
            if tmp1.expon > tmp2.expon:
                # 将指数大的项 tmp1 插入结果多项式
                self.insert_at_tail(tmp1.coef,tmp1.expon)
                # 访问下一项
                tmp1=tmp1.next

            #tmp1 所指结点的指数小于 tmp2 所指结点的指数
            elif  tmp1.expon < tmp2.expon:
                #tmp2 所指结点插入结果多项式
                self.insert_at_tail(tmp2.coef,tmp2.expon)
                # 访问下一项
                tmp2=tmp2.next

            #tmp1 所指结点的指数等于 tmp2 所指结点的指数
            else:
                # 系数相加
                sum=tmp1.coef+tmp2.coef
                # 如果系数不为 0
                if sum!=0:
                    # 合并后的项插入结果多项式
                    self.insert_at_tail(sum,tmp1.expon)
                    tmp1=tmp1.next
                    tmp2=tmp2.next

                # 如果系数为 0
                else:
                    tmp1=tmp1.next
                    tmp2=tmp2.next

        #p1 如果有未访问的项，将未访问的项插入结果多项式中
        while tmp1!=None:
            self.insert_at_tail(tmp1.coef,tmp1.expon)
            tmp1=tmp1.next
        #p2 如果有未访问的项，将未访问的项插入结果多项式中
        while tmp2!=None:
```

```
            self.insert_at_tail(tmp2.coef,tmp2.expon)
            tmp2=tmp2.next

# 用尾插法生成多项式 p1
p1=Polynomial( )
p1.insert_at_tail(9,18)
p1.insert_at_tail(9,12)
p1.insert_at_tail(15,8)
p1.insert_at_tail(3,2)
p1.insert_at_tail(8,1)
print(" 多项式 p1( 系数, 指数 ):",end="")
p1.pout( )
# 用尾插法生成多项式 p2
p2=Polynomial( )
p2.insert_at_tail(26,12)
p2.insert_at_tail(-15,8)
p2.insert_at_tail(-13,6)
print(" 多项式 p2( 系数, 指数 ):",end="")
p2.pout( )
p3=Polynomial( )
# 多项式 p3 调用 poly_add(p1,p2) 做加法, 结果放入 p3
p3.poly_add(p1,p2)
print(" 多项式 p3( 系数, 指数 ):",end="")
p3.pout( )
```

程序 3.21 的运行结果：

```
多项式 p1( 系数, 指数 ):(9 18),(9 12),(15 8),(3 2),(8 1),
多项式 p2( 系数, 指数 ):(26 12),(-15 8),(-13 6),
多项式 p3( 系数, 指数 ):(9 18),(35 12),(-13 6),(3 2),(8 1),
```

3.2 栈

本书对栈的讲解仅限于这个角度：栈是一种具有特殊访问方式的容器，特殊性在于，最后进入这个容器的数据最先出去。

可以用一个盒子和 3 本书来描述栈的这种操作方式：一个开口的盒子可以看成一个栈空间，假设有 3 本书，《数据结构》《C 语言》《Python 程序设计》，把它们放到盒子中，模拟入栈操作的过程，如图 3.40 所示。

如图 3.40 所示，当一次只允许取 1 本书，从容器最上面取书的顺序就是：《Python 程序设计》《C 语言》《数据结构》，和放入的顺序相反。

模拟出栈的过程如图 3.41 所示，①中《Python 程序设计》被称为栈顶元素，②中《C 语言》被称为栈顶元素，栈顶元素就是下一次出栈的元素。

像这样，从固定的一端存入或取出元素的容器称为栈，如 Python 中的 List，当 List 对象调用 append(item) 函数时，结果是在 List 对象的末端插入元素 item；当 List 对象调用 pop() 函数时，功能是将 List 对象末端的元素 item 删除并返回 item。append(item)、pop() 可以很简便地

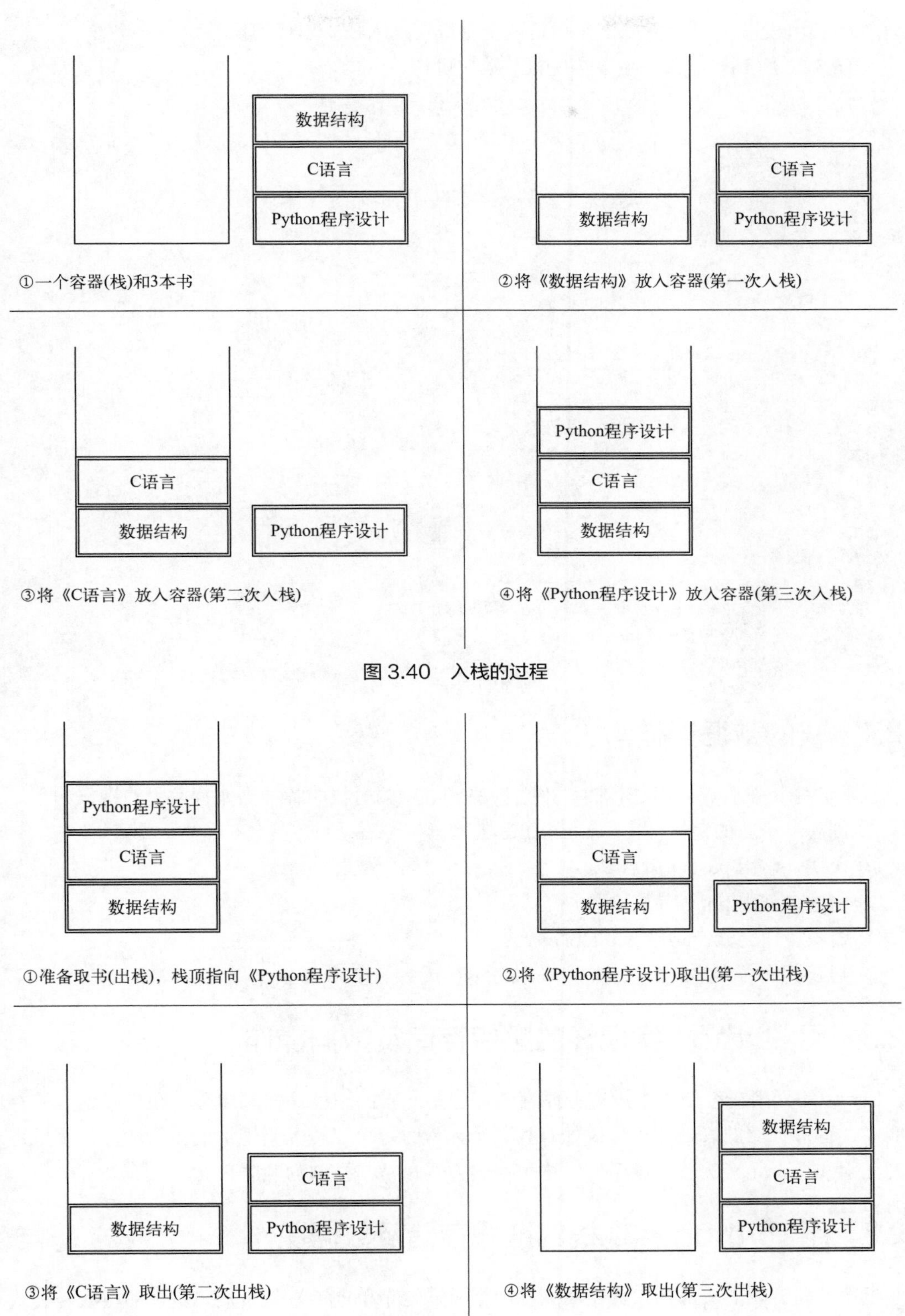

图 3.40　入栈的过程

图 3.41　出栈的过程

实现入栈和出栈操作，程序 3.22 是用这两个函数实现入栈、出栈的操作。

程序 3.22 用 List 及相关函数实现栈及数据操作。

程序 3.22　入栈与出栈操作

```
class Stack: #表示栈的Stack类
    def __init__(self):
        #名为room的List对象作为栈，初始状态为空
        self.room=[]

    def push(self,data):    #将data入栈
        self.room.append(data)    #将data放入room末端

    def pop(self):    #出栈，返回出栈的元素
        return self.room.pop()    #将room末端的元素取出

    def is_not_empty(self):    #栈是否不为空
        #room的元素个数不为零时，栈不为空
        if len(self.room)!=0:    #len( ):计算元素的个数
            return 1

    def get_top(self):    #查看栈顶元素
        #下一次出栈的元素即栈顶元素，是room的末端元素
        #元素从0开始编号，末端元素编号为元素个数减去1
        a=self.room[len(self.room)-1]
        return a
```

3.2.1　栈的数据操作

栈的命令是按后进先出进行的。根据需要，可以编写栈的各种操作，常用的操作如下：

① 创建一个新的空栈，常用 Stack() 命名。

② 入栈，常用 push() 命名。

③ 出栈，常用 pop() 命名。

④ 查看栈顶元素，常用 get_top() 命名。

⑤ 判断栈是否为空的情况，常用 is_empty() 或者 is_not_empty() 命名。

3.2.2　用 Python 实现栈的顺序存储及数据操作

List 中的元素在存储器中没有顺序存储，但是元素的地址是按顺序存放在一段连续的存储空间中，这样存储的好处在于：比如查找某个元素时，可以按元素地址的先后顺序，将地址对应的元素和待查元素比较即可，所以这种存储方式也常常被称为顺序存储。

3.2.3　用 Python 实现栈的链式存储及数据操作

当从单向链表的头部插入数据和删除数据时，这个单向链表就是栈，这样的栈就是链式存储的。当然采用双向链表也是可行的，此处以单向链表为例，程序 3.23 是用 Python 实现栈的链式存储及相关数据操作。

程序 3.23　用 Python 实现栈的链式存储及相关数据操作

```
class Node:
    def __init__(self,data=None):
        self.data=data
        self.next=None

class Stack:                                   # 表示栈的类
    def __init__(self):
        self.head=Node( )                      #head 表示栈顶
        self.num=0                             # 栈内元素的个数

    # 在链表头部插入新结点，结点数据入栈
    def push(self,data):
        if self.num==0:                        # 栈为空，栈内元素个数为 0
            self.head=Node(data)               #head 指向新结点
        else:
            tmp=Node(data)                     # 栈不为空，head 前插入新结点
            tmp.next=self.head
            self.head=tmp                      #head 指向新结点
        self.num=self.num+1

    def pop(self):                   # 出栈
        if self.num==1:              # 栈内最后一个元素
            tmp=self.head.data       # 保存栈顶元素
            self.head=Node()         #head 恢复初始状态
            self.num=self.num-1      # 修改元素个数
            return tmp               # 返回栈顶元素
        elif self.num==0:
            print(' 栈为空 ')
            return
        else:
            tmp=self.head.data                 # 保存栈顶元素
            self.head=self.head.next           # 删除 head 指向的结点
            self.num=self.num-1                # 修改元素个数
        return tmp                             # 返回栈顶元素

    def get_top(self):                         # 查看栈顶元素
        return self.head.data

    def is_not_empty(self):                    # 栈不为空返回真
        return self.num
```

在程序 3.23 后面加上如下几行代码，其中包括栈对象的生成和方法的调用。

```
stack=Stack( )
stack.push('banana')
print(stack.get_top())
print(stack.is_not_empty())
```

运行结果如下：

```
banana
1
```

3.2.4 栈的简单应用：判断表达式括号是否匹配

给定一个字符串形式的表达式，表达式由常量、变量、操作符和括号（包括小括号、中括号和大括号）等组成，想要写一个程序来判断表达式的括号是否匹配。括号是否匹配的意思是，对于每个括号“(”“[”或“{”，都有一个按照正确顺序对应的括号“)”“]”或“}”，如表达式“(A-B)”和表达式“{(A+B)*(C+D)}”的括号都是匹配的；表达式“{(x+y)/z”的括号是不匹配的，漏掉了一个右大括号；表达式“(2+3)*8+9]”的括号是不匹配的，漏掉了一个左中括号。

括号匹配是编译器的一个工作，写程序时可能会漏掉括号，编译器必须检查括号是否匹配，如果不匹配就会报错。由于不需要检查括号里面内容的正确性，所以这个问题可以这么描述：给定一个只由小括号、中括号或大括号组成的字符串，判断表达式的括号是否匹配，如判断表达式 {( )( )} 的括号是否匹配。

为了解决这个问题，考虑每个左括号必须在其右边找到对应的右括号，每个右括号必须在其左边找到对应的左括号，如表达式“)(”的括号是不匹配的。可以从左向右扫描表达式，扫描过程中碰到所有形如“(”“[”或“{”的左括号，就把它加到列表中；如果碰到一个形如“)”“]”或“}”的右括号，它应该和列表中最后那个左括号配对，形如“( )”“[ ]”或“{ }”，如果不配对或者列表当前是空的，则认为表达式的括号不匹配，否则从列表中移出最后那个左括号，因为已经找到了和它配对的右括号，然后继续这个过程。下面看一个具体的例子。

从左到右扫描表达式“{( )( )}”，判断其括号是否匹配。

用一个列表来记录所有的左括号，起初列表是空的。

① 第一个字符是“{”，把它放入列表，列表为 [“{”]；

② 第二个字符是“(”，把它放入列表，列表为 [“{” “(”]；

③ 第三个字符是“)”，列表中最后那个左括号和它配对，将“(”移出列表，列表为 [“{”]；

④ 第四个字符是“(”，把它放入列表，列表为 [“{” “(”]；

⑤ 第五个字符是“)”，列表中最后那个左括号和它配对，将“(”移出列表，列表为 [“{”]；

⑥ 第六个字符是“}”，列表中最后那个左括号和它配对，将“{”移出列表，列表为 [ ]。

最后总是得到一个空的列表，如果列表非空，意味着有左括号没有找到对应的右括号，表达式的括号不匹配。值得注意的是，每次从列表的一端插入和移除一个元素，整个过程中最后进来的元素最先出去，有一种特殊的列表满足这个行为，即满足插入和删除都从同一端进行，它就是前述的栈。在一个栈中，以常数时间插入和删除一个元素，因此在扫描表达式的过程中，如果碰到左括号，可以把它压入栈；碰到一个右括号，则检查它与栈顶的左括号是否配对，配对就让栈顶元素出栈，不配对则认为括号不匹配。为了用代码实现这个判断过程，先将步骤写出来。

① 写一个函数，传入参数是表达式，它是字符串类型的表达式；

② 创建一个栈；

③ 自左向右扫描表达式（用循环语句实现）：

a. 如果扫描到的字符是一个形如“(”“[”或“{”的左括号，把这个字符压入栈中；

b. 如果扫描到的字符是一个形如“)”“]”或“}”的右括号，则分情况讨论：一种情形是栈是空的，另一种情形是栈顶的左括号和这个右括号不配对。这两种情况下可以得出结论，括号不匹配；否则执行一次出栈操作；

④ 扫描完成，检查栈是否为空，为空则匹配，不为空则不匹配。

程序 3.24 是根据上述算法编写的。其中，len()：当参数为列表对象时，它的功能是计算列表中元素的个数，从列表尾端插入和删除元素时，列表就是一个栈，栈顶元素的位置是 len()-1；append(): 带参数，将括号内的参数放入列表末端；pop( )：不带参数，将列表末端元素返回，并从列表删除该元素。

程序 3.24　判断表达式括号是否匹配

```
def left_right( datas):
    stack=[]
    for i in datas:
        if i in ['(','[','{']:
            stack.append(i) #从 stack 末端插入 i（入栈）
        elif i ==')':
            if len(stack)==0 or stack[len(stack)-1]!='(':
                print("表达式括号不匹配")
                return
            else:
                stack.pop()    #从 stack 末端弹出（出栈）
        elif i==']':
            #stack 元素个数为 0 即栈空; stack 最后一个元素即栈顶元素
            if len(stack)==0 or stack[len(stack)-1]!='[':
                print("表达式括号不匹配")
                return
            else:
                stack.pop()
        elif i=='}':
            if len(stack)==0 or stack[len(stack)-1]!='{':
                print("表达式括号不匹配")
                return
            else:
                stack.pop()
    if len(stack)==0:
        print('表达式括号匹配')
    else:
        print('表达式括号不匹配')

m=['{','(',')','(',')','}']
n=['{','(',')','(',')']
left_right(m)
left_right(n)
```

程序 3.24 的结果如下：

```
表达式括号匹配
表达式括号不匹配
```

【案例 3.6】栈的简单应用：表达式的计算程序

一个算术和逻辑表达式可以有常量、变量和符号（操作符或者括号），这些组成部分必须通过一组规则组织起来，能够根据相应的语法对表达式进行分析和求值。这里的操作符指二元操作符（此外还有一元操作符，如逻辑运算的“非”），即两个操作数中间有一个操作符，如：

2+3，2 和 3 是操作数，+ 是操作符；A-B，A 和 B 都是操作数，- 是操作符。这种把操作符放在操作数中间的写法，称为中缀表达式。

操作数并不一定是常量或者变量，操作数本身也可以是一个表达式，如：(A+B)*3，该乘法运算符中的其中一个操作数就是一个表达式，另外的一个操作数是一个常量 3；(A+B)*(C+D)，该乘法运算符的两边都是表达式，这个表达式中出现了三个运算符，第一个操作数是表达式 A+B，第二个操作数是表达式 C+D。

当对具有多个操作符的表达式进行运算或求值的时候，操作需要按照一定的次序进行，例如：(2+3)*4，首先进行加法运算，再进行乘法运算。

对于包含有多个操作符的表达式，需要决定操作符的操作次序，即遵循操作符优先级规则来解决。在一个代数表达式中，优先级最高的是括号，由高到低依次是小括号、中括号、大括号，次一级的是幂运算，然后才是乘除和加减。如果是多个连续的幂运算，需从右向左进行运算，幂运算符之后次一级的优先级是乘法和除法，如果既有乘法又有除法，那么自左向右运算，乘法和除法运算符之后是加法和减法运算符，也是自左向右运算。在有多个操作符且包含相同优先级操作符的情况下，如果自左向右运算，称它为左结合，自右向左运算，称之为右结合。对一个中缀表达式求值的时候，首先需要看的是优先级，然后再来解决那些具有相同优先级的操作符之间使用哪种结合律的问题。

中缀表达式是最常用的表达式写法，对它进行无歧义的分析和求值并不是很容易。因此，数学家和逻辑学家研究了这个问题，然后提出了其他两种表达式写法，不需要括号，可以无歧义地进行分析，也不需要思考操作符优先级或者结合的规律，这两种方法就是前缀表达式和后缀表达式。

① 前缀表达式也称为波兰表达式，在前缀表达式中操作符置于操作数之前，比如 2+3，如果使用前缀表达式就是 + 2 3，加号会被放在两个操作数的前面；P - Q 会写作 - P Q。像中缀表达式一样，前缀表达式中的操作数不一定是常量和变量，操作数自身也可以是一个复杂的前缀表达式。

② 后缀表达式也称为逆波兰表达式，操作符放在操作数的后面，如 2 + 3 表示成 2 3 +。从编程的角度来讲，后缀表达式的求值和运算非常直接，因此本小节主要讲解后缀表达式。后缀表达式更加适合使用计算机来计算，为了隔开操作数，可以使用空格或其他分隔符（如逗号）。

在程序中通常会把前缀或后缀表达式存储到一个字符串中。

为了把中缀表达式转换为前缀表达式，如转换 A+B*C，首先应该转换的是最先被求值的部分，即按照优先级的次序进行，因此首先转换的是 B*C，转换为 A+(*B C)，然后对加法运算符做转换，把 + 放在前面，即 +A(*B C)，最后去掉括号成为 +A*B C，这就得到前缀表达式。将 A+B*C 转化为后缀表达式时，首先对乘法运算符做转换，得到 A+(B C*)，然后对加法运算符做转换 A (B C*)+，去掉括号得到转换结果 A B C*+。

表 3.3 是中缀表达式 A * B + C * D - E 转为后缀表达式 A B * C D * + E - 的过程。

设 A=3, B=2, C=2, D=5, E=10, 求后缀表达式“A, B, *, C, D, *, +, E, -”的值。

计算“3, 2, *, 2, 5, *, +, 10, -”时，首先定义一个空列表，然后从左到右扫描后缀表达式，扫描到操作数时，将操作数放入列表末端；扫描到操作符，则取出列表末尾的两个数与操作符进行计算，将结果放入列表末端，重复这个过程直到扫描结束。表 3.4 是该表达式的计算过程。

表 3.3　中缀表达式转为后缀表达式的过程

序号	表达式	过程说明
1	A*B+C*D-E	中缀表达式
2	[(A*B)+(C*D)]-E	按计算顺序括起来
3	[(AB*)+(CD*)]-E	先转换“()”内的 *
4	[(AB*) (CD*)+]-E	再转换“[]”内的 +
5	[(AB*) (CD*)+]E-	最后转换 -
6	AB*CD*+E-	去掉括号得到后缀表达式

表 3.4　后缀表达式的计算过程

序号	扫描结果	计算步骤
1	3	3 放入列表，列表为 [3]
2	2	2 放入列表，列表为 [3, 2]
3	*	取出 3、2，列表为空；计算 3*2=6，结果放入列表，列表为 [6]
4	2	2 放入列表，列表为 [6, 2]
5	5	5 放入列表，列表为 [6, 2, 5]
6	*	取出列表最后两个元素 2、5，列表为 [6]；计算 2*5=10，结果放入列表，列表为 [6, 10]
7	+	取出列表最后两个元素 6、10，列表为 [ ]；计算 6+10=16，结果放入列表，列表为 [16]
8	10	10 放入列表，列表为 [16，10]
9	-	取出列表最后两个元素 16、10，列表为 [ ]；计算 16-10=6，结果放入列表，列表为 [6]。扫描结束，取出列表元素 6，6 为计算结果

可以将这个计算过程用代码实现，程序 3.25 是后缀表达式求值的函数 cal()，参数是用字符串列表存储的后缀表达式。为了展示计算过程，cal() 写得比较直观，也可以试着用其他函数将其写得更简短。

程序 3.25　后缀表达式求值

```
def cal(datas):
    temp=0
    list=[]
    #从左到右扫描表达式，如果是操作符，弹出操作数进行计算
    for i in datas :
        if i=='*':
            temp1=list.pop( )
            temp2=list.pop( )
            temp=temp2*temp1
            list.append(temp)
        elif i=='/':
            temp1=list.pop( )
            temp2=list.pop( )
            temp=temp2/temp1
            list.append(temp)
        elif i=='+':
            temp1=list.pop( )
            temp2=list.pop( )
```

```
                temp=temp2+temp1
                list.append(temp)
            elif i=='-':
                temp1=list.pop( )
                temp2=list.pop( )
                temp=temp2-temp1
                list.append(temp)
    #从左到右扫描表达式，如果是操作数，将操作数放入列表末端（进栈）
            else:
                list.append(i)
    print(list)  #最后列表存放的是计算结果
```

在程序 3.25 后调用函数 cal()，注意列表里字符串的格式，如下：

```
datas=[2, 3, '+', 5, '*', 7, '-', 2, '*']
cal(datas)
```

函数调用结果如下：

```
    [36]
```

【案例 3.7】栈的应用：中缀表达式转后缀表达式的程序

表 3.5 是中缀表达式转后缀表达式后，操作数和操作符的顺序表。

表 3.5　操作数与操作符顺序表

序号	中缀表达式	后缀表达式	后缀表达式中操作数顺序	后缀表达式中操作符顺序
表达式 1	A+B	AB+	AB	+
表达式 2	A+B-C	AB+C-	ABC	+ -
表达式 3	A+B*C	ABC*+	ABC	* +
表达式 4	(A+B)*(C-D)	AB+CD-*	ABCD	+-*

与中缀表达式相比，后缀表达式中操作数的顺序没变，变化的是操作符顺序。因此在中缀表达式转后缀表达式的过程中，从左至右扫描中缀表达式，遇到操作数时，直接放入后缀表达式中即可；遇到操作符时，因为顺序有变，不能直接放入后缀表达式中，需要先放入栈中，按一定的规则出栈。以下是几个例子。

① 从左到右扫描表达式 A*B+C，将其转换为后缀表达式，表 3.6 是转换过程和结果。

表 3.6　将 A*B+C 转换为后缀表达式

当前字符	转换过程	后缀表达式
A	操作数直接放入后缀表达式	[A]
*	* 入栈，如图 3.42（a）所示	[A]
B	操作数直接放入后缀表达式	[A，B]
+	当前处理字符为 +，优先级小于栈顶元素 *，栈顶元素出栈到后缀表达式中，+ 入栈，如图 3.42（b）所示	[A，B, *]
C	操作数直接放入后缀表达式，表达式结束，栈内所有符号出栈到后缀表达式中，如图 3.42（c）所示	[A，B, *，C, +] 结果

② 从左到右扫描表达式 A+B*C，将其转换为后缀表达式，表 3.7 是转换过程和结果。

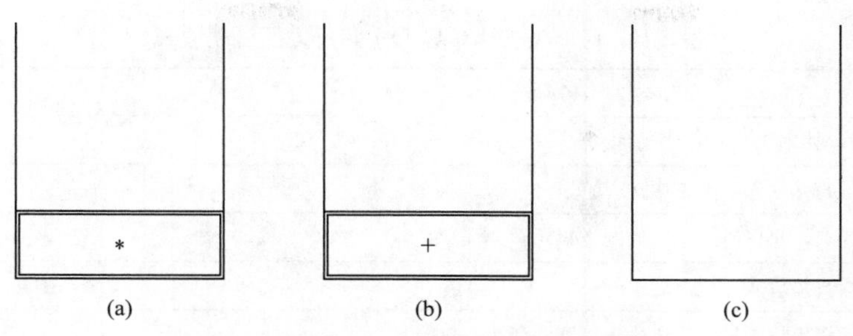

图 3.42　A*B+C 中操作符入栈与出栈

表 3.7　将 A+B*C 转换为后缀表达式

当前字符	转换过程	后缀表达式
A	操作数直接放入后缀表达式	[A]
+	+ 入栈，如图 3.43（a）所示	[A]
B	操作数直接放入后缀表达式	[A，B]
*	当前处理字符为 *，优先级高于栈顶元素 +，* 入栈，如图 3.43（b）所示	[A，B]
C	操作数直接放入后缀表达式，表达式结束，栈内所有符号出栈到后缀表达式中，如图 3.43（c）所示	[A，B, C, *，+] 结果

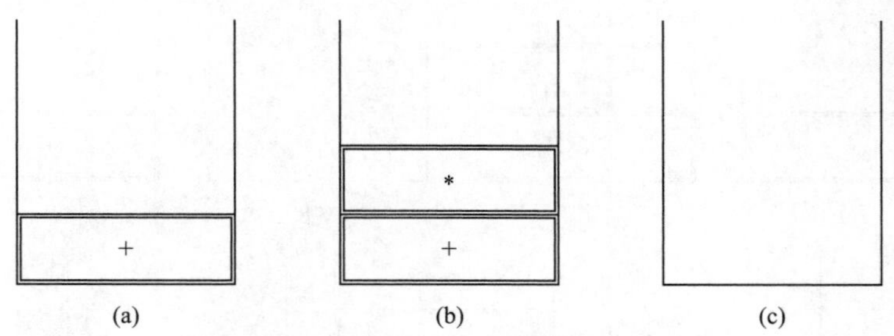

图 3.43　A+B*C 中操作符入栈与出栈

当前处理的操作符优先级等于栈顶元素的优先级时，如 A+B-C，其后缀表达式为 AB+C-，“+”先入栈，处理操作符“-”时，栈顶元素“+”要先出栈到后缀表达式中，“-”再入栈。所以，再根据上述①②两个例子得出，在两种情况下操作符出栈：一是当前处理的操作符优先级小于等于栈顶元素的优先级，二是中缀表达式扫描结束后。

下面再看有括号的情况。

③ 从左到右扫描表达式（A+B）*（C-D），将其转换为后缀表达式，表 3.8 是转换过程和结果。

从例③的转换过程可以看出，有括号的时候增加的规则为：遇到左括号时，左括号直接入栈；栈顶为左括号时，当前操作符直接入栈；遇到右括号时，栈顶元素出栈到后缀表达式中，直到遇到左括号，弹出左括号，左括号不进入后缀表达式，右括号不需要入栈。

综上所述，可以得到中缀表达式转后缀表达式函数的算法：

① 将中缀表达式以字符串形式存放于列表中。

② 处理表达式中的每个字符：

a. 当前字符为加、减、乘、除四种操作符时，如果栈顶元素优先级大于等于当前操作符优

表 3.8　将（A+B）*（C-D）转换为后缀表达式

当前字符	转换过程	后缀表达式
（	（入栈，如图 3.44（a）所示	[ ]
A	操作数直接放入后缀表达式	[A]
+	栈顶为（，操作符入栈，如图 3.44（b）所示	[A]
B	操作数直接放入后缀表达式	[A，B]
）	栈顶元素出栈到后缀表达式，直到遇到（，弹出（	[A，B, +]
*	栈为空，操作符入栈，如图 3.44（d）所示	[A，B, +]
（	（入栈，如图 3.44（e）所示	[A，B, +]
C	操作数直接放入后缀表达式	[A，B, +, C]
-	栈顶为（，操作符入栈，如图 3.44（f）所示	[A，B, +, C]
D	操作数直接放入后缀表达式	[A，B, +, C, D]
）	栈顶元素出栈到后缀表达式，直到遇到（，弹出（。中缀表达式处理结束，将栈内剩余元素 * 出栈到后缀表达式中	[A，B, +, C, D，-，*]

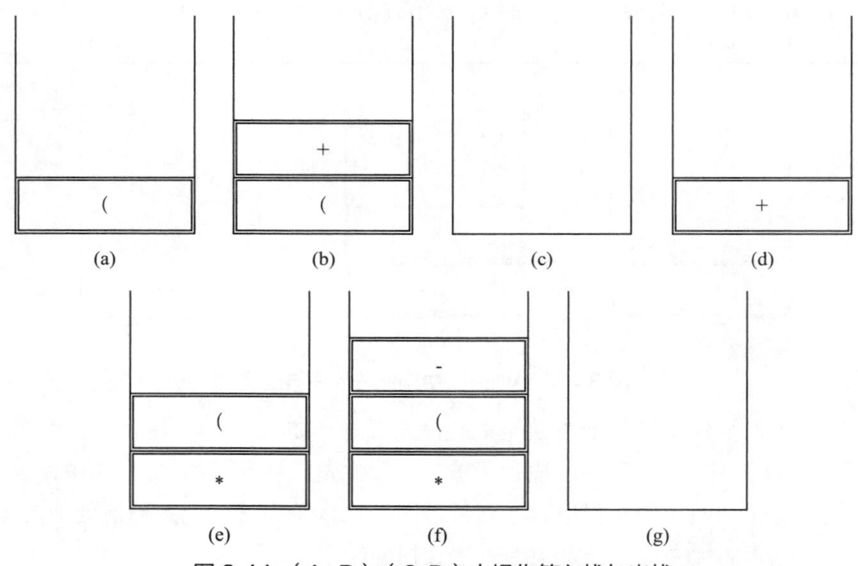

图 3.44　（A+B）*（C-D）中操作符入栈与出栈

先级，栈顶元素出栈到后缀表达式中，当前操作符入栈；如果栈顶元素优先级小于当前操作符优先级，当前操作符入栈。栈顶为左括号时，当前操作符直接入栈，编程时可以把左括号的优先级设为最小。

b. 当前字符为左括号时，左括号入栈。

c. 当前字符为右括号时，栈顶元素出栈到后缀表达式中，直到遇到左括号，弹出左括号，左括号不进入后缀表达式，右括号不需要入栈。

d. 当前字符不是括号和操作符，而是操作数时，操作数直接加入后缀表达式。

③ 中缀表达式处理结束，如果栈不为空，栈顶元素出栈到后缀表达式中，直到栈空。

④ 输出并返回结果。

程序 3.26 是中缀表达式转后缀表达式的实现程序。Stack 表示栈，用顺序存储实现，这也可以用链式存储实现，不影响程序结果；order() 的参数为字符，功能是返回一个体现优先级的数字，用于比较优先级的大小；infix_to_postfix() 的参数是字符串列表，返回值为列表，功能是中缀表达式转后缀表达式，最后用两个表达式调用了该函数。

程序 3.26　中缀表达式转后缀表达式

```
class Stack:
    def __init__(self):
        self.room=[]

    def push(self,data):
        self.room.append(data)

    def pop(self):
        return self.room.pop()

    def is_not_empty(self):
        if len(self.room)!=0:
            return 1
        else:
            return 0

    def get_top(self):
        a=self.room[len(self.room)-1]
        return a

def order(a):
    if a in ['*','/']:
        return 2
    elif a in ['+','-']:
        return 1
    elif a=='(':
        return 0

def infix_to_postfix(datas):
    stack=Stack()
    result=[ ] #存放后缀表达式
    for i in datas:
        if i in ['+','-','*','/']:
            while stack.is_not_empty() and order(stack.get_top())>=order(i):
                    temp=stack.pop()
                    result.append(temp)
            stack.push(i)
        elif i=='(':
            stack.push(i)
        elif i==')':
            while stack.is_not_empty() and stack.get_top()!='(':
                temp=stack.pop()
                result.append(temp)
            stack.pop()
        else:
            result.append(i)
    while stack.is_not_empty():
        temp=stack.pop()
```

```
            result.append(temp)
    print(result)
    return result

datas1=['(','(',2,'+',3,')','*',5,'-',7,')','/',2]
datas2=[2,'*',2,'+',3,'*',5,'-',7,'*',2]
infix_to_postfix(datas1)
infix_to_postfix(datas2)
```

程序运行结果如下：

```
[2, 3, '+', 5, '*', 7, '-', 2, '/']
[2, 2, '*', 3, 5, '*', '+', 7, 2, '*', '-']
```

3.3 队列

可以将队列理解为现实生活中的排队，去餐厅排队点餐，永远都是先排队的人先点餐，后排队的人后点餐。假设现在处于队首的是小明，排在小明后面的是小红，小明点完了餐，离开了队伍，排在小明后面的所有顾客前进一步，此时小红就成了队首。假设现在处于队尾的是大雄，这时来了一个胖虎，如果不许插队，胖虎只能乖乖排在大雄后面，队尾就变成了胖虎。先来先服务、先进先出描述的就是队列的特点。

队列是由一系列对象组成的集合，这些对象的插入和删除，遵循先进先出的原则。也就是说，元素可以在任何时刻插入，但是只有处在队首的元素才能被删除。通常将队列中允许插入的一端称为队尾，将允许删除的一端称为队首，如图 3.45 所示。还有其他许多关于队列的应用，商店、影院、预定中心和其他类似的服务场所，遵循的规则就是先来先服务。对于顾客服务中心的电话呼叫或者餐厅的等候顾客而言，队列会成为一个比较合适的选择。队列还广泛应用于许多计算设备中，比如网络打印机或者响应请求的微博服务器。

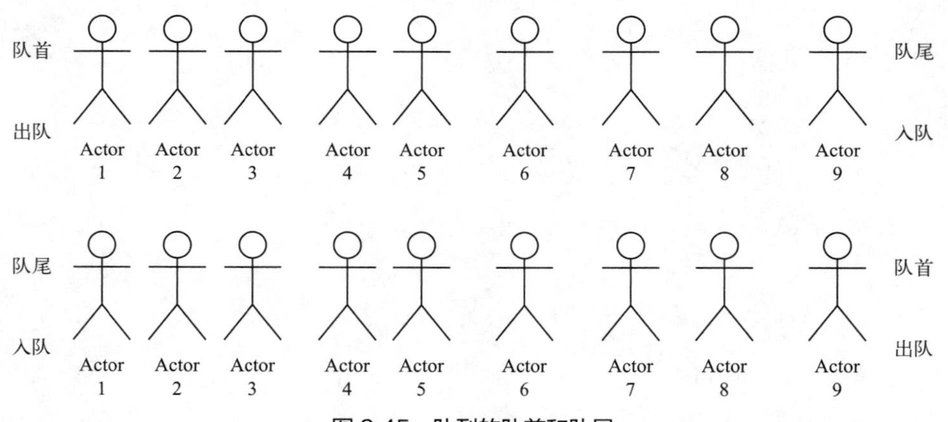

图 3.45 队列的队首和队尾

要记住的是，从队列的一端插入数据，另一端删除数据，插入的那端称为队尾，删除的那端称为队首。

3.3.1 队列的数据操作

队列抽象数据类型由下面的结构和操作定义。队列是元素的有序集合，添加操作发生在其尾部，移除操作则发生在头部。队列的操作顺序是先进后出（简称 FIFO），常见的有以下几个基本操作。

① Queue() 创建一个空队列。不需要参数，返回一个空队列。

② enqueue() 在队列的尾部添加一个元素。参数为添加的元素，没有返回值。

③ dequeue() 从队列的头部移除一个元素。不需要参数，将移除的元素返回，并修改队列头部的位置。

④ Is_empty() 检查队列是否为空。不需要参数，返回一个布尔值。

⑤ size() 返回队列中元素的个数。不需要参数，返回一个整数。

3.3.2 用 Python 实现队列的顺序存储及数据操作

创建一个新类来实现队列抽象数据类型，利用简洁强大的 List 来实现队列，需要确定 List 哪一端是队尾，哪一端是队首。程序 3.27 是队列的顺序存储及相关操作的实现，其中假设队尾在 List 的位置索引 0 处，所以使用 insert 函数向队尾添加新元素，使用 pop 函数移除队首的元素（List 中的最后一个元素）。这意味着添加新元素的时间复杂度是 $O(n)$，移除队首元素的时间复杂度是 $O(1)$。

程序 3.27 中没有指定 List 的大小，由系统自动分配内存空间，因此，不存在队列满的情况，则不需要判断队列是否满。

程序 3.27 队列的顺序存储及相关操作的实现（queue_1.py）

```
class Queue:
    def __init__(self):
        self.queue=[]

    # 判断队列是否空
    def is_empty(self):
        return self.queue==[]

    def size(self):
        return len(self.queue)

    # 数据 x 加入队列
    def enqueue(self,x):
        self.queue.insert(0,x)

    # 返回队首数据并将其从队列中移除
    def dequeue(self ):
        if (self.is_empty()):
            print(" 队列空，无数据出队 ")
        else :
            return self.queue.pop()
```

在程序 3.27 后加上如下的调用语句：

```
q=Queue( )
q.dequeue( )
q.enqueue(7)
q.enqueue('k')
q.enqueue('8')
print(q.size( ))
q.enqueue('l')
q.enqueue('9')
q.enqueue(0)
q.dequeue( )
print(q.size( ))
```

运行结果如下：

```
队列空，无数据出队
3
5
```

3.3.3 用 Python 实现队列的链式存储及数据操作

当从不带头结点单向链表的一头插入数据，另一头删除数据时，这个单向链表就是队列，这样的队列就是链式存储的。假设用头插法插入数据，则单向链表的头部就是队尾，链表的最后一个结点就是队首位置，也是删除数据的一侧。当然，带头结点的单向链表或者双向链表也是可行的。

程序 3.28 是队列的链式存储及相关操作的实现，头插法实现元素的入队操作，找到链表的最后一个结点，返回结点数据并删除该结点，实现出队操作。这意味着添加新元素的时间复杂度与链表长度无关，为 $O(1)$；移除队首元素需要循环找到链表最后一个结点，时间复杂度和链表长度 n 有关，为 $O(n)$。

程序 3.28　队列的链式存储及相关操作的实现（queue_2.py）

```
class Node:
    def __init__(self,data=None):
        self.data=data
        self.next=None

#表示队列
class Queue:
    def __init__(self):
        self.head=Node( )
        #链表结点个数
        self.num=0

    #在链表头部插入新结点，data 入队
    def enqueue(self,data):
        if self.head.data==None:
            self.head=Node(data)
        else:
            tmp=Node(data)
            tmp.next=self.head
            self.head=tmp
```

```
        self.num=self.num+1

    # 返回链表最后一个结点数据并删除该结点，元素出队
    def dequeue(self):
        if self.num==0:
            print(" 队列空，无数据出队 ")
            return
        elif self.num==1:
            current=self.head.data
            self.head.data=None
            self.num=0
            return current
        else:
            tmp=self.head
            #tmp 指向倒数第二个结点
            while tmp.next.next!=None:
                tmp=tmp.next
            #tmp.next 指向最后一个结点，返回结点数据并删除该结点
            current=tmp.next.data
            tmp.next=None
            self.num=self.num-1
            return current

    # 队列空返回真
    def is_empty(self):
        return self.num==0

    def size(self):
        return self.num
```

在程序 3.28 后加上如下的调用语句：

```
q=Queue( )
print(q.size( ))
q.enqueue(4)
q.dequeue( )
q.enqueue(9)
q.enqueue(8)
print(q.size( ))
```

运行结果如下：

```
0
2
```

3.3.4 队列的简单应用：打印杨辉三角

形如图 3.46 的三角称为杨辉三角，每一行的第 i 个数（除了两头的 1）由上一行的第 $i-1$ 个数加第 i 个数得到，如第 6 行的 5 等于第 5 行的 1 加 4，第 6 行的 10 等于第 5 行的 4 加 6。因此可以用一个对象 above_line 存放上一行的数据，通过上一行的数据依次相加得到下一行中间的数据，存放到表示下一行的对象 line 中。

打印杨辉三角的算法如下：

```
          1
         1 1
        1 2 1
       1 3 3 1
      1 4 6 4 1
   1 5 10 10 5 1
```

图 3.46　杨辉三角

① 声明一个队列类对象 above_line，存放杨辉三角上一行的数据，above_line 初始化为第一行，打印第一行。

② 循环打印杨辉三角的其余几行，一次打印一行，循环次数为行数减 1。上一行队列的第一个数据 1 出队，打印 1 并加入下一行队列 line 中。

③ 将上一行队列的数据循环出队直至队列为空，每次出队的数据和上一次出队的数据相加，结果加入下一行队列中并打印。

④ 将上一行最后一个数据 1 加入下一行队列中并打印，下一行打印结束。

⑤ 将下一行设为 above_line，循环执行得到下一行的下一行。

使用两种方法来实现打印杨辉三角。首先，使用封装好的队列数据结构（既可使用顺序存储实现的队列，也可使用链式存储实现的队列）；其次，当数据操作比较少的时候，也可以直接用 List 来实现。

程序 3.29 是根据上述算法用 Python 实现打印杨辉三角。在 Python 中，一个 .py 文件就是一个模块，程序 3.27 的文件名为 queue_1.py，程序 3.28 的文件名 queue_2.py，程序 3.29 第 1 行导入 queue_1 模块中的 Queue 类，queue_1.py 可替换为 queue_2.py。

程序 3.29　用 Python 实现打印杨辉三角（yanghui.py）

```
1. from queue_1 import Queue
2. def print_yanghui(num):
3.     # 声明一个队列类对象 above_line，存放杨辉三角上一行数据
4.     above_line=Queue()
5.     # 杨辉三角的第一行
6.     above_line.enqueue(1)
7.     # 打印杨辉三角的第一行
8.     print(1)
9.     # 循环控制变量
10.     i=1
11.     # 循环打印杨辉三角的其余几行，一次打印一行
12.     while i<=num-1:
13.         # 声明一个队列类对象 line，存放杨辉三角当前行数据
14.         line=Queue( )
15.         # 上一行的第一个数据出队，赋值给 x
16.         x=above_line.dequeue()
17.         #x 加入到当前行
18.         line.enqueue(x)
19.         # 打印 x
20.         print(x,end=' ')
21.         # 上一行不为空循环
22.         while not above_line.is_empty( ):
23.             # 上一行数据依次出队，赋值给 y
24.             y=above_line.dequeue( )
25.             # 将 x+y 加入当前行
```

```
            line.enqueue(x+y)
            #打印 x+y
            print(x+y,end=' ')
            #y 赋值给 x，为下一次相加做准备
            x=y
        #循环结束，x 保存上一行最后一个数据，x 入队到当前行
        line.enqueue(x)
        #打印 x
        print(x)
        #line 赋值给 above_line，为打印下一行做准备
        above_line=line
        #循环控制变量加 1
        i=i+1

print_yanghui(6)
```


运行结果如下：

```
1
1 1
1 2 1
1 3 3 1
1 4 6 4 1
1 5 10 10 5 1
```

程序 3.30 是用 List 来实现打印杨辉三角，运行结果与程序 3.29 相同。

程序 3.30　用 List 实现打印杨辉三角

```
def print_yanghui(num):
    #打印杨辉三角的第一行
    above_line=[1]
    print(above_line)
    #打印其余行
    i=1
    while i<=num-1:
        #line 存放当前行数据，初始化为空
        line=[]
        #上一行的第一个数据出队，赋值给 x
        x=above_line.pop(0)
        #x 加入当前行
        line.append(x)
        #上一行不为空，出队一个数据，并和前一个数据相加
        while above_line!=[]:
            y=above_line.pop(0)
            #相加结果加入当前行
            line.append(x+y)
            #为下一次相加做准备
            x=y
        #上一行的最后一个数据加入当前行
        line.append(x)
        print(line)
        #为打印当前行的下一行做准备
        above_line=line
        i=i+1

print_yanghui(6)
```

【案例 3.8】队列实现的走迷宫程序

如图 3.47（a）所示，标明了每个格子的位置，位置由横坐标和纵坐标构成，行和列都从 0 开始编号，同一行格子的横坐标相等，同一列格子的纵坐标相等，对于位置为（1，1）的格子，分别往右、下、左、上走一步，到达的格子位置依次为：右（1，2）、下（2，1）、左（1，0）、上（0，1）。图 3.26（b）表示一个简单的迷宫，没有坐标的格子表示有墙，无法通行。设迷宫入口是坐标为（0，0）的格子，出口是坐标为（2，2）的格子，若每次走一步，走过的格子不再重复，最短要走几步才能从入口走到出口？

	0	1	2
0	(0,0)	(0,1)	(0,2)
1	(1,0)	(1,1)	(1,2)
2	(2,0)	(2,1)	(2,2)

(a)

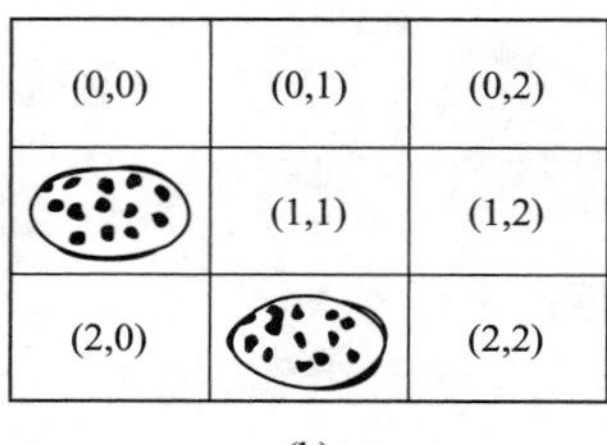

(b)

图 3.47　走迷宫

先到入口（0，0）处，此时一步未走，步长为 0。将（0，0，0）入队，即（横坐标，纵坐标，步长）入队，队列初始化完成。队列情况如下：

```
队首 (0, 0, 0) 队尾
```

（0，0，0）出队，位置为（0，0）的格子走一步能到达的格子只有位置为（0，1）的格子，此时步长为 1，（0，1，1）入队。队列情况如下：

```
队首 (0, 1, 1) 队尾
```

（0，1，1）出队，位置为（0，1）的格子按右、下、左、上的顺序走一步能到达的格子只有位置为（0，2）、（1，1）的格子，此时步长为 2，（0，2，2）、（1，1，2）入队。队列情况如下：

```
队首 (0, 2, 2) (1, 1, 2) 队尾
```

（0，2，2）出队，位置为（0，2）的格子走一步能到达的格子只有位置为（1，2）的格子，此时步长为 3，（1，2，3）入队。队列情况如下：

```
队首 (1, 1, 2) (1, 2, 3) 队尾
```

（1，1，2）出队，位置为（1，1）的格子周围都已走过。队列情况如下：

```
队首 (1, 2, 3) 队尾
```

（1，2，3）出队，位置为（1，2）的格子走一步能到达的格子只有位置为（2，2）的格子，步长为 4，（2，2，4）入队。此时已到终点位置（2，2）处，步长 4 就是需要走的最短步数。队列情况如下：

```
队首 (2, 2, 4) 队尾
```

上述过程对应的算法为：

① 将迷宫的入口处坐标、步长 0 一起入队，初始化队列。

② 队列不为空时循环执行：出队一次，不超出边界且可以移动的前提下，将出队地址按右、下、左、上的顺序移动一步，步长加 1，将移动一步后得到的坐标和步长入队，并将该坐

标对应的值设为 2，表示已经走过。如果移动后的坐标为出口处坐标（到达出口），退出循环。

③ 循环结束后如果队列为空，说明循环过程中没有到达出口，即入口到出口没有路径。

迷宫可用 List 表示，有障碍的位置值为 1，没有障碍的位置值为 0，图 3.46（b）可表示为：

b=[[0，0，0],
  [1，0，0],
  [0，1，0],
]

b[1][0]=1，表示第二行第一列的位置处有障碍，无法到达；

b[1][1]=0，表示第二行第二列的位置处无障碍，可以到达。

程序 3.31 是根据上述算法编写的，主要用到 trip() 函数，参数为入口坐标和出口坐标。迷宫有路时输出最短步数，无路时反馈无路信息，最后输出增加标记的迷宫，走过的格子对应值标记为 2。

程序 3.31　走迷宫程序

```
#参数为入口横坐标、纵坐标，出口横坐标、纵坐标
def trip(start_i,start_j,end_i,end_j):
    #迷宫，1表示该位置处有障碍，0表示没有障碍
    a=[[0,0,0,0,0,1],
       [0,1,0,0,1,0],
       [0,0,1,0,0,0],
       [0,0,0,1,0,0],
       [0,0,1,0,0,0],
    ]
    #队列[]，append( )入队，pop(0)出队
    queue=[]
    point=[]
    #步长初值为0
    step=0
    #入口坐标和步长入队
    queue.append([start_i,start_j,step])
    #入口坐标处的值设为2，表示已经走过
    a[start_i][start_j]=2
    #队列不为空循环
    while queue!=[]:
        #出队一次
        point=queue.pop(0)
        #出队得到的横坐标
        i=point[0]
        #出队得到的纵坐标
        j=point[1]
        #出队得到的步长
        step=point[2]
        #如果没有超出右边界且往右走一步无障碍
        if j<=4 and a[i][j+1]==0:
            #往右移动一步后得到的坐标和步长入队
            queue.append([i,j+1,step+1])
            #该坐标对应的值设为2，表示已经走过
            a[i][j+1]=2
            #如果该坐标等于出口坐标，循环结束
            if i==end_i and j+1==end_j:
```

```
                break
        #如果没有超出下边界且往下走一步无障碍
        if i<=3 and a[i+1][j]==0:
            queue.append([i+1,j,step+1])
            a[i+1][j]=2
            if i+1==end_i and j==end_j:
                break
        #如果没有超出左边界且往左走一步无障碍
        if j>=1 and a[i][j-1]==0:
            queue.append([i,j-1,step+1])
            a[i][j-1]=2
            if i==end_i and j-1==end_j:
                break
        #如果没有超出上边界且往上走一步无障碍
        if i>=1 and a[i-1][j]==0:
            queue.append([i-1,j,step+1])
            a[i-1][j]=2
            if i-1==end_i and j==end_j:
                break
    #循环内没有到达出口坐标，函数返回
    if queue==[]:
        print("入口到出口没有路径可走")
        return
    #输出最短步数
    print("入口到出口需要的最短步数为：",end='  ')
    print(step+1)
    #输出迷宫
    print(a[0])
    print(a[1])
    print(a[2])
    print(a[3])
    print(a[4])
#调用函数
a=trip(0,0,4,5)
```

运行结果如下：

```
入口到出口需要的最短步数为：  9
[2, 2, 2, 2, 2, 1]
[2, 1, 2, 2, 1, 2]
[2, 2, 1, 2, 2, 2]
[2, 2, 2, 1, 2, 2]
[2, 2, 1, 0, 2, 2]
```

可以将图 3.46（a）迷宫作为函数 trip() 的参数，调用函数之前设置好迷宫的值，试一试吧。

PYTHON

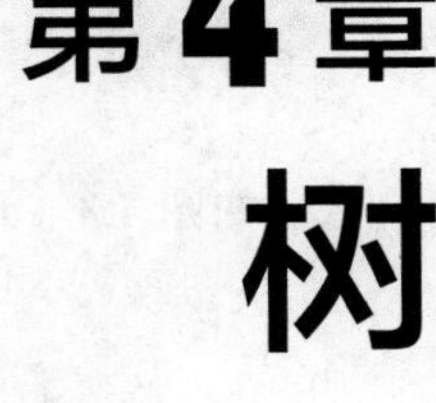
第4章
树

★预备知识：递归的基本思想

先来看汉诺塔游戏。如图 4.1 所示有 a、b、c 三棵柱子，a 上套着从小到大的环，现在要将它们从 a 移到 c。游戏规则：①每次只能移动一个环；②移动的过程中不允许出现小环位于大环下面的情况。

分析游戏：

① 如图 4.2（a）所示，当柱子 a 上只有 1 个环时，从 a 取一个环移到 c 即可，如图 4.2（b）所示，只需移动 1 次。

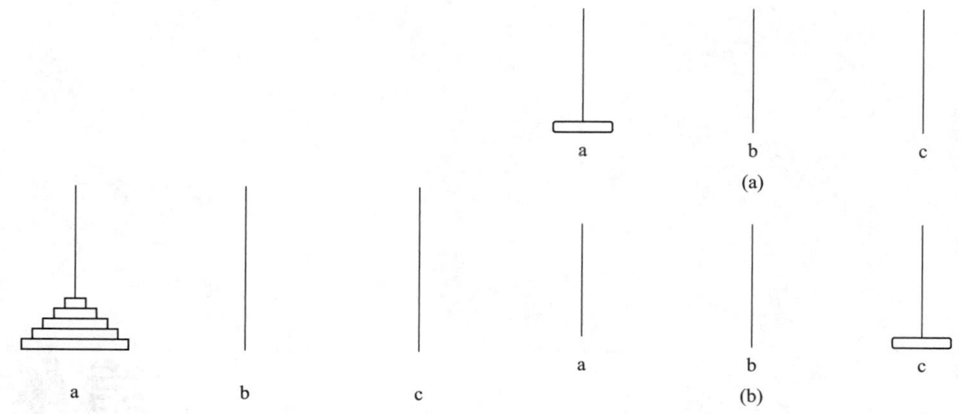

图 4.1　汉诺塔游戏

图 4.2　当柱子 a 上只有 1 个环时

② 如图 4.3（a）所示，当柱子 a 上有 2 个环时，游戏过程如下：

a. 从 a 取一个环到 b，如图 4.3（b）所示，记为 han_nuo_ta(1,a,c,b);

b. 从 a 取一个环到 c，如图 4.3（c）所示，记为 han_nuo_ta(1,a,b,c);

c. 从 b 取一个环到 c，如图 4.3（d）所示，记为 han_nuo_ta(1,b,a,c)。

d. 移动完成，整个过程移动 3 次。

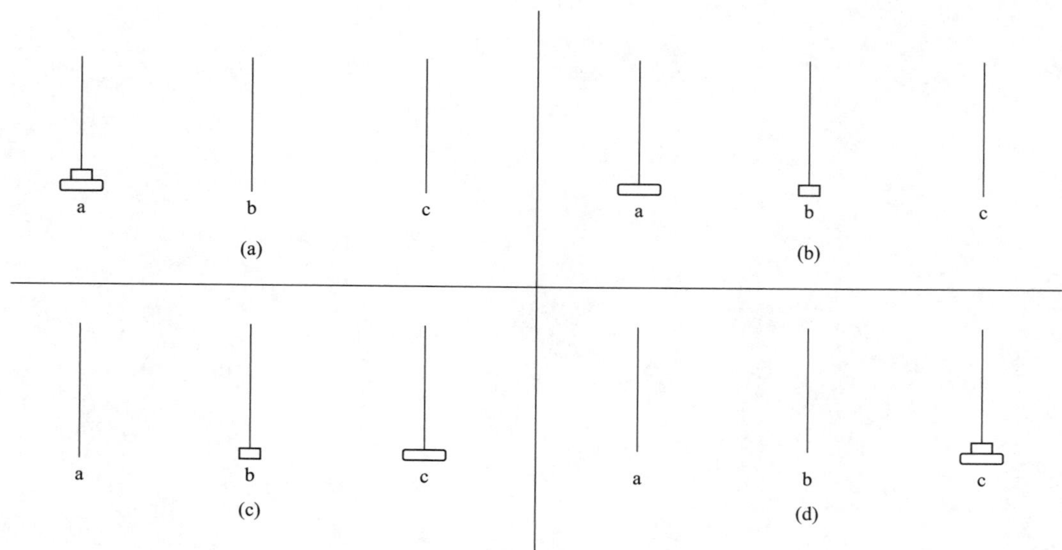

图 4.3　当柱子 a 上有 2 个环时

这个过程可以整个理解为：柱子 a 上从小到大叠放的 2 个环，通过柱子 b，移动 3 次可移到柱子 c，记为 han_nuo_ta(2,a,b,c); 同理，柱子 a 上从小到大叠放的 2 个环，通过柱子 c，移动 3 次可移到柱子 b，记为 han_nuo_ta(2,a,c,b)；柱子 b 上从小到大叠放的 2 个环，通过柱子 a，移动 3 次可移到柱子 c，记为 han_nuo_ta(2,b,a,c)。

③ 如图 4.4（a）所示，当柱子 a 上有 3 个环时，游戏过程如下：

a. 将 a 上面的 2 个环通过 c 移到 b，如图 4.4（b）所示，即调用过程 han_nuo_ta(2,a,c,b)，需移动 3 次；

b. 将 a 上的 1 个环（最大环）移到 c，如图 4.4（c）所示，移动 1 次；

c. 将 b 上面的 2 个环通过 a 移到 c，如图 4.4（d）所示，即调用过程 han_nuo_ta(2,b,a,c)，需移动 3 次；

d. 移动完成，步骤 1、2、3 共计移动 7 次。

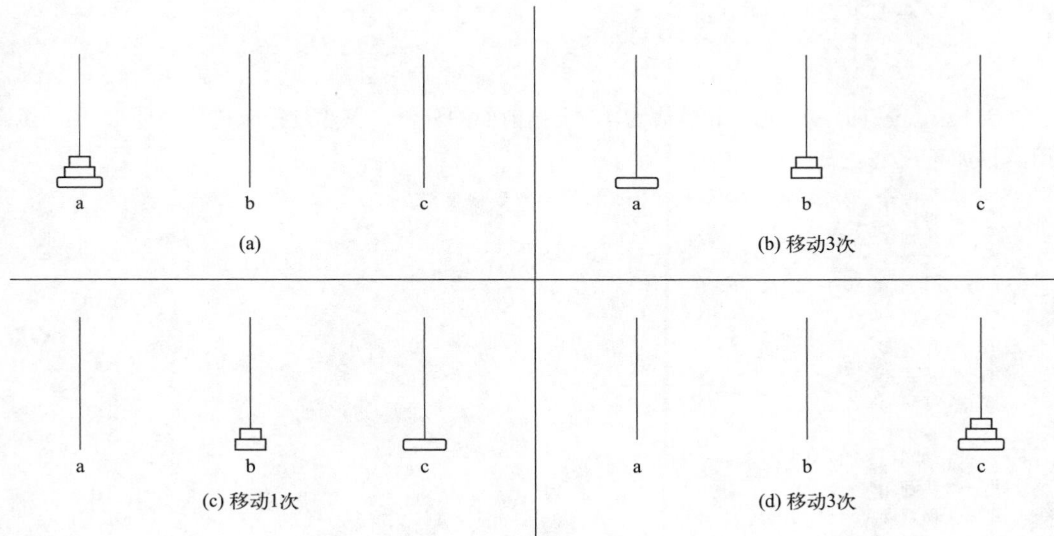

图 4.4　当柱子 a 上有 3 个环时

这个我们理解为：柱子 a 上从小到大叠放的 3 个环，通过柱子 b，移动 7 次可移到柱子 c，记为 han_nuo_ta(3,a,b,c); 同理，柱子 a 上从小到大叠放的 3 个环，通过柱子 c，移动 7 次可移到柱子 b, 记为 han_nuo_ta(3,a,c,b)；柱子 b 上从小到大叠放的 3 个环，通过柱子 a，移动 7 次可移到柱子 c，记为 han_nuo_ta(3,b,a,c)。

④ 当柱子 a 上有 4 个环时，游戏过程如下：

a. 将 a 上面的 3 个环通过 c 移到 b，即调用过程 han_nuo_ta(3,a,c,b)，需移动 7 次；

b. 将 a 上的一个环（最大环）移到 c，移动 1 次；

c. 将 b 上面的 3 个环通过 a 移到 c，即调用过程 han_nuo_ta(3,b,a,c)，需移动 7 次；

d. 移动完成，步骤 1、2、3 共计移动 15 次。

依此类推，写出柱子 a 上有 n 个环时的游戏过程：

a. 将 a 上面的 $n-1$ 个环通过 c 移到 b，即调用过程 han_nuo_ta(n−1,a,c,b)；

b. 将 a 上的一个环（最大环）移到 c，即调用过程 han_nuo_ta(1,a,b,c)；

c. 将 b 上面的 $n-1$ 个环通过 a 移到 c。即调用过程 han_nuo_ta(n−1,b,a,c)，游戏完成。

理解了上述游戏的过程，则可以在 Python 中写出这个逻辑，函数 han_nuo_ta(n,a,b,c) 表示柱子 a 上有 *n* 个环时的游戏过程。*n*=1 时，将 a 上仅有的一个环移到 c；否则首先调用过程 han_nuo_ta(n−1,a,c,b)，其次调用过程 han_nuo_ta(1,a,b,c)，最后调用过程 han_nuo_ta(n−1,b,a,c)，游戏完成。

程序 4.1 是上述逻辑的实现。

程序 4.1　汉诺塔的程序实现

```
def han_nuo_ta(n,a,b,c):
      i=1
      if n==1:
          print(i,a,'取一个移到',c)
          i=i+1
          return    #函数结束
      else:
          han_nuo_ta(n-1,a,c,b)
          han_nuo_ta(1,  a,b,c)
          han_nuo_ta(n-1,b,a,c)
```

调用 han_nuo_ta() 函数时，n 赋值为 4，根据前面的分析，游戏过程应该移动环 15 次。函数调用结果如下：

```
a 取一个移到 b
a 取一个移到 c
b 取一个移到 c
a 取一个移到 b
c 取一个移到 a
c 取一个移到 b
a 取一个移到 b
a 取一个移到 c
b 取一个移到 c
b 取一个移到 a
c 取一个移到 a
b 取一个移到 c
a 取一个移到 b
a 取一个移到 c
b 取一个移到 c
```

再看斐波那契数列。斐波那契数列（Fibonacci sequence）又称黄金分割数列，因数学家莱昂纳多·斐波那契（Leonardo Fibonacci）以兔子繁殖为例而引入，故又称为“兔子数列”，指的是这样一个数列：1、1、2、3、5、8、13、21、34…。设斐波那契数列中第 *n* 项为 *F*(*n*) 的函数值，*n* 为自然数，则函数定义可以描述为：

F(1)=1

F(2)=1

F(n)=F($n-1$)+F($n-2$)（$n \geqslant 3$，$n \in N$）

根据前面的汉诺塔游戏，如何用 Python 写一个函数，功能是求斐波那契数列第 *n* 项的值，思考后看程序 4.2。

程序 4.2　求斐波那契数列第 *n* 项的值

```
def F(n):
    if n==1 or n==2:
```

```
        #函数结束并返回函数值1
        return 1
    else:
        #函数值为前两项之和
        return (F (n-1)+ F (n-2))
```

为了直观，程序 4.2 中的 F 常常写为 fibonacci。

最后，再学习一下阶乘问题。一个正整数的阶乘（factorial）是所有小于及等于该数的正整数的积，并且 0 的阶乘为 1，自然数 n 的阶乘写作 $n!$。设 factorial(n) 是计算 $n!$ 的函数，因为 $n!=n\times(n-1)!$，所以函数可定义如下：

factorial(0)=1

factorial(1)=1

factorial(n)=n×factorial(n−1)　(n>1)

和程序 4.2 类似，程序 4.3 是用 Python 实现的 factorial(n) 函数。

程序 4.3　求 n 的阶乘

```
def factorial(n):
    if n==0 or n==1:
        return 1 #函数结束
    else:
        return n*factorial(n-1)
```

在用 Python 实现上述三个函数 han_nuo_ta()、F()、factorial() 时，函数里面都调用了函数本身，如 factorial() 函数里调用了 factorial() 函数本身，这种函数调用自己的技巧称为递归算法，调用了自己的函数就是递归函数。

实现递归函数的时候需要注意以下几点：

① 设定好函数的功能（包括参数和返回值的设计）。

② 函数调用自身时给的参数不能和自己的参数完全相同，如程序 4.3 中 factorial() 函数的参数分别是 n 和 n-1。

③ 将一个最简单的情况作为结束条件，放在调用自身之前。如汉诺塔游戏中只有一个个环的情况；斐波那契数列中第 1 项、第 2 项的返回值都是 1；求阶乘问题中 0！和 1！返回值都是 1。

④ 检查结束条件是否有疏漏。

4.1 树的基本概念

前面讨论的都是线性数据结构，指第一个元素之外的其他元素都有一个不同的前驱，最后一个元素之外的其他元素都有一个不同的后继。本章树形结构的组织关系要比一个序列中两个元素之间的“前”“后”关系更为丰富和复杂，这种关系在树中是分层的，一些元素处于“上面”，另一些处于“下面”。树形数据结构的主要术语来源于家谱，因为术语“双亲”“孩子”“祖先”和“子孙”描述的是一种家族或家庭关系，如图 4.5 所示《红楼梦》中部分人物关系。

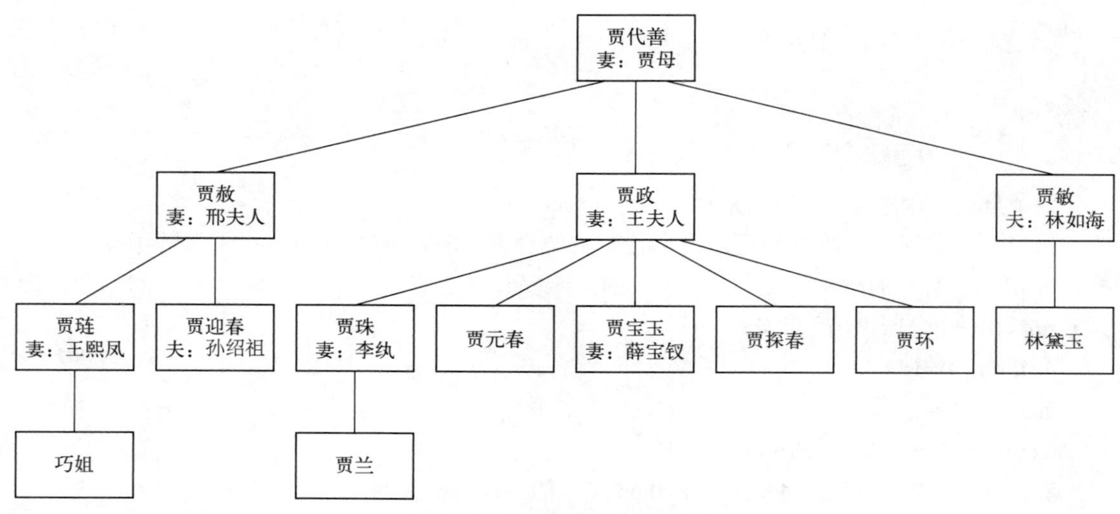

图 4.5 《红楼梦》中部分人物关系

树是一种将元素分层次存储的抽象数据类型。除了最顶部的元素，每个元素在树中都有一个双亲结点和零个或多个孩子结点。通常，将元素放置在一个椭圆形或圆形中，并通过直线将双亲结点与孩子结点相连来图示化一棵树，如图 4.6 所示，通常称最顶部元素为树根，其他元素都被连接在它的下面，好像一棵真实世界中的树被倒置了一样。双亲结点很多时候也称为父结点。

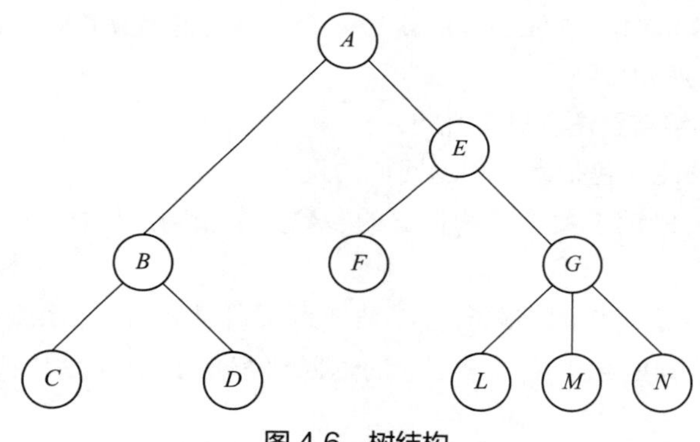

图 4.6 树结构

表 4.1 展示了关于树的一些概念，表中的实例来自图 4.6。

表 4.1 树的概念、实例及定义

概念	实例及定义
结点	*A*、*B*、*C*、*D*、*E*、*F*、*G*、*L*、*M*、*N* 都是结点 存储在树里的元素
根结点	*A* 是根结点 树最上层的结点
子结点	*A* 的子结点是 *B*、*E* *G* 的子结点是 *L*、*M*、*N* 在某个给定结点的下方直接连接的结点

续表

概念	实例及定义
双亲结点（父结点）	C 的父结点是 B F 的父结点是 E 在某个给定结点上方直接连接的结点。一个结点只有一个父结点
兄弟结点	B、E 是兄弟结点 L、M、N 是兄弟结点 拥有共同父结点的一些子结点
叶结点	C、D、F、L、M、N 都是叶结点 没有子结点的结点
后代	其他结点都是 A 的后代 C、D 是 B 的后代 结点的子结点，子结点的子结点，以此类推，直到叶结点为止
祖先	D 的祖先是 B、A L 的祖先是 G、E、A 结点的父结点，父结点的父结点，以此类推，直到根结点为止
路径	$A \to E \to G \to M$ 为 A 到 M 的路径 连接结点和其中一个后代的一系列的边
路径长度	A 到 M 的路径长度为 3 路径所包含的边的数目，即路径长度
度	E 的度数为 2 G 的度数为 3 树的度为 3 一个结点的子结点个数称为该结点的度数，比较树中所有结点的度数，最大度数称为该树的度
层次 树的深度或高度	F 的层次为 3 树的深度（高度）为 4 树结构中，根结点所在的层次为 1，其他结点所在的层次为其父结点所在的层次加 1，最大的层次称为树的深度或高度
子树	F 是 E 的子树 G、L、M、N 形成的树是 E 的子树 以某结点的一个子结点为根结点构成的树，称为该结点的子树

如图 4.6 所示的树有时也称为普通树。树的递归定义为：树要么为空，要么就是由有限的一组结点 T 组成。其中结点 r 和其他所有结点都不同，它被称为根结点。除此之外，集合 $T-\{r\}$ 被分成了若干不相交的子集，每个子集都是一棵树。

4.2 二叉树

除了树的递归定义外，还可定义为：树由结点及连接结点的边构成。非空树有以下属性：

① 有一个根结点；

② 除根结点外，其他每个结点都与其唯一的父结点相连；

③ 从根结点到其他每个结点都有且仅有一条路径。

图 4.6 中如果结点 B、E 直接相连将不满足上述第③点，A 到 B 将存在第 2 条路径 A → E → B，图 4.6 不再是一棵树。

如果每个结点最多有两个子结点，这样的树被称为二叉树，两个子结点通常被称为左子结点和右子结点。在二叉树里，如果一个结点只有一个子结点，仍然可以把它区分为左子结点或右子结点。

4.2.1 二叉树的数据操作

二叉树中数据的关系为一对多的关系，其数据的常见操作如下：

① 数据的遍历：遍历二叉树的所有结点；

② 数据的查找：在二叉树中查找给定的数据；

③ 求最大值：返回二叉树中数据的最大值；

④ 求最小值：返回二叉树中数据的最小值。

4.2.2 二叉树的实现以及二叉树的遍历

生成一棵二叉树，首先要生成二叉树结点。如单向链表，每个结点保存下一个结点的引用，链表中数据是一对一的关系。二叉树的结点具有左右孩子（子结点），数据之间是一对多的关系，每个结点需要保存数值及其左右子结点的引用。程序 4.4 用结点对象和赋值语句生成一棵二叉树，并用两种遍历方式打印结点数据。

程序 4.4　生成二叉树

```
class Node:
    """ 表示二叉树的类 """
    def __init__(self,data):
        # 保存结点的值
        self.data=data
        # 保存结点的左孩子，初始值为 None
        self.leftchild=None
        # 保存结点的右孩子，初始值为 None
        self.rightchild=None

# 生成 9 个孤立的二叉树结点对象，如图 4.7 所示
a=Node('A')
b=Node('B')
c=Node('C')
d=Node('D')
e=Node('E')
f=Node('F')
g=Node('G')
l=Node('L')
n=Node('N')

 # 将结点通过赋值语句连接成一棵树，如图 4.8 所示
a.leftchild=b
a.rightchild=e
b.leftchild=c
b.rightchild=d
```

```
27.e.leftchild=f
28.e.rightchild=g
29.g.leftchild=l
30.g.rightchild=n
31.
32.def preorder(node):
33.        print(node.data,end=' ')
34.        if node.leftchild!=None:
35.            preorder(node.leftchild)
36.        if node.rightchild!=None:
37.            preorder(node.rightchild)
38.        return
39.
40.def inorder(node):
41.        if node.leftchild!=None:
42.            inorder(node.leftchild)
43.        print(node.data,end=' ')
44.        if node.rightchild!=None:
45.            inorder(node.rightchild)
46.        return
47.
48.preorder(a)
49.print(' ')
50.inorder(a)
```


运行结果如下：

```
A B C D E F G L N
C B D A F E L G N
```

程序 4.4 中第 1 ～ 9 行：编写了一个 Node 类，表示二叉树的结点。根据 Node 类创建新的实例对象时，Python 会自动运行 __init__() 方法，生成 Node 类对象，该结点既可能代表树的根结点，也可能是其他普通结点，此时结点的 data 属性为输入参数，leftchild、rightchild 属性均为 None。

程序 4.4 中第 12 ～ 20 行：生成了 9 个孤立的二叉树结点，如图 4.7 所示。

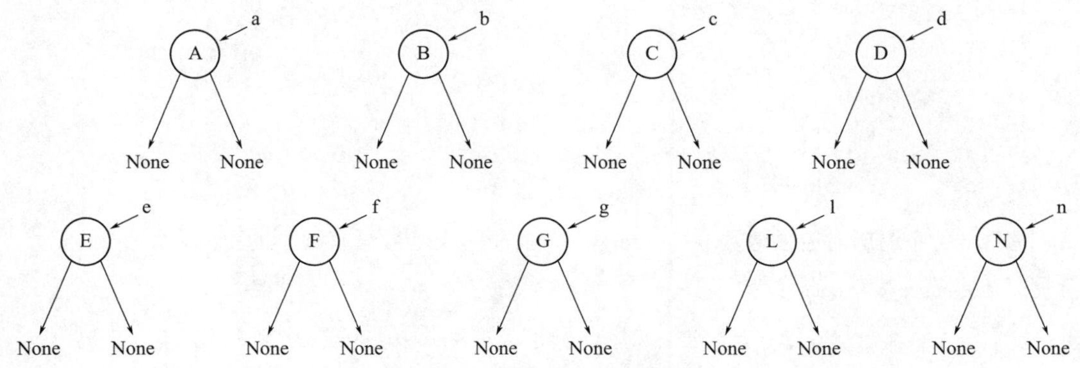

图 4.7　孤立的二叉树结点对象

程序 4.4 中第 23 ～ 30 行：将 9 个孤立的结点通过赋值语句连接，得到一棵二叉树，如图 4.8 所示。

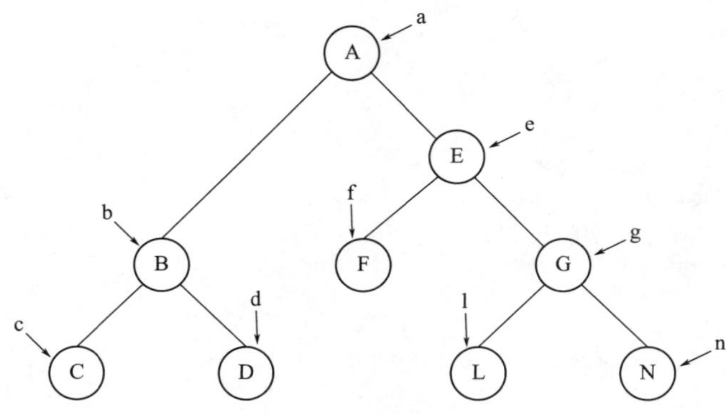

图 4.8　得到的二叉树

程序 4.4 中第 32 ～ 38 行的 preorder() 是一个递归函数，参数是树的根结点，功能是按一定顺序打印所有结点。如执行 preorder(a)，结果如下：

A B C D E F G L N

如果 preorder() 的语句改成如下语句，调用 preorder(a) 的结果仍然是：

A B C D E F G L N

```
def preorder(node):
        if node!=None:
            print(node.data,end=' ')
            preorder(node.leftchild)
            preorder(node.rightchild)
        else
            return
```

执行 preorder(a)，输出结点的顺序，称为先序遍历。中序遍历对应程序 4.4 中的 inorder() 函数，参数也是二叉树根结点。请仔细观察 inorder() 和 preorder()，指出两个函数间微小的区别。

调用 inorder(a) 的输出结果如下：

C B D A F E L G N

inorder() 函数写成如下形式，同样不影响 inorder(a) 的输出结果。

```
def inorder(node):
        if node!=None:
            preorder(node.leftchild)
            print(node.data,end=' ')
            preorder(node.rightchild)
        else
            return
```

同理，后序遍历对应的函数 postorder()，与前面两个函数只有很小的不同，如下：

```
def postorder(node):
        if node!=None:
            preorder(node.leftchild)
            preorder(node.rightchild)
            print(node.data,end=' ')
        else
            return
```

递归调用遍历函数时，在两种情况下返回：

① 函数的参数为 None 时；

② 遍历函数执行完毕后。

输出语句（或者其他操作）的位置总结如下：

① 先序遍历的输出（或其他操作）语句是在递归调用左右孩子之前；

② 中序遍历的输出（或其他操作）语句是在递归调用左右孩子之间；

③ 后序遍历的输出（或其他操作）语句是在递归调用左右孩子之后。

postorder(a) 的执行顺序可以简单表示为（其中，Va 表示访问结点 a，Vb 表示访问结点 b,……）：

① Va → Vb → Vc［c 无左孩子，返回；c 无右孩子，返回。输出 C，postorder(c) 结束返回，继续执行 postorder(b)］；

② Vb → Vd［d 无左右孩子，输出 D，postorder(d) 结束返回，继续执行 postorder(b)］；

③ Vb［b 的左右孩子 c、d 均已遍历，输出 B，postorder（b）结束返回，继续执行 postorder (a)］；

④ Va → Ve → Vf［f 无左右孩子，输出 F，postorder(f) 结束返回，继续执行 postorder(e)］；

⑤ Ve → Vg → Vl［l 无左右孩子，输出 L，postorder(l) 结束返回，继续执行 postorder(g)］；

⑥ Vg → Vn［n 无左右孩子，输出 N，postorder(n) 结束返回，继续执行 postorder(g)］；

⑦ Vg［g 的左右孩子 l、n 均已遍历，输出 G，postorder (g) 结束返回，继续执行 postorder(e)］；

⑧ Ve［e 的左右孩子 f、g 均已遍历，输出 E，postorder(e) 结束返回，继续执行 postorder(a)］；

⑨ Va［a 的左右孩子 b、e 均已遍历，输出 A，postorder(a) 结束返回］；

因此 postorder(a) 的执行结果如下：

C D B F L N G E A

4.3 二叉搜索树

4.3.1 基本概念

树型数据结构的一个重要用途是用作搜索树，如图 4.9 所示是一棵二叉搜索树。

二叉搜索树又称为二叉排序树，它要么是一棵空树，要么具有以下性质：

① 若它的左子树不为空，则左子树上所有结点的值都小于根结点的值。

② 若它的右子树不为空，则右子树上所有结点的值都大于根结点的值。

③ 它的左右子树也分别是二叉搜索树。

如图 4.10 所示的二叉树不是一棵二叉搜索树，值为 39 的结点位于根结点的右子树上，根结点的值为 40，39 小于 40，不符合“右子树上所有结点的值都大于根结点的值”。

对图 4.9 所示的二叉搜索树进行中序遍历，从根结点 40 开始，执行顺序可简单表示为（其中，V40 表示访问结点 40，V30 表示访问结点 30，依此类推）：

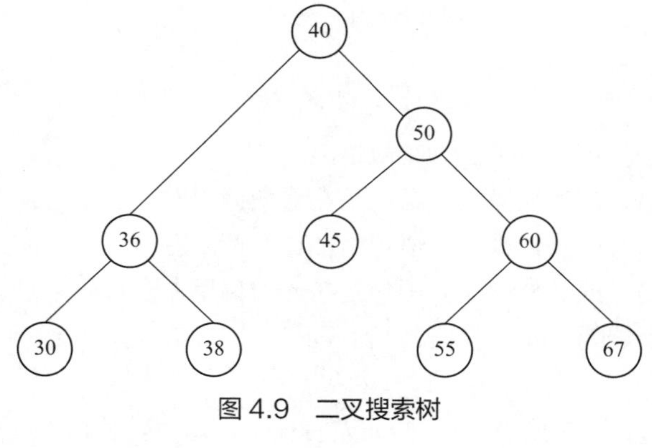

图 4.9 二叉搜索树

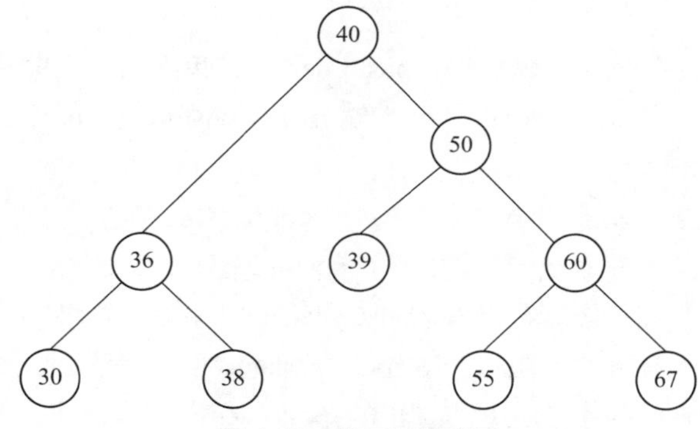

图 4.10 非二叉搜索树

① V40 → V36 → V30（结点 30 无左孩子，输出 30，结点 30 无右孩子，返回父结点 36）；

② V36（结点 36 的左孩子已遍历，输出 36，递归调用其右孩子结点 38）；

③ V38（结点 38 无左孩子，输出 38，结点 38 无右孩子，返回父结点 36）；

④ V36（结点 36 的左右结点均已遍历，返回其父结点 40）；

⑤ V40（结点 40 的左孩子已遍历，输出 40，递归调用其右孩子结点 50）；

⑥ V50 → V45（结点 45 无左孩子，输出 45，结点 45 无右孩子，返回父结点 50）；

⑦ V50（结点 50 的左孩子已遍历，输出 50，递归调用其右孩子结点 60）；

⑧ V60 → V55（结点 55 无左孩子，输出 55，结点 55 无右孩子，返回父结点 60）；

⑨ V60（结点 60 的左孩子已遍历，输出 60，递归调用其右孩子结点 67）；

⑩ V67（结点 67 无左孩子，输出 67，结点 67 无右孩子，返回父结点 60）；

⑪ V60（左右孩子已遍历）→ V50（左右孩子已遍历）→ V40（根结点左右孩子已遍历，整个函数调用结束）。

中序遍历二叉搜索树的结果是升序排列。思考一下，这种排序的时间复杂度如何？

4.3.2 二叉搜索树的数据操作

二叉搜索树中数据的关系为一对多的关系，其数据的常见操作如下：

① 求高度：返回二叉搜索树的高度；

② 数据的插入：将给定的数据插入二叉搜索树；

③ 数据的查找：在二叉搜索树中查找给定的数据；

④ 数据的删除：删除二叉搜索树中的某个数据；

⑤ 求最大值：返回二叉搜索树中数据的最大值；

⑥ 求最小值：返回二叉搜索树中数据的最小值。

4.3.3 Python 实现二叉搜索树

通过二叉搜索树的根结点可以访问树中其他所有结点，常用根结点代表树。二叉搜索树的结点与二叉树的结点相同，每个结点需要保存结点的值及其左右子结点的引用，见程序 4.4 中第 1 ～ 9 行。二叉搜索树也是一棵二叉树，可以直接通过二叉搜索树的根结点调用 preorder() 函数和 inorder() 函数，见程序 4.4 中第 32 ～ 46 行。

插入二叉搜索树的结点时需要对结点数值进行比较。先观察二叉搜索树结点的插入，设结点插入的顺序是 40、36、50、30、60、39，结点间值的比较过程如图 4.11 所示，最后生成的二叉搜索树如图 4.11 中（f）所示。

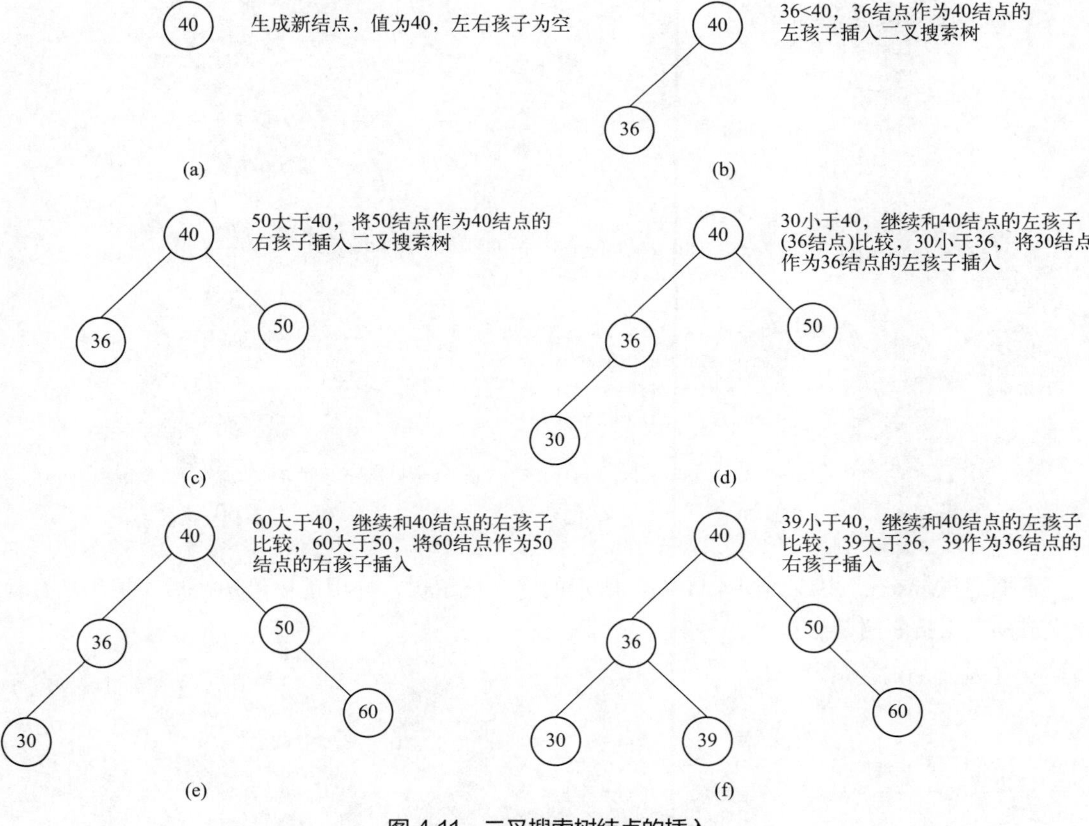

图 4.11　二叉搜索树结点的插入

二叉搜索树的特点是左子树的值都小于当前结点，右子树的值都大于当前结点，并且左右子树都具有这个特性。所以需要用插入的值 data 和根结点 root 的值比较，算法描述如下：

① 如果 data 大于根结点的值，说明值为 data 的结点应该插入到 root 结点的右子树上；

② 如果 data 小于根结点的值，说明值为 data 的结点应该插入到 root 结点的左子树上；

③ 继续执行上面的操作，直到找到叶子结点为止，然后再把值为 data 的结点插进去。

程序 4.5 是上述算法的实现，程序 4.5 运行时前面需加上程序 4.4 中第 1 ～ 9 行、第 32 ～ 46 行，因为后面会生成 Node 类对象，并调用 preorder() 和 inorder() 函数。

BstTree 类表示二叉搜索树，因为通过根结点可以访问整个树，所以 BstTree 类里面就是一个根结点，其数值初始化为 None。程序 4.5 中 insert() 是 BstTree 类里的方法，它也可以写成函数，就像 preorder() 和 inorder()。程序 4.5 这样封装数据操作的方式使代码更具整体性和封装性。

程序 4.5　二叉搜索树结点的插入实现

```
class BstTree:
    """ 表示搜索二叉树的类 """
    def __init__(self):
            # 根结点表示二叉搜索树，根结点数据初始化为 None，表示空树
        self.root=Node(None)

    # 将数据 data 插入二叉搜索树
    def insert(self,data ):
        temp=Node(None)
        temp=self.root
        NewNode=Node(data)
        if self.root.data==None:
            self.root=NewNode
            return self
        else:
            while temp!=None:
                if data < temp.data and temp.leftchild==None:
                    temp.leftchild=NewNode
                    return self
                elif data < temp.data and temp.leftchild!=None:
                    temp=temp.leftchild
                elif data>temp.data and temp.rightchild==None:
                    temp.rightchild=NewNode
                    return self
                elif data>temp.data and temp.rightchild!=None:
                    temp=temp.rightchild
            return  self
```

下面通过 insert() 生成如图 4.11（f）所示的二叉搜索树，并用前序遍历、后序遍历函数检验生成的二叉搜索树是否正确。

```
tree=BstTree( )
L=[40,36,50,30,60,39]
for i in L:
   tree.insert(i)   # 调用方法 insert( )
inorder(tree.root)   # 中序遍历，参数为根结点
print( )             # 换行
preorder(tree.root)  # 前序遍历，参数为根结点
```

运行结果如下：

```
30 36 39 40 50 60
40 36 30 39 50 60
```

生成一棵树或二叉搜索树以后，就可以进行一些其他的数据操作，比如求最大值或最小值，求树的高度等。这些操作如何实现？既可以像 preorder()、inorder() 函数，参数为树的根结点，也可以像 insert() 方法，参数有 self，调用时通过对象调用。前者实现起来相对简单，后者封装性、整体性更好，此处先讲解相对简单的方式。

根据树的高度的定义，无论是二叉搜索树，还是二叉树，求其高度的算法一样，树的高度就是叶子结点高度的最大值，可以用递归实现，算法为：遍历所有结点，计算当前结点的高度，将叶子结点高度的最大值保存在 height.max 中，函数运行结束后返回 height.max，该值就是所求二叉树或二叉搜索树的高度。

程序 4.6 是根据上述算法编写的函数 height()，参数为根结点。函数 hasattr(object, name) 中需判断对象中是否有 name 属性或 name 方法，有 name 属性时，返回 True；否则，返回 False，其中，name 要打上引号。

程序 4.6　函数 height()

```
def height(node):
   if not hasattr(height,'h'):
      height.h=0
      height.max=0
   if node==None:
       if height.max<height.h:
           height.max=height.h
       return
   else:
        height.h+=1
        height(node.leftchild)
        height(node.rightchild)
        height.h-=1
 return height.max
```

根据二叉搜索树的定义，其最大值是最右边的结点数据，算法为：从根结点开始，沿着右子树一直往下，直到找到最后一个右子树结点，按照定义可知，该结点一定是该二叉搜索树中的最大值结点。

二叉搜索树中的最小值是最左边的结点数据，算法为：从根结点开始，沿着左子树一直往下，直到找到最后一个左子树结点，按照定义可知，该结点一定是该二叉搜索树中的最小值结点。

程序 4.7 是上述算法的实现，max_bst() 为求二叉搜索树最大值的函数，参数为根结点；min_bst() 为求最小值的函数，参数为根结点。

程序 4.7　求二叉搜索树的最大值和最小值

```
def max_bst(node):# 求搜索二叉树的最大值
   if node.data==None:
       print('树为空')
   temp=node
   while temp.rightchild!=None:
       temp=temp.rightchild
   return temp.data

def min_bst(node): # 求搜索二叉树的最小值
```

```
    if node.data==None:
         print(' 树为空 ')
    temp=node
    while temp.leftchild!=None:
        temp=temp.leftchild
    return temp.data
```

求二叉树的最大值略有不同，算法为：遍历所有的结点，将最大的结点数值保存在 max.num 中，函数结束后返回 max.num。

程序 4.8 是上述算法的实现，max() 为求二叉树最大值的函数，参数为树的根结点。

程序 4.8　求二叉树的最大值

```
def max(node): #求二叉树的最大值
    if not hasattr(max,'num'):
        max.num=node.data
    if node==None:
        return
    else:
        if node.data>max.num:
            max.num=node.data
        max(node.leftchild)
         max(node.rightchild)
     return max.num
```

求二叉树的最小值的算法为：遍历所有的结点，将最小的结点数值保存在 min.num 中，函数结束后返回 min.num。

程序 4.9 是上述算法的实现，min() 为求二叉树最小值的函数，参数为树的根结点。

程序 4.9　求二叉树的最小值

```
def min(node): #求二叉树的最小值
    if not hasattr(min,'num'):
        min.num=node.data
    if node==None:
        return
    else:
        if node.data<min.num:
            min.num=node.data
        min(node.leftchild)
         min(node.rightchild)
     return min.num
```

注意，在调用 max()、min() 函数时，要先给 min.num,max.num 赋值，如下：

```
min.num=tree.root.data
max.num=tree.root.data
print(max(tree.root))
print(min(tree.root))
```

在二叉树中查找给定数值的算法为：从二叉树的根结点开始查找，其值等于给定数值时，查找成功；在根结点处查找不成功时，递归调用根结点的左子树进行查找；在左子树处查找不成功时，递归调用根结点的右子树进行查找。

程序 4.10 是上述算法的实现，find() 函数的参数为二叉树的根结点和待查找的数据，查找成功时，返回数值等于给定参数的结点；所查数据不存在或树为空时返回 None。

程序 4.10　在二叉树中查找给定的数值

```
def find(node,x): #查找数据
    temp=None
    if node==None:
        return None
    if node.data==x:
        return node
    else:
        temp = find(node.leftchild,x)
        if not temp:
            temp=find(node.rightchild,x)
        return temp
```

在二叉搜索树中查找给定数值 x 略有不同，算法如下：

① 树为空，函数结束；

② 根结点的值 node.data = x，查找成功，返回根结点；

③ 根结点的值 node.data > x，去根结点的左子树查找；

④ 根结点的值 node.data < x，去根结点的右子树查找；

⑤ 查找不成功时，输出查找失败的提示信息。

程序 4.11 是上述算法的实现，find_bst() 函数的参数为二叉搜索树的根结点和待查找的数据。

程序 4.11　在二叉搜索树中查找给定数值

```
def find_bst(node,x): #在二叉搜索树中查找 x
    temp=None
    if node==None:
        return None
    if node.data==x:
        return node
    else:
        if node.data>x:
            temp = find_bst(node.leftchild,x)
        elif node.data<x:
            temp=find_bst(node.rightchild,x)
        return temp
```

一般来讲，删除数据的操作都是在二叉搜索树上进行。前面定义了二叉搜索树的类（见程序 4.5），其根结点封装在类里面。前面讲述的数据操作（包括树的遍历、求最大值、求最小值、求树的高度、查找数据所在结点、查找数据的父结点）都不会修改树的根结点，将它们用函数实现时，二叉搜索树的类对象调用这些函数没有任何问题。

当数据位于根结点时，删除二叉搜索树的数据，涉及对根结点的操作，所以要将删除结点的操作写成方法 del_bst_node()，参数为 self 和待删除的数据，放在程序 4.5 的后面，像 insert() 一样，通过二叉搜索树的类对象调用。删除数据后的树仍然是一棵二叉搜索树。

删除二叉搜索树的数据，逻辑上分为 8 种情况，下面分别讲述。

图 4.12 是一棵二叉搜索树，删除数据为 30、39 的结点时，结点没有右孩子（右子树）；删除数据为 51、50 的结点时，结点没有左孩子（或左子树）。

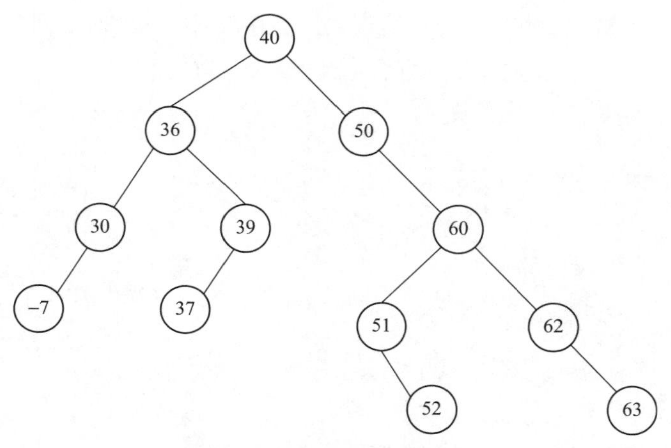

图 4.12　一棵二叉搜索树

① 情况 1：要删除的数据结点没有右孩子，且本身是左孩子，如删除图 4.12 中的数据 30、−7（叶子结点）。删除结点 30 时，结点 30 对应的父结点数据为 36，左孩子数据为 −7，只需将结点 36 的左孩子指向结点 −7，如图 4.13 所示。同理，删除结点 −7 时，结点 −7 对应的父结点数据为 30，左孩子数据为 None，只需将结点 30 的左孩子指向 None。

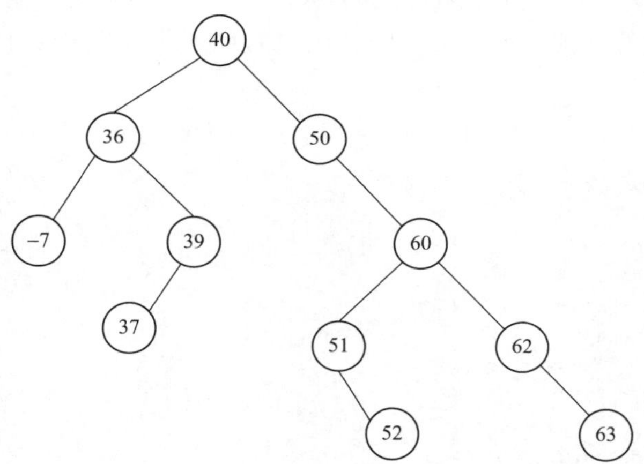

图 4.13　将结点 36 的左孩子指向结点 −7

② 情况 2：要删除的数据结点没有右孩子，且本身是右孩子，例如从图 4.12 中删除数据 39、63（叶子结点）。删除 39 的结果如图 4.14 所示，将结点 36 的右孩子指向结点 37。同理，删除 63 时，只需将结点 62 的右孩子指向 None。设删除的数据对应的结点为 nodex，其父结点为 temp，执行 temp.rightchild=nodex.leftchild 就完成了对数据的删除。

③ 情况 3：要删除的数据结点没有左孩子，且本身是左孩子，例如从图 4.12 中删除数据为 51 的结点，结果如图 4.15 所示，只需将结点 60 的左孩子指向结点 52。设删除的数据对应的结点为 nodex，其父结点为 temp, 执行 temp.leftchild=nodex.rightchild 就完成了对数据的删除。

④ 情况 4：要删除的数据结点没有左孩子，且本身是右孩子，例如从图 4.12 中删除数据为 50 的结点，结果如图 4.16 所示，只需将结点 40 的右孩子指向结点 60。设删除的数据对应的结点为 nodex，其父结点为 temp，执行 temp.rightchild=nodex.rightchild 就完成了对数据的删除。

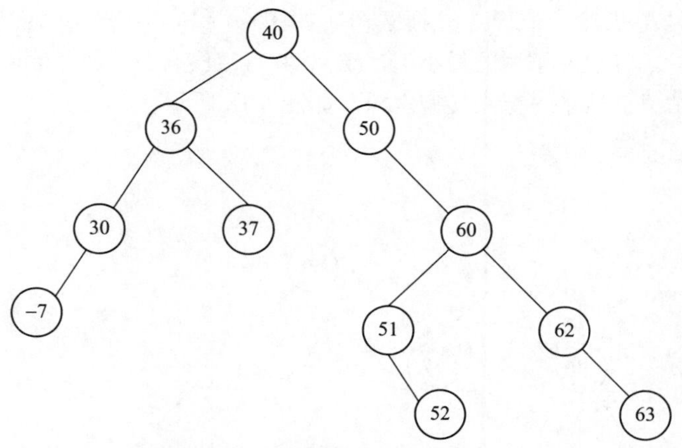

图 4.14　将结点 36 的右孩子指向结点 37

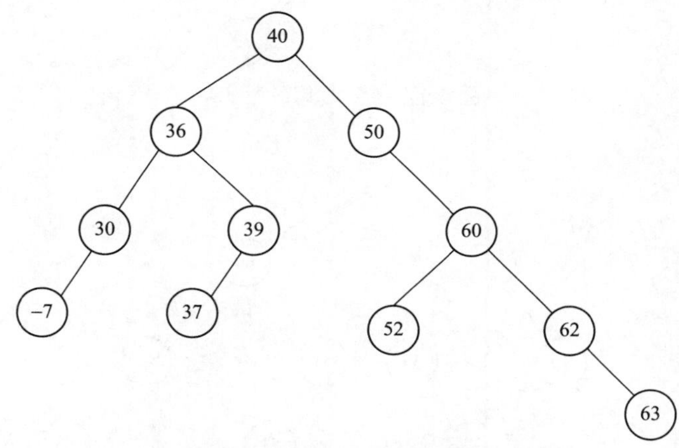

图 4.15　将结点 60 的左孩子指向结点 52

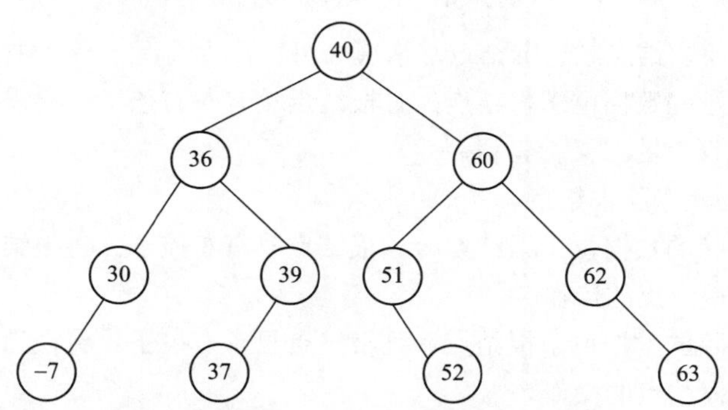

图 4.16　将结点 40 的右孩子指向结点 60

对二叉搜索树进行中序遍历后，得到一个升序序列，设 a、b、c 在该序列中相邻，则称 a 为 b 的前驱，c 为 b 的后继；也可称结点 a 是结点 b 的前驱结点，结点 c 是结点 b 的后继结点。

⑤ 情况 5：要删除的数据对应的结点具有左右孩子，例如从图 4.12 中删除数据为 40 的结点。为了保持删除结果仍然是二叉搜索树，可以采用两种策略。策略 1：找到删除数据 40 的前驱 39，39 是结点 40 的左子树的最大值，结点 39 肯定没有右子树，删除结点 39（情况 2），

将 40 修改为 39，结果仍然是一棵二叉搜索树，如图 4.17 所示。策略 2：找到删除的数据 40 的后继 50，50 是结点 40 的右子树的最小值，结点 50 肯定没有左子树，删除结点 50（情况 4），将 40 修改为 50，结果仍然是一棵二叉搜索树，如图 4.18 所示。

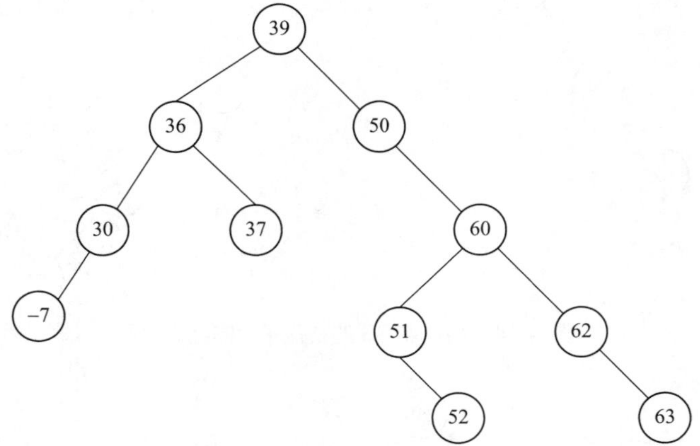

图 4.17　将 40 修改为 39

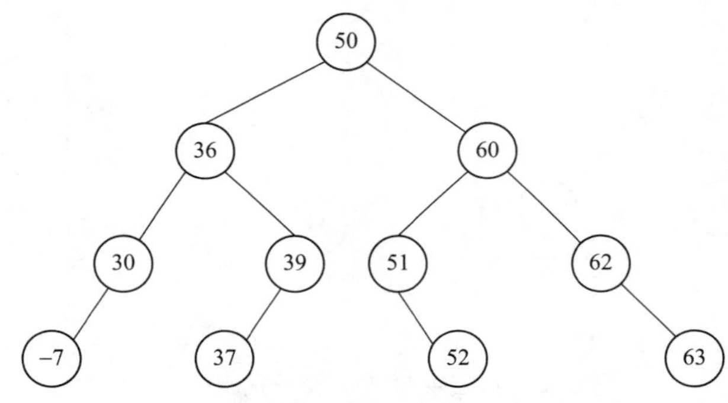

图 4.18　将 40 修改为 50

总之，通过删除前驱结点或后继结点，情况 5 可转换为情况 1 ～ 4 中的一种。

⑥ 情况 6：要删除的数据位于根结点，且根结点没有左右孩子。只需将根结点数据赋值为 None，删除结果为一棵空的二叉搜索树。

情况 7、8 需要物理删除根结点。

⑦ 情况 7：要删除的数据位于根结点，且根结点只有左孩子。将根结点的左孩子作为新的根结点，即完成删除根结点的操作。

⑧ 情况 8：要删除的数据位于根结点，且根结点只有右孩子。将根结点的右孩子作为新的根结点，即完成删除根结点的操作。

根据这 8 种情况编写程序 4.12，运行时需将其加入到程序 4.5 中，让 del_bst_node() 作为二叉搜索树类的方法。此外，程序 4.5 前面还需要有二叉树结点类的代码和以下几个函数的代码：查找函数 find()、二叉搜索树中查找父结点函数 father_bst()（见附录）、二叉搜索树中求最小值函数 min_bst()。

程序 4.12　删除二叉搜索树的数据

```
def del_bst_node(self,x):
```

```
    # 找到要删除的数据所在结点，记为删除结点 nodex
    nodex=find(self.root,x)
    #save 保存原来的删除结点
    save=nodex
    #newdata 保存原来的删除数据
    newdata=nodex.data
    # 情况 6
    if nodex==self.root and self.root.leftchild==None and self.root.rightchild==None:
        self.root.data=None
        return self
    # 情况 7
    elif nodex==self.root and self.root.rightchild==None and self.root.leftchild!=None:
        self.root=self.root.leftchild
        return self
    # 情况 8
    elif nodex==self.root and self.root.leftchild==None and self.root.rightchild!=None:
        self.root=self.root.rightchild
        return self
    # 要删除的结点不是根结点，其父结点为 temp
    if nodex!=self.root:
        temp=father_bst(self.root,x)
    # 情况 5 转换为情况 1 ~ 4 之一
    if nodex.leftchild!=None and nodex.rightchild!=None:
        # 找到要删除数据的后继 newdata
        newdata=min_bst(nodex.rightchild)
        # 将要删除结点的后继结点作为新的删除结点 nodex
        nodex=find(self.root,newdata)
        # 新的删除结点的父结点 temp
        temp=father_bst(self.root,newdata)
    # 情况 1
    if nodex.rightchild==None and nodex==temp.leftchild:
        temp.leftchild=nodex.leftchild
    # 情况 2
    elif nodex.rightchild==None and nodex==temp.rightchild:
        temp.rightchild=nodex.leftchild
    # 情况 3
    elif nodex.leftchild==None and nodex==temp.leftchild:
        temp.leftchild=nodex.rightchild
    # 情况 4
    elif nodex.leftchild==None and nodex==temp.rightchild:
        temp.rightchild=nodex.rightchild
    # 如果有新的删除结点，将其值赋给原来的删除结点的值
    save.data=newdata
```

4.4 二叉树的层序遍历

【案例 4.1】迭代实现二叉搜索树的遍历程序

① 二叉树如图 4.19 所示，对其进行先序遍历，遍历顺序为：

a. 根结点。根结点为 40；

b. 先序遍历左子树，结果为 36、30、39；

c. 先序遍历右子树，结果为 50、60。

因此对整个二叉树的先序遍历结果为：40、36、30、39、50、60。

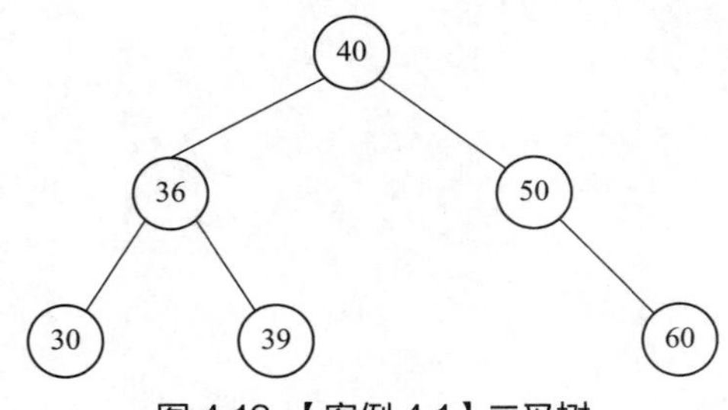

图 4.19 【案例 4.1】二叉树

用非递归方式，即迭代方式实现二叉树的先序遍历时，需要用栈来实现，实现步骤如图 4.20 所示。

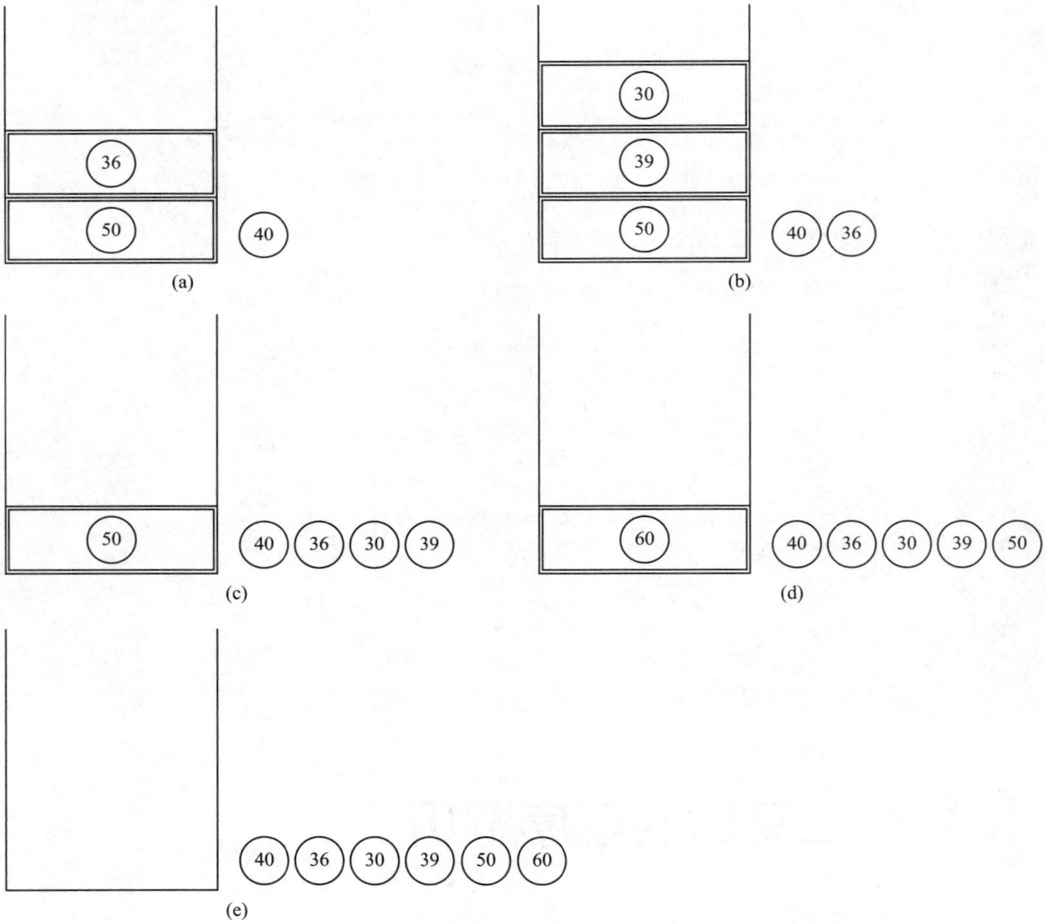

图 4.20 用栈实现二叉树的先序遍历

步骤①将根结点 40 入栈，栈顶 40 出栈时将其右孩子、左孩子先后入栈；

步骤②栈顶结点 36 出栈，将其右孩子、左孩子先后入栈；

步骤③栈顶结点 30 出栈，无孩子结点，栈顶结点 39 出栈，无孩子结点；

步骤④栈顶结点 50 出栈，将其右孩子入栈；

步骤⑤栈顶结点 60 出栈，无孩子结点，栈为空，遍历结束。

出栈结点的顺序即先序遍历的顺序，算法为：栈初始化为根结点，栈不为空时做以下循环。栈顶结点出栈，并将其存在的右孩子和左孩子先后入栈。程序 4.13 是该算法的实现，函数 preorder_d1() 的参数是二叉树根结点，功能是按先序遍历顺序输出二叉树结点数据。栈用列表实现，列表的尾部作为栈顶。append() 函数实现入栈，pop() 函数实现出栈，len() 为求列表表长函数，列表长度为空时表示栈空。

程序 4.13　用栈实现二叉树的先序遍历

```
def preorder_d1(root):       #迭代实现二叉树的前序遍历
    stack=[]                 #声明一个堆栈
    tempS=Node(None)         #声明一个二叉树结点对象
    tempS=root               #tempS 从根结点开始
    stack.append(tempS)
    while len(stack)!=0:
        tempS=stack.pop( )
        print(tempS.data,end=' ')
        if tempS.rightchild:
            stack.append(tempS.rightchild)
        if tempS.leftchild:
            stack.append(tempS.leftchild)
```

② 如图 4.19 二叉树所示，对其进行中序遍历，遍历顺序为：

a. 中序遍历左子树，结果为 30、36、39；

b. 根结点。根结点为 40；

c. 中序遍历右子树，结果为 50、60。

因此对整个二叉树的中序遍历结果为：30、36、39、40、50、60。

用非递归方式，即迭代方式实现二叉树的中序遍历时，需要用栈来实现，实现步骤如图 4.21 所示。

步骤①将结点 40、36、30 先后入栈，即从根结点沿着左孩子一直向左；

步骤②栈顶结点 30（无左孩子）出栈；

步骤③结点 30 没有右孩子，栈顶结点 36 出栈；

步骤④结点 36 有右孩子，右孩子结点 39 入栈；

步骤⑤栈顶结点 39（无左孩子）出栈；

步骤⑥结点 39 没有右孩子，栈顶结点 40 出栈；

步骤⑦结点 40 有右孩子，右孩子结点 50 入栈；

步骤⑧栈顶结点 50 出栈（无左孩子）；

步骤⑨结点 50 有右孩子，右孩子结点 60 入栈；

步骤⑩栈顶结点 60 出栈（无左孩子）；

步骤⑪栈为空，循环结束。

综上所述，出栈结点的顺序即中序遍历的顺序，栈不为空时循环做以下操作：

操作①：从当前结点到其后代中最左的结点，沿着该路径将所有结点入栈，当前结点修改为最后入栈的结点；

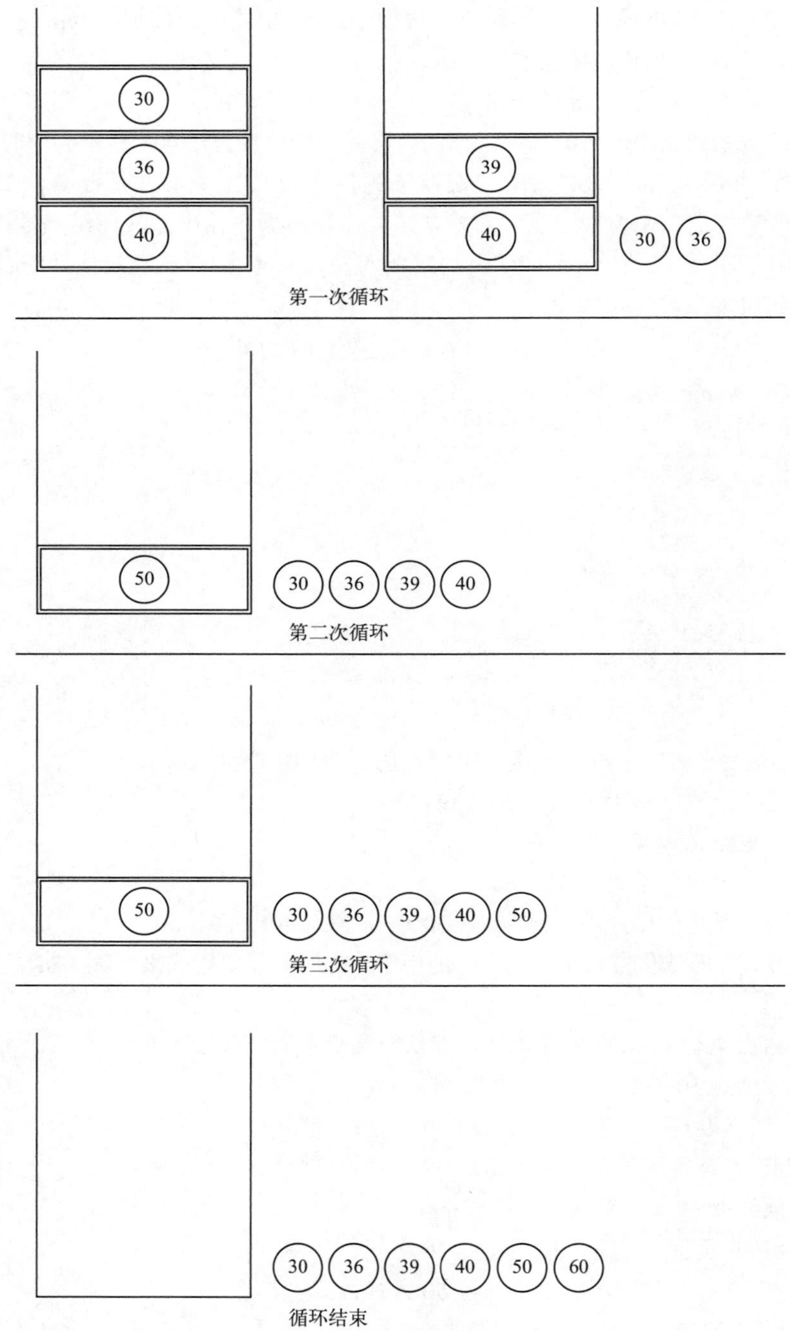

图 4.21　用栈实现二叉树的中序遍历

操作②：栈顶结点出栈，当前结点修改为出栈的结点；

操作③：如果当前结点没有右孩子，继续将栈顶结点出栈，直到出栈的结点有右孩子，当前结点修改为最后出栈的结点；

操作④：如果出栈结点有右孩子，将该右孩子入栈，当前结点修改为该右孩子。

程序 4.14 是该算法的实现，函数 inorder_d1() 的参数是二叉树根结点，功能是按中序遍历顺序输出二叉树结点数据。栈用列表实现，列表的尾部作为栈顶。append() 函数实现入栈，pop() 函数实现出栈，len() 为求列表表长函数，列表长度为空时表示栈空。

程序 4.14　用栈实现二叉树的中序遍历

```
def inorder_d1(root):        #迭代实现二叉树的中序遍历
    stack=[]                 #声明一个堆栈
    tempS=Node(None)         #声明一个二叉树结点对象
    tempS=root               #tempS 从根结点开始
    #根结点入栈
    stack.append(tempS)
    while len(stack)!=0:
        #操作①
        while tempS.leftchild:
            stack.append(tempS.leftchild)
            tempS=tempS.leftchild
        #操作②
        tempS=stack.pop( )
        print(tempS.data,end=' ')
        #操作③
        while not tempS.rightchild:
            tempS=stack.pop( )
            print(tempS.data,end=' ')
        #操作④
        if (tempS.rightchild):
            tempS=tempS.rightchild
            stack.append(tempS)
```


程序 4.14 可优化为程序 4.15。

程序 4.15　程序 4.14 优化后

```
def inorder_d(root):         #迭代实现二叉树的中序遍历
    stack=[]                 #声明一个堆栈
    tempS=Node(None)         #声明一个二叉树结点对象
    tempS=root               #tempS 从根结点开始
    while len(stack)!=0 or tempS!=None:
        if tempS!=None:
            stack.append(tempS)
            tempS=tempS.leftchild
        else:
            tempS=stack.pop( )
            print(tempS.data,end=' ')
            tempS=tempS.rightchild
```

③ 如图 4.19 二叉树所示，对其进行后序遍历，遍历顺序为：

a. 后序遍历左子树，结果为 30、39、36；

b. 后序遍历右子树，结果为 60、50；

c. 根结点。根结点为 40。

因此对整个二叉树的后序遍历结果为：30、39、36、60、50、40。

用非递归方式，即迭代方式实现二叉树的后序遍历时，需要用栈来实现，实现步骤如图 4.22 所示。当前结点初值为根结点 40，栈为空并且当前结点为空时循环结束。

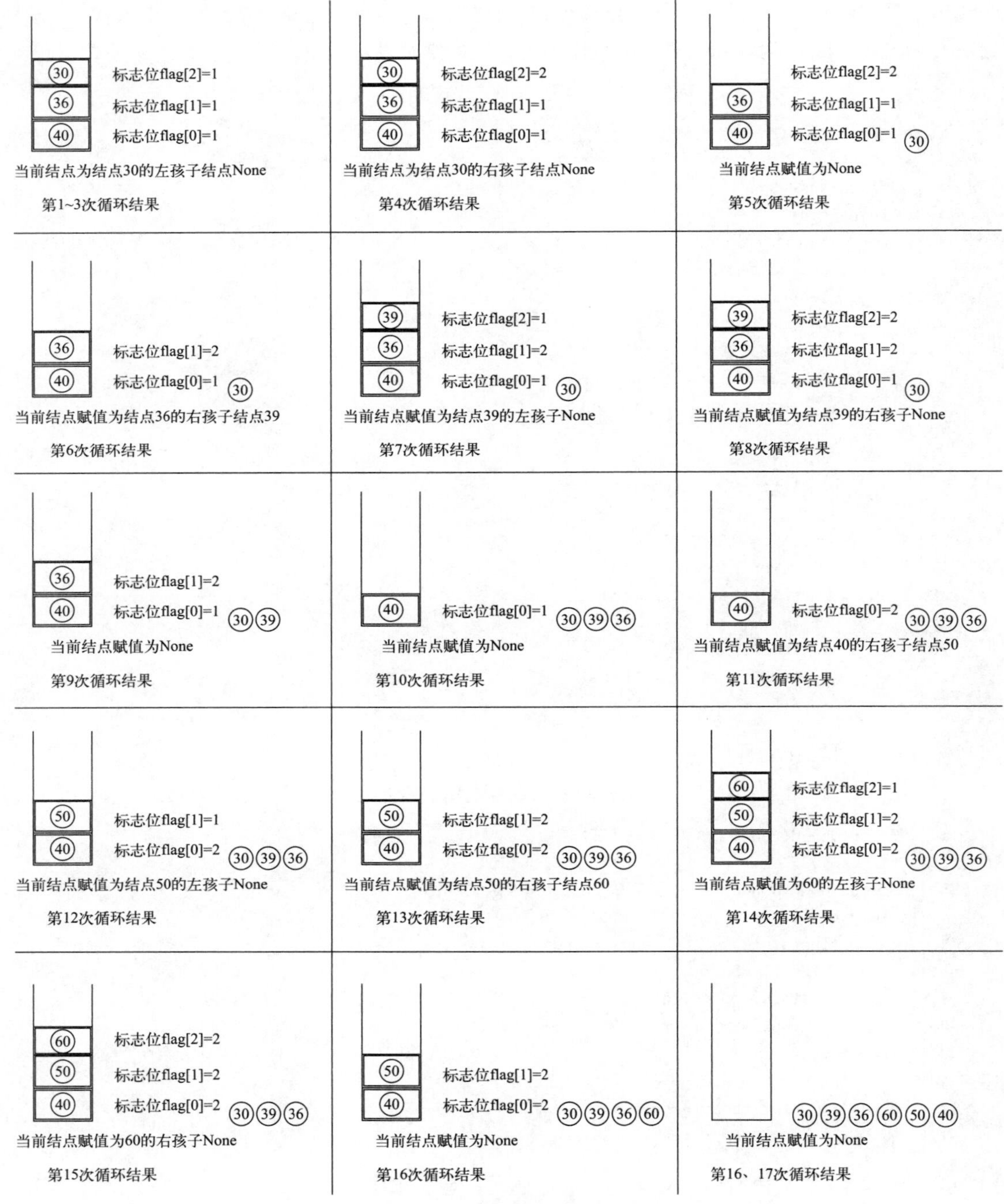

图 4.22　用栈实现二叉树的后序遍历

第 1 次循环：当前结点 40 不为空，入栈，对应标志位设为 1，当前结点改为结点 40 的左孩子结点 36；

第 2 次循环：当前结点 36 不为空，入栈，对应标志位设为 1，当前结点改为结点 36 的左孩子结点 30；

第 3 次循环：当前结点 30 不为空，入栈，对应标志位设为 1，当前结点改为结点 30 的左孩子结点 None；

第 4 次循环：当前结点为 None，栈顶结点对应标志位为 1，将栈顶结点 30 对应标志位改为 2，并将当前结点改为栈顶结点 30 的右孩子结点 None；

第 5 次循环：当前结点为 None，栈顶结点对应标志位为 2，栈顶结点 30 出栈，将当前结点赋值为 None；

第 6 次循环：当前结点为 None，栈顶结点对应标志位为 1，将栈顶结点 36 对应标志位改为 2，并将当前结点改为结点 36 的右孩子结点 39;

第 7 次循环：当前结点 39 不为空，入栈，对应标志位设为 1，当前结点改为结点 39 的左孩子结点 None；

第 8 次循环：当前结点为 None，栈顶结点 39 对应标志位为 1，将结点 39 对应标志位改为 2，并将当前结点改为结点 39 的右孩子 None；

第 9 次循环：当前结点为 None，栈顶结点 39 对应标志位为 2，栈顶结点 39 出栈，将当前结点赋值为 None；

第 10 次循环：当前结点为 None，栈顶结点 36 对应标志位为 2，栈顶结点 36 出栈，将当前结点赋值为 None；

第 11 次循环：当前结点为 None，栈顶结点 40 对应标志位为 1，将结点 40 对应标志位改为 2，并将当前结点改为结点 40 的右孩子结点 50；

第 12 次循环：当前结点 50 不为空，入栈，对应标志位设为 1，当前结点改为结点 50 的左孩子结点 None；

第 13 次循环：当前结点为 None，栈顶结点 50 对应标志位为 1，将结点 50 对应标志位改为 2，并将当前结点改为结点 50 的右孩子结点 60；

第 14 次循环：当前结点 60 不为空，入栈，对应标志位设为 1，当前结点改为结点 60 的左孩子结点 None；

第 15 次循环：当前结点为 None，栈顶结点 60 对应标志位为 1，将结点 60 对应标志位改为 2，并将当前结点改为结点 60 的右孩子结点 None；

第 16 次循环：当前结点为 None，栈顶结点 60 对应标志位为 2，栈顶结点 60 出栈，将当前结点赋值为 None；

第 17 次循环：当前结点为 None，栈顶结点 50 对应标志位为 2，栈顶结点 50 出栈，将当前结点赋值为 None；

第 18 次循环：当前结点为 None，栈顶结点 40 对应标志位为 2，栈顶结点 40 出栈，将当前结点赋值为 None。此时栈为空，当前结点为 None，循环结束。

综上所述，迭代实现后序遍历的算法为，栈不为空或当前结点不等于 None 时，循环做以下操作：

操作①：如果当前结点不等于 None，当前结点入栈，将其对应的标志位设为 1，并将其左孩子赋值给当前结点；

操作②：如果当前结点等于 None，并且栈顶结点对应的标志位为 1，将栈顶结点的标志位改为 2，并将当前结点改为栈顶结点的右孩子；

操作③：如果当前结点等于 None，并且栈顶结点对应的标志位为 2，栈顶结点出栈，并将当前结点赋值为 None。

程序 4.16 是该算法的实现，函数 postorder_d() 的参数是二叉树根结点，功能是按后序遍历顺序输出二叉树结点数据。栈用列表实现，列表的尾部作为栈顶。append() 函数实现入栈，pop() 函数实现出栈，len() 为求列表表长函数，列表长度为空时表示栈空。

程序 4.16　用栈实现二叉树的后序遍历

```
def postorder_d(root):      #迭代实现二叉树的后序遍历
    stack=[]                #声明一个堆栈
    tempS=Node(None)        #声明一个二叉树结点对象
    tempS=root              #tempS 从根结点开始
    flagStack=[0]*20        #列表长度初始化为 20，存放结点对应的标志位
    top=-1
while len(stack)!=0 or tempS!=None:
    #操作①
        if tempS!=None:
            stack.append(tempS)
            top=top+1
            flagStack[top]=1
            tempS=tempS.leftchild
        else:
            #操作②
            if flagStack[top]==1:
                tempS=stack[top]
                flagStack[top]=2
                tempS=tempS.rightchild
            else:
                #操作③
                tempS=stack.pop( )
                top=top-1
                print(tempS.data,end=' ')
                tempS=None
```

【案例 4.2】队列实现二叉搜索树的层序遍历程序

二叉树如图 4.19 所示，对其进行层序遍历，遍历顺序为：

① 层序遍历二叉树第一层，结果为 40；

② 层序遍历二叉树第二层，结果为 36、50；

③ 层序遍历二叉树第三层，结果为 30、39、60。

因此对整个二叉树的后序遍历结果为：40、36、50、30、39、60。

层序遍历可用队列来实现，实现步骤如图 4.23 所示。

队列初始化：将根结点 40 入队，队列不为空时循环操作。

第 1 次循环结果：队首结点 40 出队，将 40 的左孩子结点 36、右孩子结点 50 先后入队；

第 2 次循环结果：队首结点 36 出队，将 36 的左孩子结点 30、右孩子结点 39 先后入队；

第 3 次循环结果：队首结点 50 出队，结点 50 右孩子结点 60 入队；

第 4 次循环结果：队首结点 30 出队，结点 30 无左右孩子，无结点入队；

第 5 次循环结果：队首结点 39 出队，结点 39 无左右孩子，无结点入队；

第 6 次循环结果：队首结点 60 出队，结点 60 无左右孩子，无结点入队。队列为空，循环结束。

综上所述，队列实现二叉树层序遍历的算法为，根结点入队，队列不为空时，循环下面的

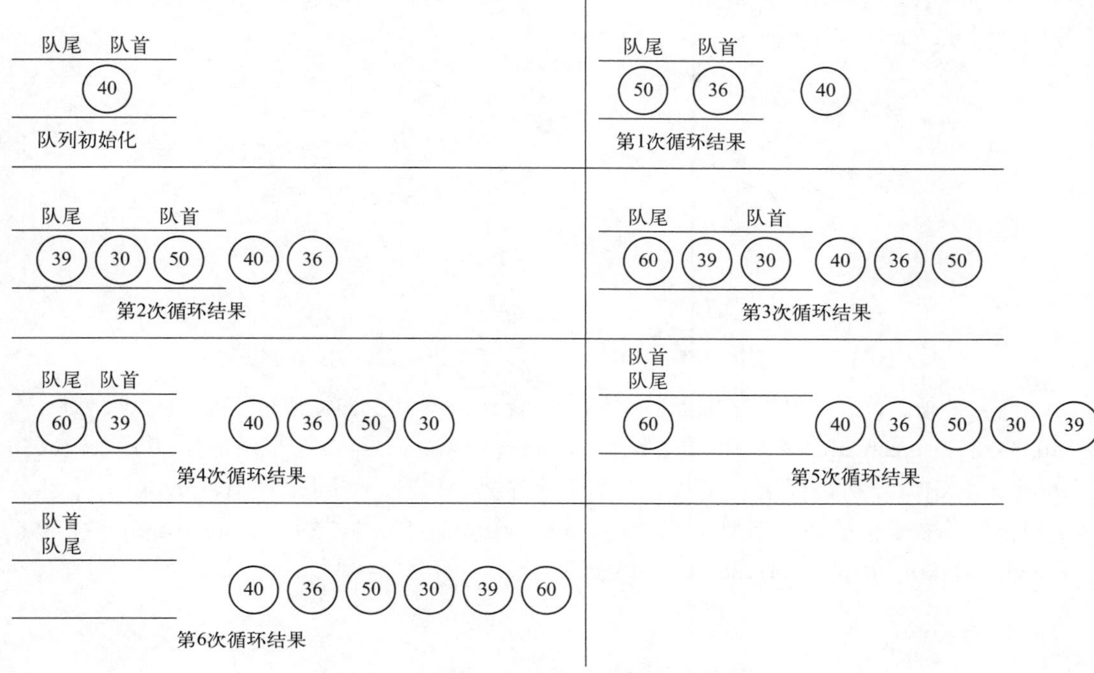

图 4.23 用队列实现二叉树的层序遍历

操作：队首结点出队，如果该结点有左孩子，将左孩子从队尾入队，如果该结点有右孩子，将右孩子从队尾入队，结点出队的顺序即层序遍历的顺序。

程序 4.17 是该算法的实现，函数 levelorder() 的参数是二叉树根结点，功能是按层序遍历顺序输出二叉树结点数据。队列用列表实现，列表的尾部作为队尾，首部作为队首。append() 函数实现入队，pop() 函数实现出队，len() 为求列表表长函数，列表长度为空时表示队列空。

程序 4.17 用队列实现二叉树的层序遍历

```
def levelorder(root):
    queue=[]
    queue.append(root)
    while len(queue)!=0:
        temp=queue.pop(0)
        print(temp.data,end=' ')
        if temp.leftchild:
            queue.append(temp.leftchild)
        if temp.rightchild:
            queue.append(temp.rightchild)
```

【案例 4.3】利用先序和中序序列重构二叉树

如果用列表 preorder 存放先序序列，用列表 inorder 存放中序序列，如图 4.24 所示，当二叉树只有左子树时，preorder=[40, 36, 30, 39]，inorder=[30, 36, 39, 40]，结点数为 4。此时，preorder[0]=inorder[3]=40，根结点 40 的右子树为空，左子树的先序序列为 [36, 30, 39]，即 preorder[1：4]，中序序列为 [30, 36, 39]，即 inorder[0:3]。

如图 4.25 所示，二叉树只有右子树时，preorder=[30, 35, 34, 40]，inorder=[30, 34, 35, 40]。

此时，preorder[0]=inorder[0]，根结点 30 的左子树为空，右子树的先序序列为 preorder[1：4]，中序序列为 inorder[1：4]。

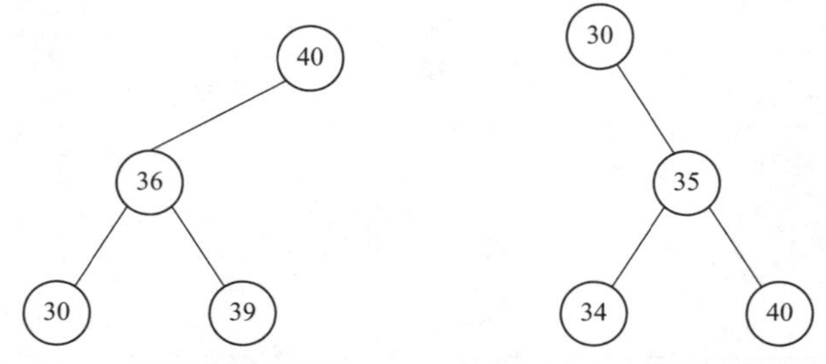

图 4.24　二叉树只有左子树　　　　图 4.25　二叉树只有右子树

如图 4.26 所示，二叉树的左右子树都存在时，preorder=[40, 36, 30, 39, 35, 34]，inorder =[30, 36, 39, 40, 34, 35]，preorder[0]=40 即根结点数据，inorder[3]=40 将 inorder 分成两部分，inorder[0：3] 和 inorder[4, 6]，分别是根结点左右子树的中序序列。同理 preorder[1, 4]、preorder[4, 6] 分别是根结点左右子树的先序序列。注：切片 inorder[0：3]=[30, 36, 39]，inorder[4, 6]=[34, 35]，preorder[1, 4]=[36, 30, 39]，prorder[4, 6]=[35，34]。

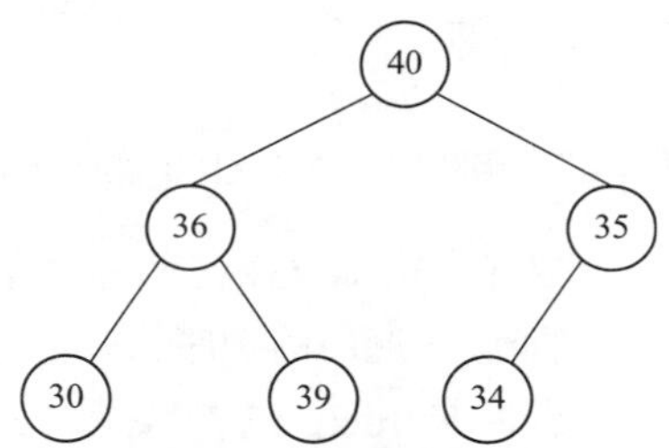

图 4.26　二叉树左右子树都存在

设函数 build_tree()，功能是利用先序和中序序列重构二叉树，参数为二叉树的先序序列 preorder、中序序列 inorder、结点数 length，则可以用递归实现 build_tree()。算法如下，设 NewNode 为根结点（也表示待构建的二叉树）：

① length=0，递归结束；

② length=1，NewNode.data=preorder[0]，二叉树的左右子树均为 None；

③ length>1，有以下三种情况：

a. 二叉树只有左子树时，满足 preorder[0]=inorder[length-1]、NewNode.data=preorder[0]、NewNode.rightchild=None，递归调用函数 build_tree() 构建二叉树的左子树，参数为 preorder[1:length]、inorder[0:length-1]，结点数为 length-1；

b. 二叉树只有右子树时，满足 preorder[0]=inorder[0]、NewNode.data=preorder[0]、NewNode.leftchild=None，递归调用函数 build_tree( ) 构建二叉树的右子树，参数为 preorder[1:length]、inorder[1:length]，结点数为 length-1；

c. 二叉树的左右子树都存在时，NewNode.data=preorder[0]，设 inorder[k]=preorder[0]，递归调用函数 build_tree( ) 构建二叉树的左子树，参数为 preorder[1:k+1]、inorder[0:k]，结点数为 k。递归调用函数 build_tree( ) 构建二叉树的右子树，参数为 preorder[k+1:length]、inorder[k+1:length]，结点数为 length-1-k。

程序 4.18 是该算法的实现，函数 build_tree() 的参数是待构建二叉树的先序遍历序列、中序遍历序列和结点数，功能是构建对应的二叉树。Node() 结点类的定义见程序 4.4，运行程序 4.18 时，前面需加上程序 4.4。

程序 4.18　用先序和中序序列重构二叉树

```
def build_tree(preorder,inorder,length):
    # 声明一个二叉树结点对象
    NewNode=Node(None)
    # 待构建二叉树的结点数为 0
    if length==0 :
        print(" 参数错误 ")
        return
    # 待构建二叉树的结点数为 1
    elif (length==1):
        NewNode.data=preorder[0]
        NewNode.leftchild=None
        NewNode.rightchild=None
        root=NewNode
        return  NewNode
    # 待构建二叉树的结点数大于 1
    else:
        k=0
        while inorder[k]!=preorder[0]:
            k=k+1
        # 待构建的二叉树只有右子树
        if k==0:
            NewNode.data=preorder[0]
            NewNode.leftchild=None
            NewNode.rightchild=build_tree(preorder[1:length], inorder[1:length],length-1)
            return  NewNode
        # 待构建的二叉树只有左子树
        elif k==length-1:
            NewNode.data=preorder[0]
            NewNode.leftchild=build_tree(preorder[1:length], inorder[0:length-1],length-1)
            NewNode.rightchild=None
            return  NewNode
        # 待构建的二叉树存在左、右子树
        else:
            NewNode.data=preorder[0]
            NewNode.leftchild=build_tree(preorder[1:k+1],inorder[0:k],k)
            NewNode.rightchild=build_tree(preorder[k+1:length],inorder[k+1:length], length-k-1)
            return  NewNode
```

二叉树生成后，可通过后序遍历函数检验该树是否符合期望，程序 4.19 是后序遍历函数，参数为二叉树根结点。

程序 4.19　用后序遍历函数检验二叉树

```
def postorder(node):
    if node==None:
        return
    else:
        postorder(node.leftchild)
        postorder(node.rightchild)
        print(node.data,end=' ')
```

下面代码使用 build_tree 函数和 postorder 函数建立二叉树，然后进行后序遍历。

```
a=[16,8,7,10,9,11,22,20,19,21,70,80,88]
b=[7,8,9,10,11,16,19,20,21,22,70,80,88]
root=build_tree(a,b,13)
postorder(root)
```

运行结果如下：

```
7 9 11 10 8 19 21 20 88 80 70 22 16
```

【案例 4.4】哈夫曼编码程序

（1）哈夫曼树

生成哈夫曼编码之前，需要生成哈夫曼树，该过程涉及的概念有：路径、路径长度、结点的带权路径长度、树的带权路径长度、哈夫曼树，以下分别讲述相关概念及实现过程。

如图 4.27 所示，在一棵树中，从结点 A 到结点 D 之间的通路，称为路径。路径所含边的条数称为路径长度，如 A 到 D 经过 3 条边，该路径长度为 3。若将树中结点赋予一个带有某种含义的数值，则该数值称为该结点的权值。从根结点到该结点之间的路径长度与该结点的权值的乘积，称为该结点的带权路径长度。设叶子结点 D 的权值为 4，则其带权路径长度为 12。

树的带权路径长度规定为所有叶子结点的带权路径长度之和，记为 WPL。现有一棵树的叶子结点权值如图 4.28 所示，则该树的带权路径长度 WPL = 2×2+3×4+3×3+1×5=4+12+9+5=30。

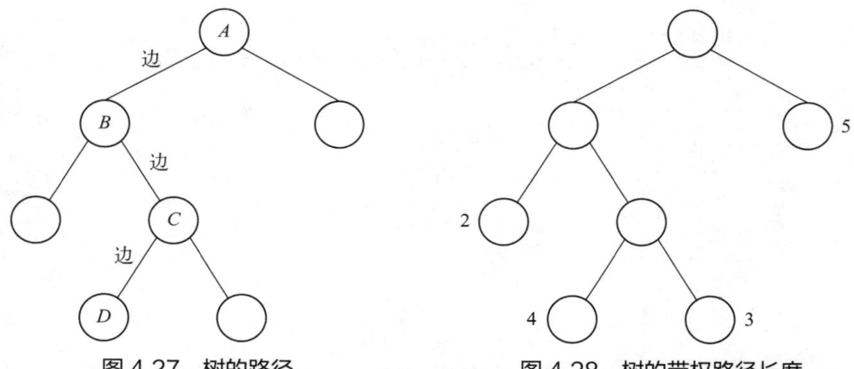

图 4.27　树的路径　　　图 4.28　树的带权路径长度

给定 n 个数作为 n 个叶子结点的权值，构造一棵二叉树，若该树的带权路径长度达到最小，则该二叉树为哈夫曼树，也称为最优二叉树。

根据带权路径长度的计算规则，树的带权路径长度与其叶子结点的分布有关，要使一棵二叉树的带权路径长度最小，应该尽可能地让权值大的叶子结点靠近根结点，让权值小的叶子结点远离根结点，由此得到哈夫曼树的构建思路：

① 初始状态下共有 n 个结点，结点的权值分别是给定的 n 个数，将它们视作 n 棵只有根结点的树。

② 合并其中根结点权值最小的两棵树，生成这两棵树的父结点，权值为这两个根结点的权值之和，这样树的数量就减少了一棵。

③ 重复操作②，直到只剩下一棵树为止，这棵树就是哈夫曼树。

例如，现给定 5 个数，分别为 1、2、2、3、6，要求构建一棵哈夫曼树。为了表述方便，后面将叶子结点的权值写在结点内。

① 初始状态：有 5 棵只有根结点的树，如图 4.29 所示。

图 4.29　5 棵只有根结点的树

② 合并权值为 1 和 2 的两棵树，生成这两棵树的父结点，父结点权值为 3，如图 4.30 所示，权值为 1 的作为左子树，以下均采取权值小的作为左子树。

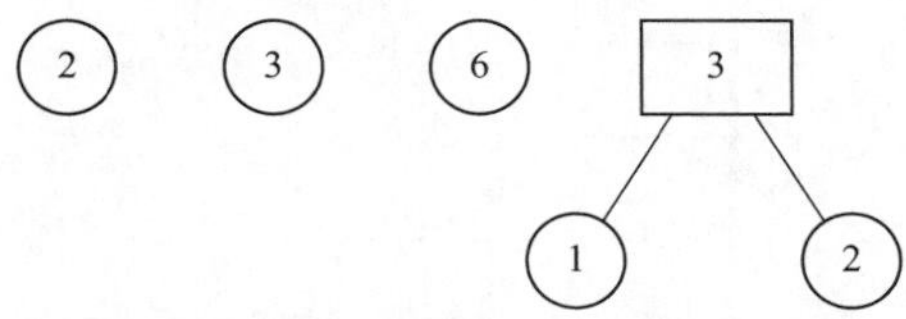

图 4.30　合并权值为 1 和 2 的两棵树

③ 合并权值为 2 和 3 的两棵树，生成这两棵树的父结点，父结点权值为 5，如图 4.31 所示。

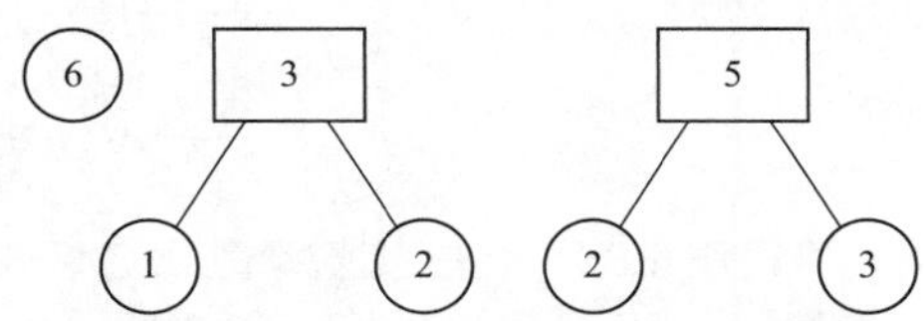

图 4.31　合并权值为 2 和 3 的两棵树

④ 合并权值为 3 和 5 的两棵树，生成这两棵树的父结点，父结点权值为 8，如图 4.32 所示。

⑤ 合并权值为 6 和 8 的两棵树，生成这两棵树的父结点，父结点权值为 14，如图 4.33 所示。

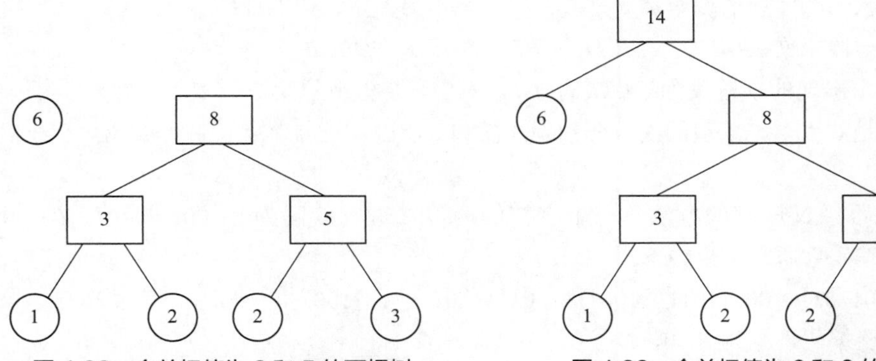

图 4.32　合并权值为 3 和 5 的两棵树　　图 4.33　合并权值为 6 和 8 的两棵树

⑥ 此时只剩下一棵树，这棵树就是哈夫曼树，如图 4.33 所示。

观察这棵哈夫曼树，还可以发现哈夫曼树不存在度为 1 的结点，这是因为每次都是选择两棵树进行合并。

对于任意的二叉树，其度为 0 的叶子结点个数一定比度为 2 的结点个数多 1（可用数学归纳法证明）。由此可以推断，若给定 n 个数要求构建哈夫曼树，则构建出来的哈夫曼树的结点总数为 $2n-1$。因此，构建哈夫曼树就是反复选择两个最小的元素进行合并，直到只剩下一个元素。

（2）哈夫曼编码

举例说明：通过权值 7、5、2、4 生成哈夫曼树后，将左孩子所在的边标记为 0，右孩子所在的边标记为 1，如图 4.34 所示，从根结点到叶子结点途中经过的 0、1 数字串就是叶子结点对应的哈夫曼编码。

- 结点 7 对应的哈夫曼编码：0
- 结点 5 对应的哈夫曼编码：1 0
- 结点 2 对应的哈夫曼编码：1 1 0
- 结点 4 对应的哈夫曼编码：1 1 1

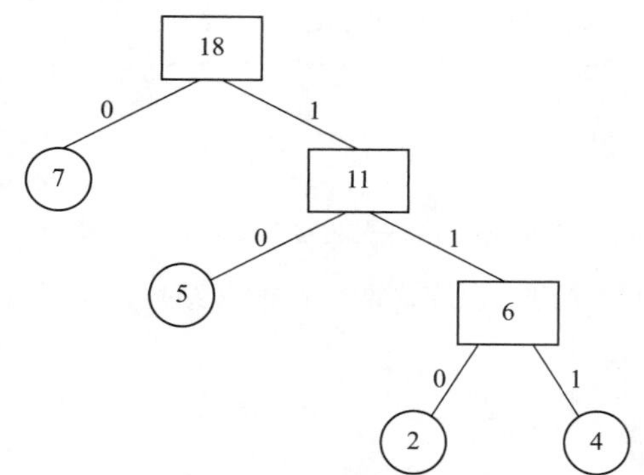

图 4.34　哈夫曼编码举例

（3）哈夫曼编码的应用和实现

哈夫曼编码主要用于数据压缩。根据字符出现的频率，利用哈夫曼树可以构造一种不等长的二进制编码，并且构造所得的哈夫曼编码是一种最优前缀编码，可以使编码后的电文长度最短，且保证任何一个字符的编码都不是同一字符集中另一字符码的前缀。

例如这样一段报文：*ABCD*　*ABCD*　*CBD*　*BD*　*B*　*DBCB*

这段报文中出现的字符集为 {*A*, *B*, *C*, *D*}。其中，*B* 出现的次数最多，7 次；其次是 *D*，5 次；然后依次是 *C* 和 *A*，出现的次数分别为 4 次和 2 次。对这 4 个字符进行编码，至少需要两位二进制码。

首先给出不经过压缩的方法，每个字符的两位二进制编码为 *A*：00、*B*：01、*C*：10、*D*：11，则将报文编码后所得结果如下：

00011011　00011011　100111　0111　01　11011001　　编码长度为 36

采用哈夫曼编码，则为 *B*：0、*D*：10、*C*：110、*A*：111。

报文编码结果如下：

111011010　111011010　110010　010　0　1001100　　编码长度为 35

利用构建哈夫曼树的方法可以得到报文的哈夫曼编码，具体算法如下：

① 统计每个符号出现的频率，例如上例中的频率统计为 {2/18,7/18,4/18,5/18}；

② 把上述的频率按从小到大的顺序排列；

③ 每一次挑出的最小的两个值作为二叉树的两个叶子结点，并将它们合并后的结点作为根结点，这两个结点不再参与比较，新的根结点参与比较；

④ 重复上一步，直到最后得到和为1的根结点。

⑤ 将新形成的二叉树的左结点标0，右结点标1。把从最上面的根结点到最下面的叶子结点途中遇到的0和1序列串起来，就得到各个符号的编码。

当报文中高频字符频率较高时，哈夫曼编码呈现出较高的压缩比。

哈夫曼编码不仅应用于文本编码，还应用于图像编码等领域。哈夫曼编码优点在于：

① 对于给出的报文可以得到最短编码。

② 非同一个字符的任意两个字符 A 和 B，不会出现 A 的编码是 B 的编码的前缀这种情况。这是因为如果设编码字符集为 $\{C_1, C_2, \cdots, C_n\}$，那么根到任何叶子结点 C_i 的路径都不会是另一个编码的前缀。因而两个字符之间不需要分隔符。

程序4.20是哈夫曼编码的实现程序，使用一个Node类定义了哈夫曼树的结点的数据结构。从程序4.20第5～8行可以看到结点对象具有键名及其权值、左右子树等属性。然后使用类HuffmanTree表示哈夫曼树，其中有表示根结点的属性root，存放所有结点的列表Leav，以及存放哈夫曼编码结果的列表Buffer。

get_tree()方法实现了生成哈弗曼树的算法，该方法接收一个结点列表，放入Leav中。根据算法，合并两个结点，生成一个新结点时，从Leav中去掉两个被合并的结点，增加新生成的结点，直到Leav中的结点数为1。

pre方法采用二叉树先序遍历的方式生成叶子结点的哈夫曼编码。注意列表Buffer记录了到达某个叶子结点所经过的0/1路径，所以以经过的边长length作为Buffer的索引。当遍历到叶子结点时，当前路径的Buffer内容就是该叶子结点的哈夫曼编码。

append()函数：在列表尾部插入元素；pop(−1)函数：从列表尾部弹出元素，当列表从大到小排列时，pop(−1)弹出的是列表中的最小值。

sort()函数用来对list数据类型进行排序，直接改变该list，属于永久性排序；参数reverse默认为false，表示从小到大进行排序，reverse设置为true时，表示从大到小进行排序；如果list的元素是元组时，参数key=lambda x:x[0]表示按照元组中第一个元素排序，x可使用任意的名字代替。

程序4.20 哈夫曼编码的实现程序

```
1. # 结点类
2. class Node( ):
3.     # 符号name和频数value，缺省值为None
4.     def __init__(self,name=None,value=None):
5.         self._name=name
6.         self._value=value
7.         self._left=None
8.         self._right=None
9.
10.# 哈夫曼树类
11.class HuffmanTree( ):
12.    # 根结点root、存放所有结点的列表Leav、存放哈夫曼编码的列表Buffer
13.    def __init__(self,root=None,Leav=[]):
14.        self.root=Node( )
15.        self.Leav=[]
16.        self.Buffer=list(range(10))
17.
```

```
    # 参数 char_weights 是列表，列表元素是形如（符号，频数）的元组
    def get_tree(self,char_weights):
        # 根据输入的符号及其频数生成结点，放入 Leav 中
        for part in char_weights:
            self.Leav.append(Node(part[0],part[1]))
        while len(self.Leav)!=1:
            # 将频数按从大到小对结点列表排序
            self.Leav.sort(key=lambda node:node._value,reverse=True)
            c=Node(value=(self.Leav[-1]._value+self.Leav[-2]._value))
            c._left=self.Leav.pop(-1)
            c._right=self.Leav.pop(-1)
            self.Leav.append(c)
        self.root=self.Leav[0]

    # 用递归的思想生成编码
    def pre(self,tree,length):
        node=tree
        if (not node):
            return
        elif node._name:
            print (node._name + '    encoding:',end=''),
            for i in range(length):
                print (self.Buffer[i],end='')
            print ('\n')
            return
        self.Buffer[length]=0
        self.pre(node._left,length+1)
        self.Buffer[length]=1
        self.pre(node._right,length+1)

    # 生成哈夫曼编码
    def get_code(self):
        self.pre(self.root,0)
```

调用示例如下：

```
tree= HuffmanTree( )
char_weights=[('a',6),('b',4),('c',10),('d',8),('f',12),('g',2)]
tree.get_tree(char_weights)
tree.get_code()
```

运行结果如下：

```
d    encoding:00
c    encoding:01
g    encoding:1000
b    encoding:1001
a    encoding:101
f    encoding:11
```

4.5 特殊的完全二叉树 – 堆

4.5.1 小根堆（最小堆）

小根堆是满足以下条件的数据结构：

① 它是一棵完全二叉树；

② 所有父结点的值小于或等于两个子节点的值。

小根堆常常采用顺序存储的物理结构。如图 4.35 所示。

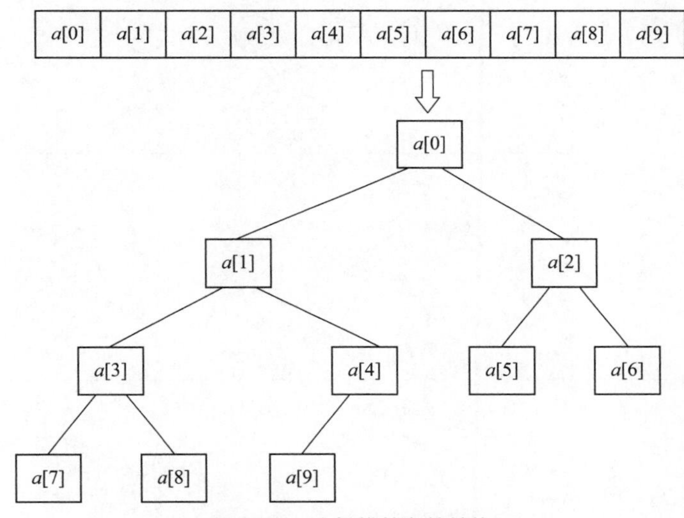

图 4.35　小根堆的存储结构

采用 Python 中的列表 list 存储小根堆。从图 4.35 可以看出，要查找列表中某个数的父结点和左右孩子结点，比如已知索引为 i 的数，那么：

① 父结点索引：$(i-1)//2$（// 做除法，结果采用“下取整”方式）。

② 左孩子索引：$2\times i+1$。

③ 右孩子索引：$2\times i+2$。

设图 4.35 表示小根堆，如果索引为 i 的数具有左右孩子的话，那么有：

$$a[i] \leqslant a[2\times i+1] \text{ 且 } a[i] \leqslant a[2\times i+2]$$

用无序列表构造一个小根堆。设 a=[23, 11, 10, 8, 12, 7]，用 a 构造一个小根堆。从左到右扫描 a，索引从 0 到 5，构建小根堆的过程如图 4.36 所示。

① $a[0]$=23，结点 23 为根结点，如图 4.36 中的（0）；

② $a[1]$=11，结点 11 是 23 的左孩子，不满足小根堆性质，二者交换，过程如图 4.36 中（1）；

③ $a[2]$=10，结点 10 是 11 的右孩子，不满足小根堆性质，二者交换，过程如图 4.36 中（2）；

④ $a[3]$=8，结点 8 是 23 的左孩子，不满足小根堆的性质，二者交换，此时结点 8 是 10 的左孩子，不满足小根堆性质，继续交换，交换后 8 为根结点，交换结束，过程如图 4.36 中（3）；

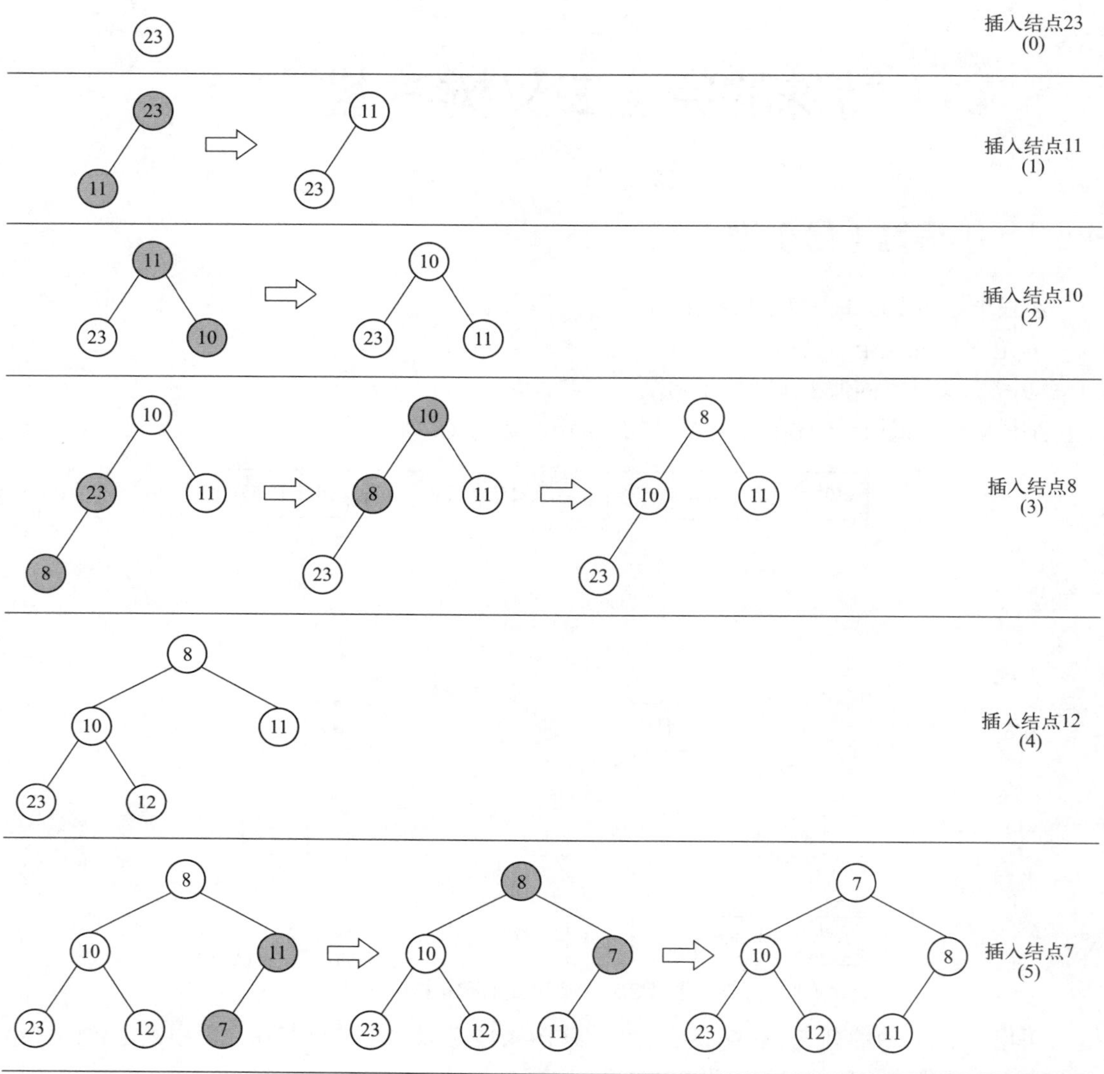

图 4.36　构建小根堆的过程

⑤ *a*[4]=12，结点 12 是 10 的右孩子，满足小根堆性质，无须交换；

⑥ *a*[5]=7，结点 7 是 11 的左孩子，不满足小根堆性质，二者交换，交换后结点 7 是 8 的左孩子，不满足小根堆性质，继续交换，交换后 7 为根结点，交换结束，过程如图 4.36 中（5）。

列表 *a* 访问结束，小根堆构建结束。

将上述过程用列表来描述：

① *a*[0]=23，*a*=[23，11，10，8，12，7]，*a* 保持不变；

② *a*[1]=11，*a*[0]=23，*a*[1] ＜ *a*[0]，交换 *a*[1] 和 *a*[0]，交换后 *a*=[11，23，10，8，12，7]；

③ *a*[2]=10，*a*[0]=11，*a*[2] ＜ *a*[0] 交换 *a*[2] 和 *a*[0]，交换后 *a*=[10，23，11，8，12，7]；

④ *a*[3]=8，*a*[1]=23，*a*[3] ＜ *a*[1] 交换 *a*[3] 和 *a*[1]，交换后 *a*=[10，8，11，23，12，7]，此时 *a*[1]=8，*a*[0]=10，*a*[1] ＜ *a*[0]，交换 *a*[1] 和 *a*[0]，交换后 *a*=[8，10，11，23，12，7]；

⑤ *a*[4]=12，*a*[1]=10，*a*[4] ＞ *a*[1]，满足小根堆性质，无须交换，*a*=[8，10，11，23，12，7]；

⑥ $a[5]=7$，$a[2]=11$，$a[5]<a[2]$，交换 $a[5]$ 和 $a[2]$，交换后 $a=[8，10，7，23，12，11]$，此时 $a[2]=7$，$a[0]=8$，$a[2]<a[0]$，交换 $a[2]$ 和 $a[0]$，交换后 $a=[7，10，8，23，12，11]$。

a 的元素访问结束，小根堆构建完成，$a=[7，10，8，23，12，11]$ 就是构建好的小根堆。

用 $a[i]$ 表示上述构建小根堆的算法：$i=0$ 时无须任何操作；i 从 1 到 len(a)−1 时循环做以下操作：

① $i\geqslant 1$ 并且 $a[i]<a[(i-1)//2]$ 时执行②；

② 交换 $a[i]$ 和 $a[(i-1)//2]$；

③ $i=(i-1)//2$，转去执行①。

程序 4.21 是构建小根堆的 Python 实现，构建函数为 build_min_heap()，参数为 data 列表。第 3 行为 range(start, stop, step) 函数，参数分别是起始数、终止数和步长，步长缺省时默认为 1，如 range(1, 3) 即“1，2”(不包含 3，步长为 1)。第 5 行为 Python 独有的交换函数，如交换 a 和 b，可以写成：a, b=b, a。

程序 4.21　用 Python 构建小根堆

```
1. #构建小根堆
2. def build_min_heap(data):
3.     for i in range(1,len(data)):
4.         while i>=1 and  data[i]<data[(i-1)//2]:
5.             data[i],data[(i-1)//2]=data[(i-1)//2],data[i]
6.             i=(i-1)//2
7.     return data
```

测试数据如下：

```
data=[8,5,3,6,7,1,4,23,10,11,0.4]
build_min_heap(data)
```

运行结果如下：

```
[0.4, 1, 3, 8, 6, 5, 4, 23, 10, 11, 7]
```

小根堆构建好之后，根结点的值最小，当这个值改变后，需要检验新的根结点是否符合小根堆性质，如果不符合，应调整，使其符合小根堆性质，调整过程如图 4.37 所示。调整操作为 heapify_min（），参数为列表。

从图 4.37 可以看出，根结点的值变为 6，6 小于其左右孩子的最小值 8，无须调整；根结点的值改为 30 时，30 > 8（8 的索引为 2），二者交换，30 对应的索引从 0 变为 2，此时，结点 30 无右孩子，30 继续和其左孩子（索引为 2×2+1=5）比较，30 > 11，二者交换，调整完成。

综上所述，当对列表 data 做 heapify_min() 操作时，情况如下：

当前结点 data[head] 从根结点开始，如果当前结点的左孩子 data[l] 存在，循环做以下操作：

① 找到左右孩子 data[l] 和 data[l+1] 中的较小值，记为 data[small]，如果 data[head] < data[small]，无须调整；

② 如果 data[head] > data[small]，交换 data[head] 和 data[small]，交换后当前结点的索引变为 small，即 head=small,l=head×2+1，转到①处执行直至循环结束。

程序 4.22 是上述步骤的 Python 实现，第 4 行 len(data)：返回 data 的元素个数。第 6 行 r>=len(data) 成立时，表示当前结点没有右孩子。

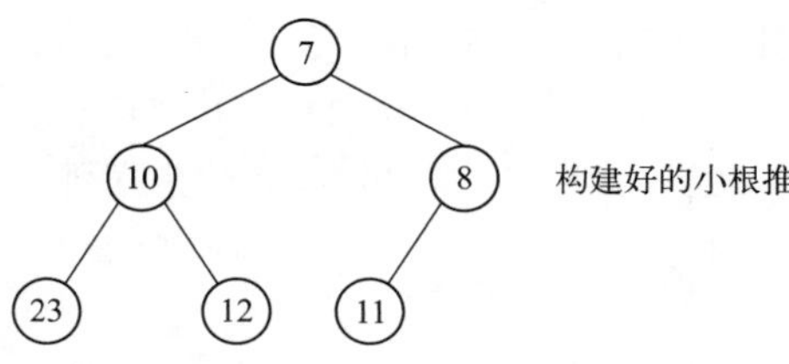

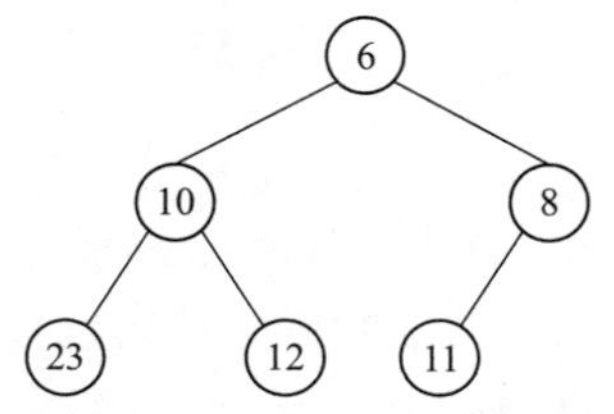

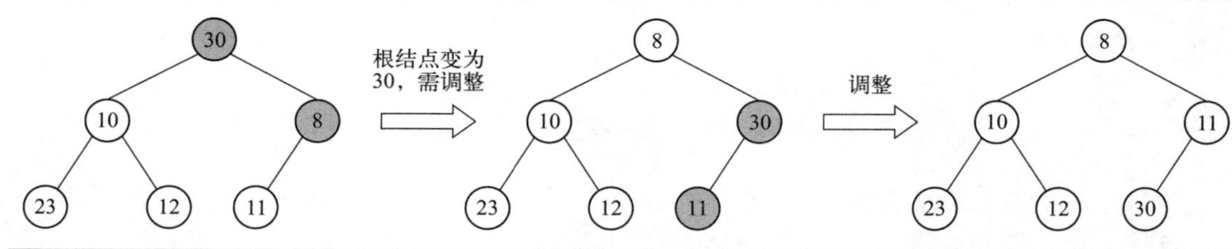

图 4.37　小根堆调整过程

程序 4.22　对列表 data 做 heapify_min() 操作

```
def heapify_min(data):
    head=0
    l = 1
    while l < len(data):
        r = l + 1
        if r >= len(data):
            small = l
        else:
            if data[l] <= data[r]:
                small = l
            else:
                small = r
        if data[head] < data[small]:
            break
        data[head], data[small] = data[small], data[head]
        head = small
        l=head*2+1
    return data
```

小根堆可用于解决 Top k 问题中的一类，该类问题指的是从 *n*（很大）个数据中，选取最大的 *k* 个数据。例如学校要从全校学生中找到成绩最高的 500 名学生，再例如某搜索引擎要统计每天的 100 条搜索次数最多的关键词。

该类问题，有以下几种解决方案：

方法一：对源数据中所有数据进行排序，取出前 *k* 个数据，就是 Top k。但是当数据量很大时，只需要 *k* 个最大的数，因为整体排序很耗时，效率不高。

方法二：维护一个 k 长度的列表 a，先读取源数据中的前 k 个放入列表，对该列表进行升序排序，再依次读取源数据第 k 个以后的数据，和列表中最小的元素 $a[0]$ 比较，如果小于 $a[0]$，则不做处理，大于 $a[0]$ 的话，就丢弃最小的元素 $a[0]$，利用二分法找到其位置，该位置前的元素整体向前移位，直到源数据读取结束。此方法比方法一效率提高，但是当 k 的值较大时，长度为 k 的数据整体移位，也是非常耗时的。对于这种问题，效率比较高的解决方法是使用小根堆。

用小根堆的解决方法是：先将源数据 data 中的 k 个元素放到一个长度为 k 的列表 result 中，再把列表 result 转换成小根堆 result。再依次取源数据中的 k 个元素之后的数据（当前数据）和堆的根结点（result[0]）比较，根据小根堆的性质，根结点一定是堆中最小的元素，如果当前数据小于根结点，则不作处理，大于的话，就用当前数据替换根元素，并对新的根元素进行 heapify_min() 操作，直到源数据遍历结束。

程序 4.23 是该方法的 Python 实现，第 4 行函数 build_min_heap(result) 见程序 4.21，第 8 行 heapify_min(result) 函数见程序 4.22。

程序 4.23　选取最大的 k 个值的 Python 实现

```
1. #最大的k个值
2. def top_max_k(data,k):
3.     result=data[0:k]
4.     build_min_heap(result)
5.     for item in data[k:]:
6.         if item>result[0]:
7.             result[0]=item
8.             heapify_min(result)
9.     return result
```

测试代码如下：

```
data=[8,5,3,6,7,1,4,23,10,11,0.4]
top_max_k(data,4)
```

运行结果如下：

```
[8, 11, 10, 23]
```

heapify_min() 除了实现 top_max_k() 函数，还可用于实现升序排序。设列表 b=[23, 11, 10, 8, 12, 7]，对 b 进行升序排序的步骤如下：

① 用 b 构建小根堆后，b=[7, 10, 8, 23, 12, 11]，b[0] 最小，得到升序排序的第一个数 7，插入结果列表 result 中，result=[7];

② 交换 b[0] 和 b[−1] 后，b=[11, 10, 8, 23, 12, 7]，从 b 中去掉元素 7 后 b=[11, 10, 8, 23, 12]，除了根结点，其余结点都满足小根堆性质，用操作 heapify_min() 将 b 调整为小根堆，调整后 b=[8,10,11,23,12]，得到升序排列的第 2 个数 8，result=[7, 8];

③ 交换 b[0] 和 b[−1] 后，b=[12, 10, 11, 23, 8]，从 b 中去掉元素 8 后，b=[12, 10, 11, 23]，除了根结点，其余结点都满足小根堆性质，用操作 heapify_min() 将 b 调整为小根堆，调整后 b=[10, 12, 11, 23]，得到升序排列的第 3 个数 10，result=[7, 8, 10];

④ 依次操作，直到 b 中没有元素；

⑤ result 列表存放升序排序的结果，这种排序方式称为堆排序。

程序 4.24 是堆排序的 Python 实现，第 6 行表示将 *b*[0] 插入列表 result 的末端，第 7 行表示交换列表 *b* 两端的元素，第 8 行表示去掉列表 *b* 的最后一个元素。

程序 4.24　堆排序的 Python 实现（升序）

```
1. # 堆排序 - 升序
2. def asc_order(b):
3.     build_min_heap(b)
4.     result=[ ]
5.     while len(b)>0:
6.         result.append(b[0])
7.         b[0],b[-1]=b[-1],b[0]
8.         b.pop(-1)
9.         b=heapify_min(b)
10.    return result
```

测试代码如下：

```
a=[1, 6, 3, 8, 7, 5, 4, 23, 10, 11]
print(asc_order(a))
```

运行结果如下：

```
[1, 3, 4, 5, 6, 7, 8, 10, 11, 23]
```

4.5.2　大根堆（最大堆）

大根堆是满足以下条件的数据结构：

① 它是一棵完全二叉树；

② 所有父结点的值大于或等于两个子节点的值。

大根堆常常采用顺序存储的物理结构，如图 4.35 所示，可采用 Python 中的列表 list 存储大根堆。从图 4.35 可以看出，要查找列表中某个数的父结点和左右孩子结点，比如已知索引为 *i* 的数，那么：

① 父结点索引：$(i-1)//2$（// 做除法，结果采用“下取整”方式）。

② 左孩子索引：$2\times i+1$。

③ 右孩子索引：$2\times i+2$。

设图 4.35 表示大根堆，如果索引为 *i* 的数具有左右孩子的话，那么有：

$$a[i] \geqslant a[2\times i+1] \text{ 且 } a[i] \geqslant a[2\times i+2]$$

用无序列表构造一个大根堆。设 *a*=[10, 8, 12, 7, 11, 23]，用 *a* 构造一个大根堆。从左到右扫描 *a*，索引从 0 到 5，构造大根堆的过程如图 4.38 所示。

① *a*[0]=10，结点 10 为根结点 , 如图 4.38 中的（0）；

② *a*[1]=8，结点 8 是 10 的左孩子，满足大根堆性质，如图 4.38 中（1）；

③ *a*[2]=12，结点 12 是 10 的右孩子，不满足大根堆性质，二者交换，过程如图 4.38 中（2）；

④ *a*[3]=7，结点 7 是 8 的左孩子，满足大根堆的性质，无须交换，如图 4.38 中（3）；

⑤ *a*[4]=11，结点 11 是 8 的右孩子，不满足大根堆性质，二者交换，如图 4.38 中（4）；

⑥ *a*[5]=23，结点 23 是 10 的左孩子，不满足大根堆性质，二者交换，交换后结点 23 是 12 的右孩子，不满足大根堆性质，继续交换，交换后 23 为根结点，交换结束，过程如图 4.38 中（5）。

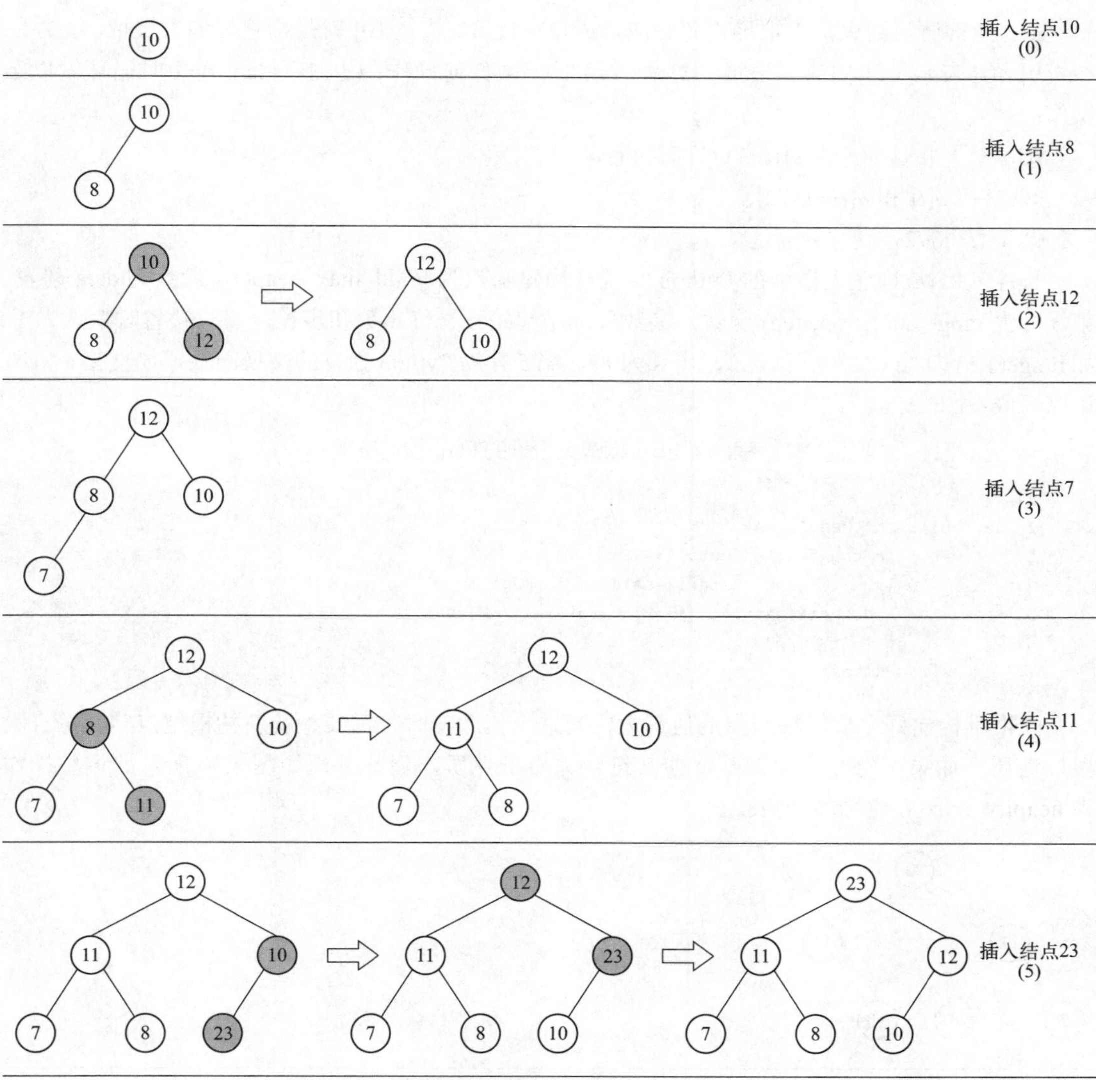

图 4.38 构建大根堆的过程

列表 a 访问结束，大根堆构建结束。

将上述过程用列表来描述：

① $a[0]=10$，$a=[10, 8, 12, 7, 11, 23]$，a 保持不变；

② $a[1]=8$，$a[0]=10$，$a[1] < a[0]$，满足大根堆性质，无须交换，a 保持不变；

③ $a[2]=12$，$a[0]=10$，$a[2] > a[0]$，不满足大根堆性质，交换 $a[2]$ 和 $a[0]$，交换后 $a=[12, 8, 10, 7, 11, 23]$；

④ $a[3]=7$，$a[1]=8$，$a[3] < a[1]$，满足大根堆性质，无须交换，a 保持不变；

⑤ $a[4]=11$，$a[1]=8$，$a[4] > a[1]$，不满足大根堆性质，二者交换，交换后 $a=[12, 11, 10, 7, 8, 23]$；交换后结点 11 是 12 的左孩子，满足大根堆性质，交换结束；

⑥ $a[5]=23$，$a[2]=10$，$a[5] > a[2]$ 交换 $a[5]$ 和 $a[2]$，交换后 $a=[12, 11, 23, 7, 8, 10]$，此时 $a[2]=23$，$a[0]=12$，$a[2] > a[0]$，交换 $a[2]$ 和 $a[0]$，交换完成，交换后 $a=[23, 11, 12, 7, 8, 10]$。

a 的元素访问结束，大根堆构建完成，a=[23, 11, 12, 7, 8, 10] 就是构建好的大根堆。

用 $a[i]$ 表示上述构建大根堆的算法：i=0 时无须任何操作；i 从 1 到 len(a)−1 时循环做以下操作：

① $i \geqslant 1$ 并且 $a[i] > a[(i-1)//2]$ 时执行②；

② 交换 $a[i]$ 和 $a[(i-1)//2]$；

③ $i=(i-1)//2$，转去执行①。

程序 4.25 是构建大根堆的 Python 实现，构建函数为 build_max_heap()，参数为 data 列表。第 3 行为 range(start,stop,step) 函数，参数分别是起始数、终止数和步长，步长缺省时默认为 1，如 range(1,3) 即“1，2”(不包含 3，步长为 1)。第 5 行为 Python 独有的交换函数，如交换 a 和 b，可以写成：a, b=b, a。

程序 4.25　构建大根堆的 Python 实现

```
1. #构建大根堆
2. def build_max_heap(data):
3.     for i in range(1,len(data)):
4.         while i>=1 and  data[i]>data[(i-1)//2]:
5.             data[i],data[(i-1)//2]=data[(i-1)//2],data[i]
6.             i=(i-1)//2
7.     return data
```

大根堆构建好之后，根结点的值最大，当这个值改变时，需要检验新的根结点是否符合大根堆性质，如果不符合，应调整，使其符合大根堆性质，调整过程如图 4.39 所示。调整操作为 heapify_max()，参数为列表。

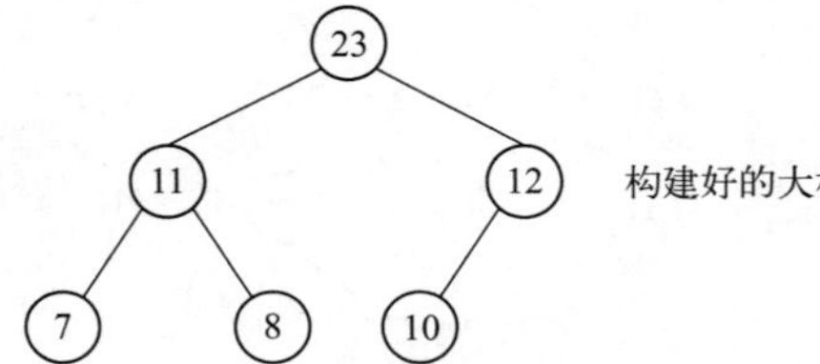

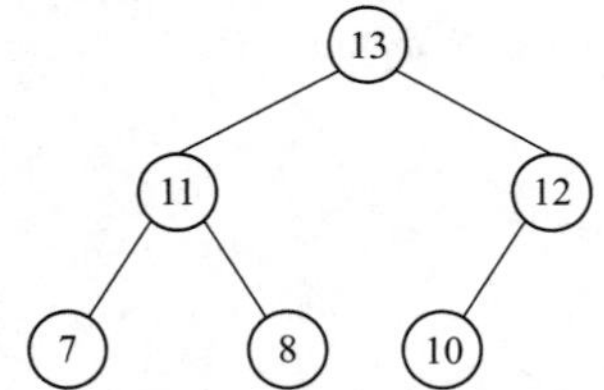

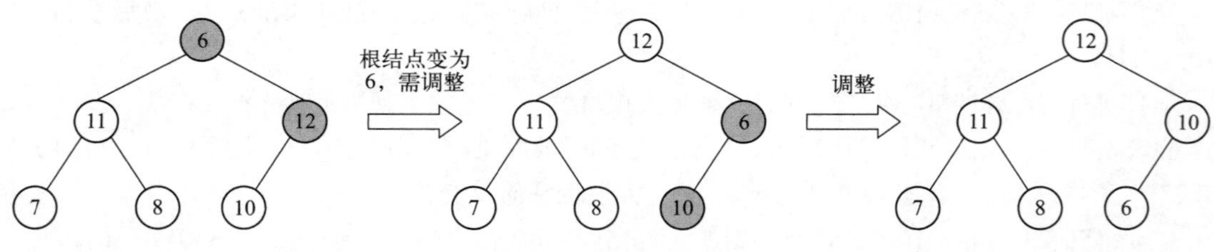

图 4.39　大根堆调整过程

从图 4.39 可以看出，根结点的值变为 13，13 大于其左右孩子的值，无须调整；根结点的值改为 6 时，6 < 12(结点 6 的左右孩子的最大值为 12)，二者交换，6 对应的索引从 0 变为 2，此时，结点 6 无右孩子，继续和其左孩子（索引为 2×2+1=5）比较，6 < 10，二者交换，调整完成。

综上所述，当对列表 data 做 heapify_max() 操作时，情况如下：

当前结点 data[head] 从根结点开始，如果当前结点的左孩子 data[l] 存在，循环做以下操作：

① 找到左右孩子 data[l] 和 data[l+1] 中的较大值，记为 data[large]，如果 data[head] > data[large]，无须调整；

② 如果 data[head] < data[large]，交换 data[head] 和 data[large]，交换后当前结点的索引变为 large，即 head=large，l=head×2+1, 转到（1）处执行直至循环结束。

程序 4.26 是上述步骤的 Python 实现，第 4 行 len(data) 返回 data 的元素个数。第 6 行 r>=len (data) 成立时，表示当前结点没有右孩子。

程序 4.26　对列表 data 做 heapify_max() 操作

```
1. def heapify_max( data):
2.     head=0
3.     l = 1
4.     while l < len(data):
5.         r = l + 1
6.         if r >= len(data):
7.             large = l
8.         else:
9.             if data[l] >= data[r]:
10.                large = l
11.            else:
12.                large = r
13.        if data[head] > data[large]:
14.            break
15.        data[head], data[large] = data[large], data[head]
16.        head = large
17.        l=head*2+1
18.    return data
```

大根堆可用于解决 Top k 问题中的另外一类，该类问题指的是从 *n*（很大）个数据中，选取最小的 *k* 个数据。例如学校要从全校学生中找到成绩最低的 500 名学生。

用大根堆的解决方法是：先将源数据 data 中的 *k* 个元素放到一个长度为 *k* 的列表 result 中，再把列表 result 转换成大根堆 result。再依次取源数据中的 *k* 个元素之后的数据（当前数据）和堆的根结点（result[0]）比较，根据大根堆的性质，根结点一定是堆中最大的元素，如果当前数据大于它，则不作处理，小于的话，就用当前数据替换根元素，并对新的根元素进行 heapify_max() 操作，直到源数据遍历结束。

程序 4.27 是该方法的 Python 实现，第 4 行函数 build_max_heap() 见程序 4.25，第 8 行 heapify_max() 函数见程序 4.26。

程序 4.27　选取最小的 *k* 个数据的 Python 实现

```
1. #最小的k个值
2. def top_min_k(data,k):
3.     result=data[0:k]
```

```
    build_max_heap(result)
    for item in data[k:]:
        if item<result[0]:
            result[0]=item
            heapify_max(result)
    return result
```

heapify_max() 除了实现 top_min_k() 函数，还可用于实现降序排序。设列表 *b*=[10, 8, 12, 7, 11, 23]，对 *b* 进行降序排序的步骤如下：

① 用 *b* 构建大根堆后，*b*=[23, 11, 12, 7, 8, 10]，*b*[0] 最大，得到降序排序的第一个数 23，插入结果列表 result 中，result=[23]；

② 交换 *b*[0] 和 *b*[−1] 后，*b*=[10, 11, 12, 7, 8, 23]，从 *b* 中去掉元素 23 后，*b*=[10, 11, 12, 7, 8]，除了根结点，其余结点都满足大根堆性质，用操作 heapify_max() 将 *b* 调整为大根堆，调整后 *b*=[12, 11, 10, 7, 8]，得到降序排列的第 2 个数 12，result=[23, 12]；

③ 交换 *b*[0] 和 *b*[−1] 后，*b*=[8, 11, 10, 7, 12]，从 *b* 中去掉元素 12 后，*b*=[8, 11, 10, 7]，除了根结点，其余结点都满足大根堆性质，用操作 heapify_max() 将 *b* 调整为大根堆，调整后 *b*=[11, 8, 10, 7]，得到降序排列的第 3 个数 11，result=[23, 12, 11]；

④ 依次操作，直到 *b* 中没有元素；

⑤ result 列表存放降序排序的结果，这种排序方式称为堆排序。

程序 4.28 是堆排序的 Python 实现，第 6 行表示将 *b*[0] 插入列表 result 的末端，第 7 行表示交换列表 *b* 首尾两端的元素，第 8 行表示去掉列表 *b* 的最后一个元素。

程序 4.28　堆排序的 Python 实现（降序）

```
1. # 堆排序 - 降序
2. def desc_order(a):
3.     b=build_max_heap(a)
4.     result=[ ]
5.     while len(b)>0:
6.         result.append(b[0])
7.         b[0],b[-1]=b[-1],b[0]
8.         b.pop(-1)
9.         b=heapify_max(b)
10.    return result
```

第5章 图

PYTHON

5.1 图的概念、性质和数据类型

5.1.1 概念和性质

什么是图呢？例如小张、小李、小王、小赵、小钱和小孙构成的微信好友关系如图 5.1 所示。小张和小赵、小钱、小李是好友关系，小赵和小张、小孙是好友关系。即顶点表示人物，边表示好友关系，这个朋友关系网就是数据结构当中的图（graph）。

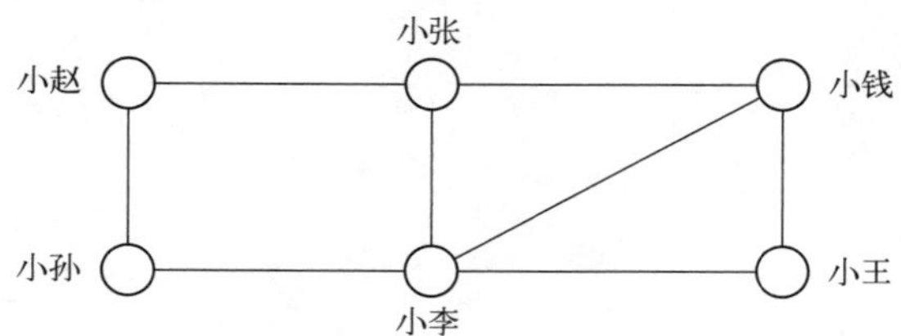

图 5.1 好友关系图

顶点和边是图的构成要素，图是一种比树更为复杂的数据结构。树的结点之间是一对多的关系，并且存在父与子的层级划分；而图的顶点（注意，这里不叫结点）之间是多对多的关系，并且所有顶点都是平等的，无所谓谁是父谁是子。

定义：图是由顶点的有穷非空集合和顶点之间边的集合组成，通常表示为 $G(V, E)$，其中，G 表示一个图，V 是图 G 中顶点的集合，E 是图 G 中边的集合。

在图中需要注意的是：

① 在线性表中把数据元素叫元素，树中将数据元素叫结点，图中的数据元素，则称为顶点（vertex）。

② 线性表可以没有元素，称为空表；树中可以没有结点，称为空树；但是，图中不允许没有顶点（有穷非空性）。

③ 线性表中的各元素是线性关系，树中的各元素是层次关系，而图中各顶点的关系是用边来表示（边集可以为空）。

根据图中边是否有方向，图可以分为无向图和有向图。下面讲解无向图和有向图，及图的其他性质。

（1）无向图

如果图中任意两个顶点之间的边都是无向边（简而言之就是没有方向的边），则称该图为无向图（undirected graphs），如图 5.2 所示。

（2）有向图

如果图中任意两个顶点之间的边都是有向边（简而言之就是有方向的边），则称该图为有向图（directed graphs），如图 5.3 所示。

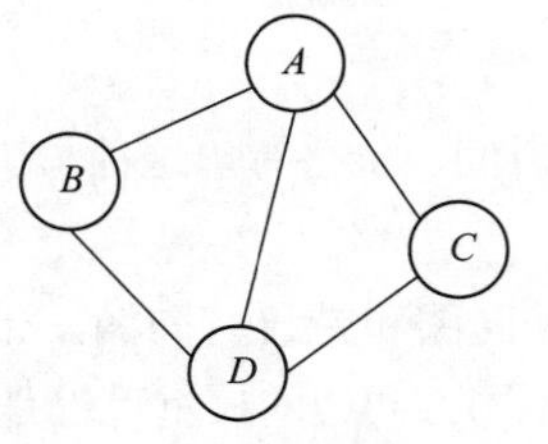

图 5.2 无向图

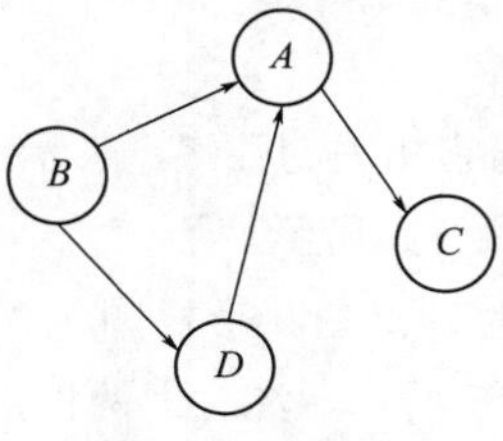

图 5.3 有向图

（3）完全图

① 无向完全图。在无向图中，如果任意两个顶点之间都存在边，则称该图为无向完全图。（含有 n 个顶点的无向完全图有 $[n\times(n-1)]/2$ 条边），如图 5.4 所示。

② 有向完全图。在有向图中，如果任意两个顶点之间都存在方向互为相反的两条边，则称该图为有向完全图［含有 n 个顶点的有向完全图有 $n\times(n-1)$ 条边］，如图 5.5 所示。

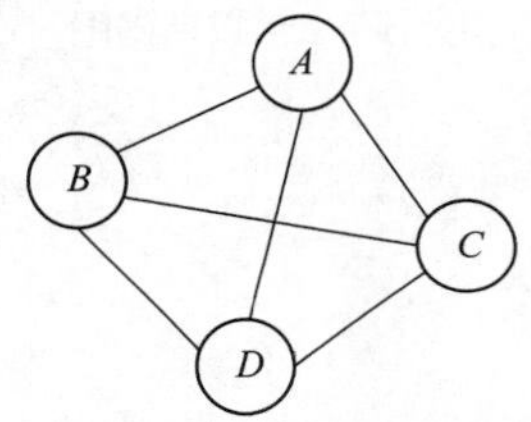

图 5.4 无向完全图

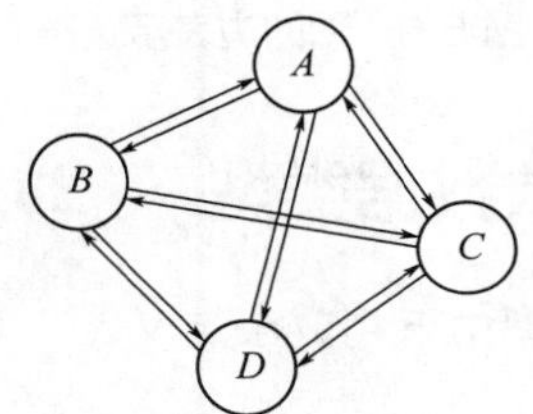

图 5.5 有向完全图

注意：当一个图接近完全图时，则称它为稠密图（dense graph），而当一个图含有较少的边时，则称它为稀疏图（spare graph）。

（4）顶点的度

顶点 V_i 的度（degree）是指在图中与 V_i 相关联的边的条数。对于有向图来说，有入度（in-degree）和出度（out-degree）之分，图 5.5 中顶点 D 的入度为 3，出度为 3；图 5.3 中顶点 A 的入度为 2，出度为 1。有向图顶点的度等于该顶点的入度和出度之和。

（5）邻接

① 若无向图中的两个顶点 V_1 和 V_2 存在一条边（V_1, V_2），则称顶点 V_1 和 V_2 邻接（adjacent）；

② 若有向图中存在顶点 V_3 指向 V_2 的边 $<V_3, V_2>$，则称顶点 V_3 邻接到 V_2 或 V_2 邻接自 V_3。

注意：无向图中的边使用小括号“()”表示，而有向图中的边使用尖括号“<>”表示。

（6）路径

在无向图中，若从顶点 V_i 出发经过一组边可到达顶点 V_j，同时从顶点 V_i 到顶点 V_j 常常会经过一些顶点，这些顶点构成的序列称为从顶点 V_i 到顶点 V_j 的路径（path）。

（7）连通

若从 V_i 到 V_j 有路径可通，则称顶点 V_i 和顶点 V_j 是连通的（connected）。

（8）权

有些图的边具有与它相关的数字，表示距离、时间、价格等，这种与边或弧相关的数叫作权（weight）或权重，如图 5.6 所示。

带有权重的图称为带权图。带权图包含带权无向图和带权有向图，带权无向图如图 5.6 所示，带权有向图如图 5.7 所示。注意：两顶点之间不同方向边的权重可以是不同的，如图 5.7 中，A 到 D 的权重是 10，D 到 A 的权重是 11。

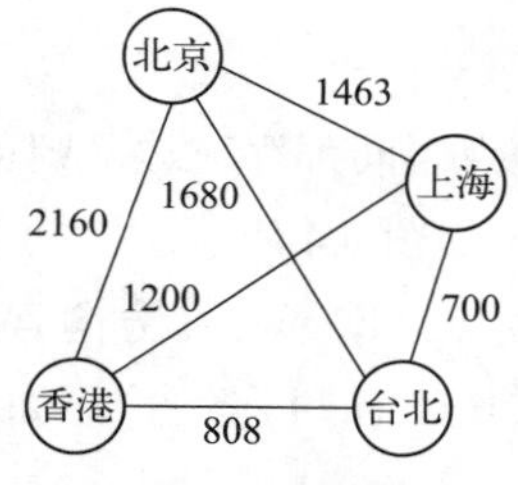

图 5.6　图的边表示距离

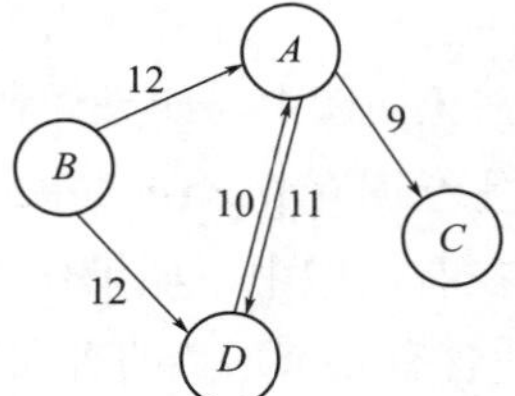

图 5.7　带权有向图

5.1.2　图的抽象数据类型

图的抽象数据类型由下列方法定义。

① 新建一个空图。

② 向图中添加一个顶点。

③ 向图中添加一条有向边，用于连接顶点 V_1 和 V_2。

④ 向图中添加一条带权重的有向边，用于连接顶点 V_1 和 V_2。

⑤ 以列表形式返回图中所有顶点。

⑥ 判断顶点是否存在。

5.2 用 Python 实现图的存储结构

5.2.1　邻接矩阵实现

用二维阵列存储图 5.2 时，数字 1 表示对应的两顶点间有边（称为两顶点邻接），数字 0 代表没有边，某顶点到它本身的边一般标记为 0，阵列如图 5.8 所示，也称为邻接矩阵。

	A	*B*	*C*	*D*
A	0	1	1	1
B	1	0	0	1
C	1	0	0	1
D	1	1	1	0

图 5.8　二维阵列存储图

用邻接矩阵表示带权的无向图时，正无穷（+∞）表示两个顶点之间无法到达，图5.9的邻接矩阵如图5.10所示，其中对角线为0，表示某顶点到自己的边长（权重）是0。

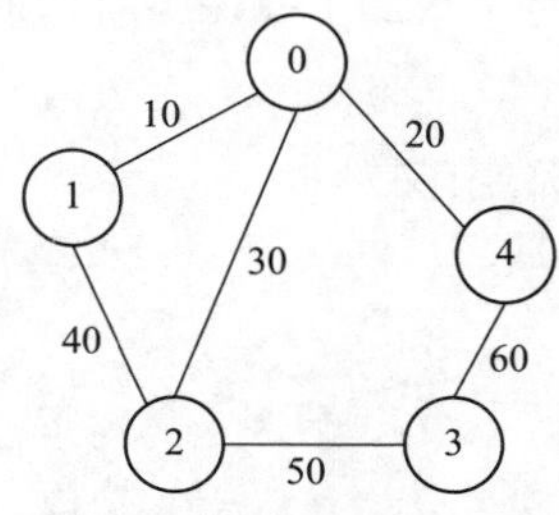

图5.9 带权的无向图

	0	1	2	3	4
0	0	10	30	+∞	20
1	10	0	40	+∞	+∞
2	30	40	0	50	+∞
3	+∞	+∞	50	0	60
4	20	+∞	+∞	60	0

图5.10 用邻接矩阵表示带权无向图

不管是带权无向图，还是不带权无向图，其邻接矩阵都关于对角线对称，而有向图的邻接矩阵不一定关于对角线对称。如图5.11所示的邻接矩阵就不是关于对角线对称的，其为不带权有向图5.3对应的邻接矩阵，对角线上的0表示某个顶点没有指向自己的边（环），正无穷表示对应两个顶点之间没有边，1表示对应的两个顶点之间有边，如顶点*A*到*B*没有边，顶点*B*到*A*有边，纵向排列的顶点表示起点，横向排列的顶点表示终点。

带权有向图5.7对应的邻接矩阵如图5.12所示，纵向排列的顶点表示边的起点，横向排列的顶点表示边的终点，对角线上的0表示某个顶点没有指向自己的边（环），正无穷表示对应两个顶点之间没有边，数字表示对应的两个顶点之间的权值（两顶点有边），如顶点*A*到*B*没有边，顶点*B*到*A*有边且权值为12。

	A	*B*	*C*	*D*
A	0	+∞	1	+∞
B	1	0	+∞	1
C	+∞	+∞	0	+∞
D	1	+∞	+∞	0

图5.11 不带权有向图的邻接矩阵

	A	*B*	*C*	*D*
A	0	+∞	9	11
B	12	0	+∞	12
C	+∞	+∞	0	+∞
D	10	+∞	+∞	0

图5.12 带权有向图的邻接矩阵

存储了邻接矩阵，就存储了对应的图。邻接矩阵包含边和顶点，可用列表edge存储边的信息，vertex存储顶点的信息。vertex=['A', 'B', 'C', 'D']，edge=[[0, 1, 1, 1], [1, 0, 0, 1], [1, 0, 0, 1], [1, 1, 1, 0]]存储了图5.8中顶点和边的信息，即存储了图5.2。

表示无穷大时，需先用import math语句导入数学模块，则float('-inf')、float('+inf')分别表示负无穷大和正无穷大。

存储图5.10时，其顶点信息为vertex=[0, 1, 2, 3, 4]，边的信息为：

```
edge=[[0,10,30, float('+inf'), 20],
      [10, 0, 40, float('+inf'), float('+inf')],
      [30, 40, 0, 50, float('+inf')],
      [float('+inf'), float('+inf'),50, 0, 60],
      [20, float('+inf'), float('+inf'), 60, 0]]
```

图5.11和图5.12可使用相同的方法存储顶点和边的信息。

程序5.1表示图的类为GNode，生成GNode类对象时输入参数为顶点个数，存入变量Nv中，通过顶点数初始化一个全为0的邻接矩阵Gra。由于图包括无向不带权、无向带权、有向不带权和有向带权图，因此 GNode 类包含两个插入边的方法 InsertEdge_1()、InsertEdge_2()，可分别生成上述四种图的邻接矩阵。GNode 还包括插入顶点的方法 InsertVertex()，一个 $n\times n$ 的邻接矩阵对应有 n 个顶点的图，增加一个顶点时，除了顶点个数加 1 并保存新增顶点信息外，邻接矩阵的大小也需通过添加 0 扩展为 $(n+1)\times(n+1)$。

程序 5.1　由图生成对应的邻接矩阵

```
import math
class GNode: #表示图的类
    def __init__(self,i):
        #图的顶点数 Nv
        self.Nv=i
        #Dv 存放顶点信息
        self.Dv=[]
        #初始化一个 i*i 的邻接矩阵，所有元素初始化为 0
        self.Gra=[[0]*i for item in range(i)]

    #插入无向不带权的边时，weight 的值取 1
    #插入无向带权的边
    def InsertEdge_1(self,v1,v2,weight):
        self.Gra[v1][v2]=weight
        self.Gra[v2][v1]=weight

    #插入有向不带权的边，weight 的值取 1
    #插入有向带权的边
    def InsertEdge_2(self,v1,v2,weight):
        self.Gra[v1][v2]=weight #插入 v1->v2 的边


    #插入顶点 v1
    def InsertVertex(self,v1):
        #增加一个顶点，邻接矩阵增加一行和一列
        for i in range(self.Nv):
            self.Gra[i].append(0)
        tail=[]
        for i in range(self.Nv+1):
            tail.append(0)
        self.Gra.append(tail)
        #顶点数加 1
        self.Nv=self.Nv+1
        #存储顶点信息
        self.Dv.append(v1)

    #判断顶点 v1 是否存在
    def IsVertex(self,v1):
        return v1 in self.Dv

    #输出邻接矩阵
    def ShowGra(self):
        for i in range(self.Nv):
            for j in range(self.Nv):
                print(self.Gra[i][j],end=' ')
            print(' ')
```

程序 5.2 中第 1 ～ 9 行实现了图 5.8 的存储及输出，第 10 行调用方法增加一个顶点，第 11 行输出增加顶点后的邻接矩阵，第 12 行输出顶点信息。

程序 5.2　图 5.8 的存储及输出

```
1. g=GNode(4)
2. g.Dv=['A','B','C','D']
3. g.InsertEdge_1(0,1,1)
4. g.InsertEdge_1(0,2,1)
5. g.InsertEdge_1(0,3,1)
6. g.InsertEdge_1(1,3,1)
7. g.InsertEdge_1(2,3,1)
8. g.ShowGra( )
9. print(g.Dv)
10.g.InsertVertex('M')
11.g.ShowGra( )
12.print(g.Dv)
```

运行结果如下：

```
0 1 1 1
1 0 0 1
1 0 0 1
1 1 1 0
['A', 'B', 'C', 'D']
0 1 1 1 0
1 0 0 1 0
1 0 0 1 0
1 1 1 0 0
0 0 0 0 0
['A', 'B', 'C', 'D', 'M']
```


程序 5.3 实现了图 5.10 的存储和输出，存储图的信息时把无穷大看成边的权重，则图 5.10 共有 20 个权重，因为无向带权图是对称图形，方法 g.InsertEdge_1() 内一次插入两条对称的边，20 个权重需要调用该方法 10 次。

程序 5.3　图 5.10 的存储和输出

```
import math
g=GNode(5)
g.Dv=['0','1','2','3','4']
g.InsertEdge_1(0,1,10)
g.InsertEdge_1(0,2,30)
g.InsertEdge_1(0,3,float('+inf'))
g.InsertEdge_1(0,4,20)
g.InsertEdge_1(1,2,40)
g.InsertEdge_1(1,3,float('+inf'))
g.InsertEdge_1(1,4,float('+inf'))
g.InsertEdge_1(2,3,50)
g.InsertEdge_1(2,4,float('+inf'))
g.InsertEdge_1(3,4,60)
g.ShowGra()
```

运行结果如下：

```
0 10 30 inf 20
```

```
10 0 40 inf inf
30 40 0 50 inf
inf inf 50 0 60
20 inf inf 60 0
```

程序 5.4 实现了图 5.11 的存储和输出。

程序 5.4　图 5.11 的存储和输出

```
import math
g=GNode(4)
g.Dv=['A','B','C','D']
g.InsertEdge_2(0,1,float('+inf'))
g.InsertEdge_2(0,2,1)
g.InsertEdge_2(0,3,float('+inf'))
g.InsertEdge_2(1,0,1)
g.InsertEdge_2(1,2,float('+inf'))
g.InsertEdge_2(1,3,1)
g.InsertEdge_2(2,0,float('+inf'))
g.InsertEdge_2(2,1,float('+inf'))
g.InsertEdge_2(2,3,float('+inf'))
g.InsertEdge_2(3,0,1)
g.InsertEdge_2(3,1,float('+inf'))
g.InsertEdge_2(3,2,float('+inf'))
g.ShowGra()
```

运行结果如下：

```
0 inf 1 inf
1 0 inf 1
inf inf 0 inf
1 inf inf 0
```

程序 5.5 实现了图 5.12 的存储和输出。

程序 5.5　图 5.12 的存储和输出

```
import math
g=GNode(4)
g.Dv=['A','B','C','D']
g.InsertEdge_2(0,1,float('+inf'))
g.InsertEdge_2(0,2,9)
g.InsertEdge_2(0,3,11)
g.InsertEdge_2(1,0,12)
g.InsertEdge_2(1,2,float('+inf'))
g.InsertEdge_2(1,3,12)
g.InsertEdge_2(2,0,float('+inf'))
g.InsertEdge_2(2,1,float('+inf'))
g.InsertEdge_2(2,3,float('+inf'))
g.InsertEdge_2(3,0,10)
g.InsertEdge_2(3,1,float('+inf'))
g.InsertEdge_2(3,2,float('+inf'))
g.ShowGra()
```

运行结果如下：

```
0 inf 9 11
12 0 inf 12
```

```
inf inf 0 inf
10 inf inf 0
```

5.2.2 邻接表实现

同一个图，既可以用邻接矩阵表示，也可以用邻接表来表示，如图 5.13 所示。

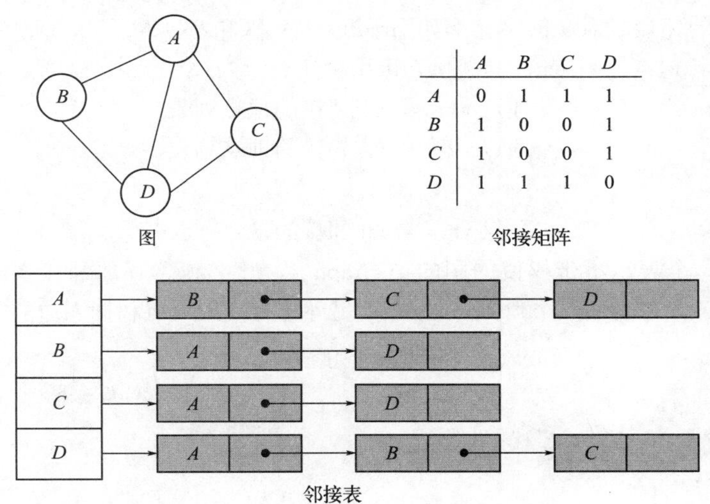

图 5.13　用邻接表表示图

邻接表的表头存储图的顶点，后面连接与之邻接的所有顶点，如图 5.13 中邻接表的第一行表示顶点 *B*、*C*、*D* 和顶点 *A* 邻接，第二行表示顶点 *A*、*D* 和顶点 *B* 邻接，第三行表示顶点 *A*、*D* 和顶点 *C* 邻接，第四行表示顶点 *A*、*B*、*C* 和顶点 *D* 邻接，第一列称为邻接表的表头。

对于有权重的图，邻接表中需增加权重这一项，图 5.9 对应的邻接表如图 5.14 所示。邻接表第一行表示与顶点 0 邻接的顶点有 3 个，分别是顶点 1、2、4，对应边的权值分别为 10、30 和 20；第二行表示顶点 1 和 0 邻接，边的权值为 10，顶点 1 和 2 邻接，对应边的权值为 40，依次类推。

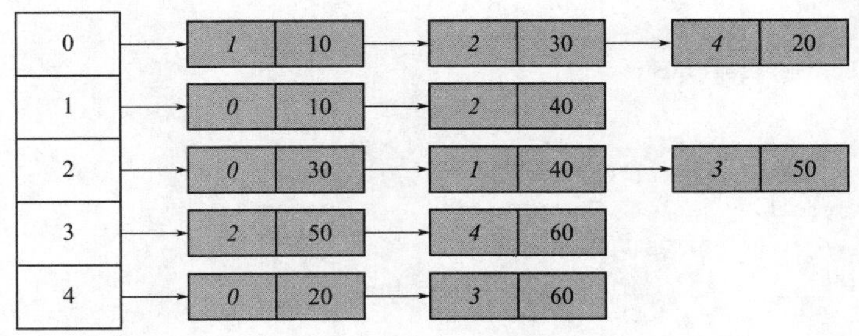

图 5.14　图 5.9 对应的邻接表

图 5.13 中的邻接表可用字典存储为 {'A': ['B', 'C', 'D'], 'B': ['A', 'D'], 'C': ['A', 'D'], 'D': ['A', 'B', 'C']}。

图 5.14 所示的邻接表可用字典 graph 存储为：

```
graph={0:{1:10,2:30,4:20},
       1:{0:10,2:40},
```

2:{0:30,1:40,3:50},

3:{2:50,4:60},

4:{0:20,3:60}}

同理，图 5.11 所示邻接矩阵对应的邻接表可用字典存储为 {'A':['C'], 'B':['A', 'D'], 'D':['A']}。

图 5.12 所示邻接矩阵对应的邻接表可用字典嵌套字典存储为 { 'A':{'C':9, 'D':11}, 'B': {'A':12, 'D':12}, 'D':{'A':10} }

不带权值图的邻接表对应的字典形如 Gradict={'A':['C'], 'B':['A', 'D'], 'D':['A']}，假设不带权值图具有 n 个顶点 v1, v2, ···, vn，其邻接表可用字典表示为：

{顶点 v1：与 v1 邻接的顶点列表，

顶点 v2：与 v2 邻接的顶点列表，

……

顶点 vn：与 vn 邻接的顶点列表}，

程序 5.6 是一个表示不带权值的图的类 Graph_1，该类包含存放邻接表的字典 graphdict、顶点列表 vertexlist，以及顶点个数 vertexnum，另外还有插入顶点和插入边的方法。

程序 5.6　不带权值的图的类 Graph_1

```
class Graph_1:
    def __init__(self,i=0):
        #邻接表对应的字典
        self.graphdict={}
        #顶点列表
        self.vertexlist=[]
        #顶点个数
        self.vertexnum=i
    def InsertVertex(self,v1):
        self.vertexnum=self.vertexnum+1
        self.vertexlist.append(v1)
        return self.vertexlist
    def InsertEdge(self,v1,v2):
        #不存在的顶点加入顶点列表
        if v1 not in self.vertexlist:
            self.InsertVertex(v1)
        if v2 not in self.vertexlist:
            self.InsertVertex(v2)
        key=list(self.graphdict.keys())
        #将构成边的两个邻接顶点（v1,v2）插入字典
        if v1 not in key:
            self.graphdict[v1]=[]
            self.graphdict[v1].append(v2)
            return self.graphdict
        else:
            self.graphdict[v1].append(v2)
            return self.graphdict
```

图 5.2 对应邻接表的实现示例如下：

```
g1=Graph_1()
g1.InsertEdge('A','B')
g1.InsertEdge('A','C')
g1.InsertEdge('A','D')
```

```
g1.InsertEdge('B','A')
g1.InsertEdge('B','D')
g1.InsertEdge('C','A')
g1.InsertEdge('C','D')
g1.InsertEdge('D','A')
g1.InsertEdge('D','B')
g1.InsertEdge('D','C')
print('图5.2的邻接表：')
print(g1.graphdict)
print('')
print('图5.2的顶点列表：')
print(g1.vertexlist)
print('')
print('图5.2的顶点个数：')
print(g1.vertexnum)
```

运行结果如下：

```
图5.2的邻接表：
{'A': ['B', 'C', 'D'], 'B': ['A', 'D'], 'C': ['A', 'D'], 'D': ['A', 'B', 'C']}

图5.2的顶点列表：
['A', 'B', 'C', 'D']

图5.2的顶点个数：
4
```

对于带权值的图，其邻接表用字典存储形如 graph={0:{1:10,2:30,4:20}, 1:{0:10,2:40},}，是字典嵌套字典实现的。程序 5.7 是一个表示带权值的图的类 Graph_2，该类包含存放邻接表的字典 graphdict、顶点列表 vertexlist，以及顶点个数 vertexnum，另外还有插入顶点和插入边的方法。程序 5.6 和程序 5.7 只是插入边的方法不同，其余都相同，两段代码可以合在一起用相同的类来实现，此处为了更清晰讲解而分成两个类。

程序 5.7　带权值的图的类 Graph_2

```
class Graph_2:
    def __init__(self,i=0):
        #邻接表对应的字典
        self.graphdict={}
        #顶点列表
        self.vertexlist=[]
        self.vertexnum=i
    def InsertVertex(self,v1):
        self.vertexnum=self.vertexnum+1
        self.vertexlist.append(v1)
        return self.vertexlist
    def InsertEdge(self,v1,v2,weight):
        #不存在的顶点加入顶点列表
        if v1 not in self.vertexlist:
            self.InsertVertex(v1)
        if v2 not in self.vertexlist:
            self.InsertVertex(v2)
        key=list(self.graphdict.keys())
        #将构成边的两个邻接顶点（v1,v2）及权值插入字典
```

```
        if v1 not in key:
            self.graphdict[v1]={}
            self.graphdict[v1][v2]=weight
            return self.graphdict
        else:
            self.graphdict[v1][v2]=weight
            return self.graphdict
```

图 5.12 对应邻接表的实现示例：

```
g2=Graph_2()
g2.InsertEdge('A','C',9)
g2.InsertEdge('A','D',11)
g2.InsertEdge('B','A',12)
g2.InsertEdge('B','D',12)
g2.InsertEdge('D','A',10)
print('图5.12的邻接表：')
print(g2.graphdict)
print('')
print('图5.12的顶点列表：')
print(g2.vertexlist)
print('')
print('图5.12的顶点个数：')
print(g2.vertexnum)
```

运行结果：

```
图5.12的邻接表：
{'A': {'C': 9, 'D': 11}, 'B': {'A': 12, 'D': 12}, 'D': {'A': 10}}

图5.12的顶点列表：
['A', 'C', 'D', 'B']

图5.12的顶点个数：
4
```

5.2.3 邻接矩阵和邻接表的比较

（1）存储空间分析

从图 5.10 可以看出，用邻接矩阵存储图的话，需要存储 25 个顶点数据，用邻接表存储该图只需存储 12 个顶点数据，邻接矩阵需要的存储空间更大。

（2）求邻接点的时间复杂度比较

使用邻接表，某顶点的邻接点有几个就操作几次；使用邻接矩阵，不管当前顶点的“度”是多少，都需要通过矩阵的对应行遍历图中所有顶点，判断是否与当前顶点相邻，遍历邻接矩阵行的时间成本更高。

（3）稀疏图和稠密图

如果应用场景是一个稀疏图，采用邻接矩阵存储的成本以及时间复杂度都比邻接表要高。日常生活中，基本处理的是稀疏图，因为算法用来模拟真实生活，真实生活中的问题用图建模时，稠密图很少，基本都是稀疏图。比如北京地铁图，看似特别复杂，但是图中每个顶点（每个站点）都只与前后附近2到3个顶点（站点）进行连接，也就是说地铁图中顶点的“度”数并不大，本质上还是一个稀疏图，适合用邻接表来建模。

5.3 图的遍历

图的遍历最基本、最常用的情景是连通图的遍历。综合邻接表的优势，本书主要以邻接表存储的连通图为例讲解图的遍历。

连通图的定义：无向图中，如果任意两个顶点之间都能够连通，则称此无向图为连通图，如图5.15所示。

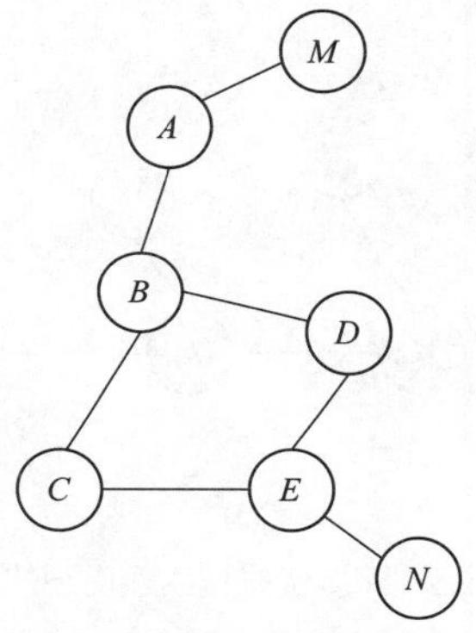

图5.15 连通图

5.3.1 深度优先搜索

深度优先搜索是指遍历图的一种策略，以连通图5.15为例，设该图用邻接表graphdict存储如下：

graphdict={'A':['B', 'M'], 'B':['A', 'C', 'D'], 'C':['B', 'E'], 'D':['B', 'E'],
'E':['C', 'D', 'N'], 'M':['A'], 'N':['E']}

深度优先搜索遍历该图的过程如图5.16所示，因为连通图的任意两个顶点都是连通的，所以连通图的遍历可从任意一个顶点开始，图5.16所示过程从顶点*A*开始，标灰色的顶点表示已经访问过，用列表visited存放遍历顶点的顺序。

从顶点*A*出发，*A*的邻接点有*B*和*M*，此时*B*、*M*都未被访问，因为存储时*B*在前面，因此按顺序访问*B*（当然，也可以从后往前访问*M*），将*A*、*B*标记为灰色（表示已被访问），结果如图5.16中（1）所示，visited=[*A*, *B*]。

从顶点*B*出发，*B*的邻接点有*A*、*C*和*D*，此时*C*、*D*都未被访问，因为存储时*C*在前面，因此按顺序访问*C*，将*C*标记为灰色，结果如图5.16中（2）所示，visited=[*A*, *B*, *C*]。

从顶点*C*出发，*C*的邻接点有*B*和*E*，此时只有*E*未被访问，因此访问*E*，将*E*标记为灰色，结果如图5.16中（3）所示，visited=[*A*, *B*, *C*, *E*]。

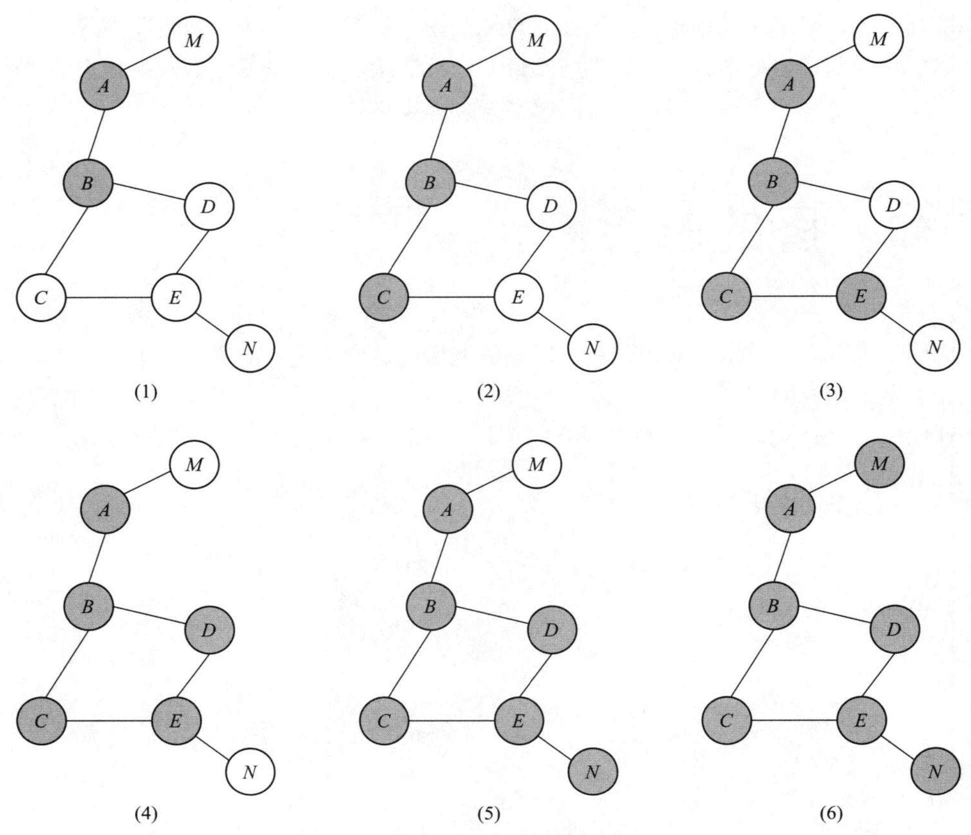

图 5.16　深度优先搜索遍历图的过程

从顶点 E 出发，E 的邻接点有 C、D 和 N，此时只有 D 和 N 未被访问，按存储的先后顺序访问 D，将 D 标记为灰色，结果如图 5.16 中（4）所示，visited=[A, B, C, E, D]。

从顶点 D 出发，D 的邻接点 B 和 E 均已被访问，需回溯到 D 的前一个顶点 E, E 的邻接点里只有 N 未被访问，因此访问 N，结果如图 5.16 中（5）所示，visited=[A, B, C, E, D, N]。

从顶点 N 出发，N 的邻接点 E 已被访问，需要从 N 开始回溯。访问顺序是 $A \to B \to C \to E \to D \to N$，回溯顺序就是 $N \to D \to E \to C \to B \to A$，回溯的目的是寻找邻接点未被访问的顶点，$D$、$E$、$C$、$B$ 的邻接点均已被访问，需回溯到 A, A 的邻接点 M 未被访问，因此访问 M，结果如图 5.16 中（6）所示，visited=[A, B, C, E, D, N, M]，图 5.15 的遍历完成。

回溯可用递归方式实现，也可用堆栈来实现。以图 5.15 的遍历为例，堆栈实现从顶点 A 开始的遍历过程如图 5.17 所示。

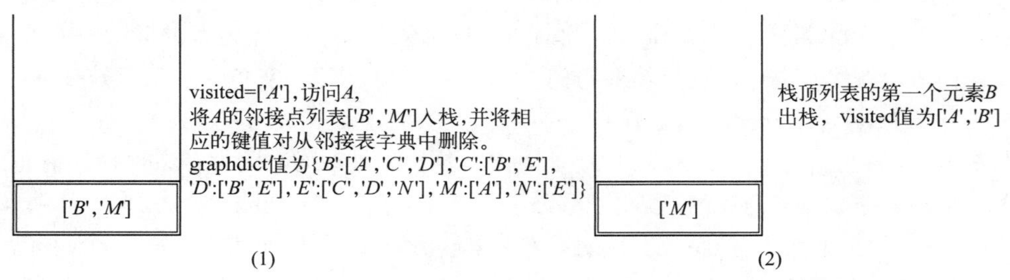

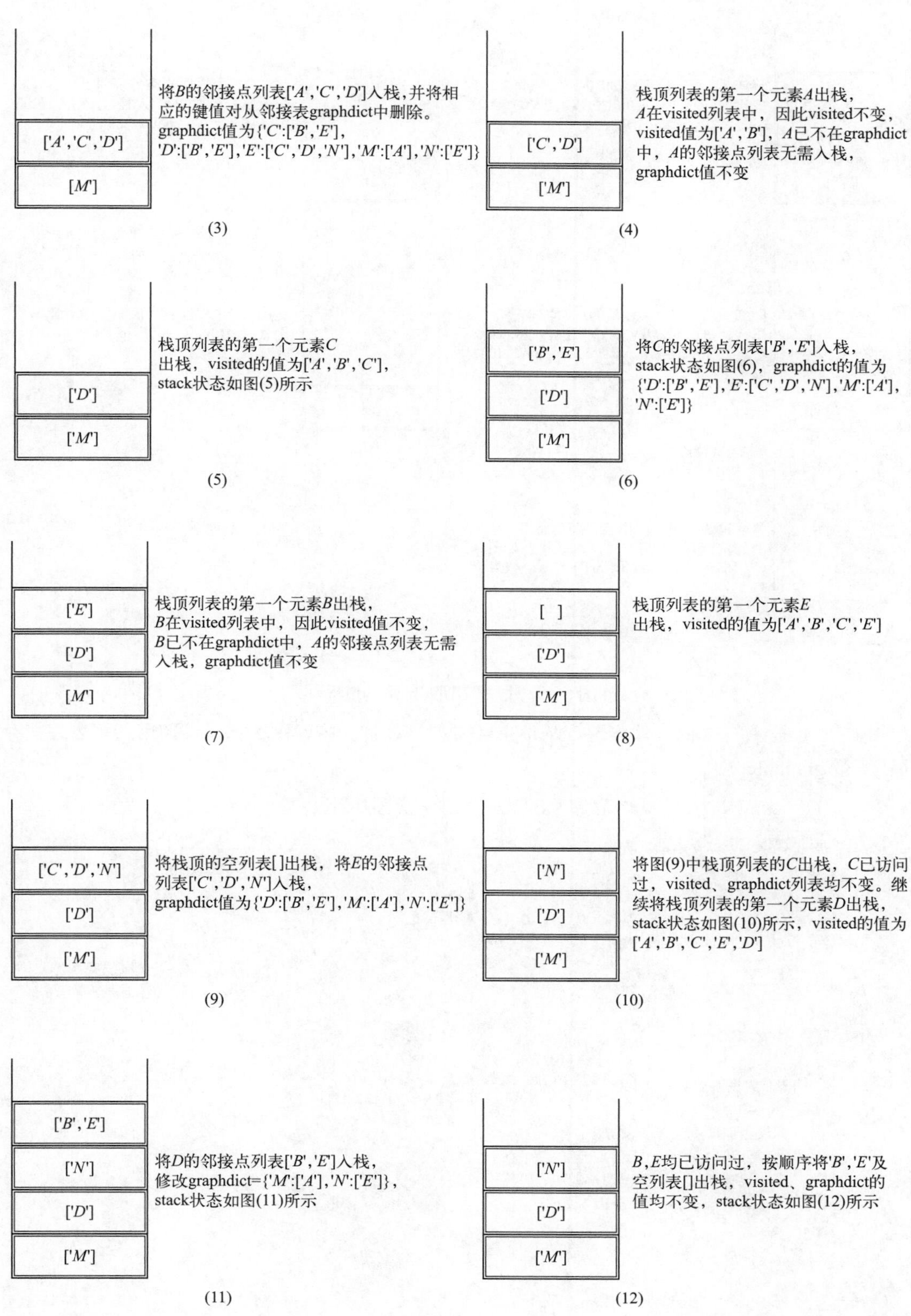

['A','C','D']
['M']
将B的邻接点列表['A','C','D']入栈，并将相应的键值对从邻接表graphdict中删除。graphdict值为{'C':['B','E'], 'D':['B','E'],'E':['C','D','N'],'M':['A'],'N':['E']}
(3)
['C','D']
['M']
栈顶列表的第一个元素A出栈，A在visited列表中，因此visited不变，visited值为['A','B']，A已不在graphdict中，A的邻接点列表无需入栈，graphdict值不变
(4)
['D']
['M']
栈顶列表的第一个元素C出栈，visited的值为['A','B','C']，stack状态如图(5)所示
(5)
['B','E']
['D']
['M']
将C的邻接点列表['B','E']入栈，stack状态如图(6)，graphdict的值为{'D':['B','E'],'E':['C','D','N'],'M':['A'], 'N':['E']}
(6)
['E']
['D']
['M']
栈顶列表的第一个元素B出栈，B在visited列表中，因此visited值不变，B已不在graphdict中，A的邻接点列表无需入栈，graphdict值不变
(7)
[ ]
['D']
['M']
栈顶列表的第一个元素E出栈，visited的值为['A','B','C','E']
(8)
['C','D','N']
['D']
['M']
将栈顶的空列表[]出栈，将E的邻接点列表['C','D','N']入栈，graphdict值为{'D':['B','E'],'M':['A'],'N':['E']}
(9)
['N']
['D']
['M']
将图(9)中栈顶列表的C出栈，C已访问过，visited、graphdict列表均不变。继续将栈顶列表的第一个元素D出栈，stack状态如图(10)所示，visited的值为['A','B','C','E','D']
(10)
['B','E']
['N']
['D']
['M']
将D的邻接点列表['B','E']入栈，修改graphdict={'M':['A'],'N':['E']}，stack状态如图(11)所示
(11)
['N']
['D']
['M']
B,E均已访问过，按顺序将'B','E'及空列表[]出栈，visited、graphdict的值均不变，stack状态如图(12)所示
(12)

图 5.17

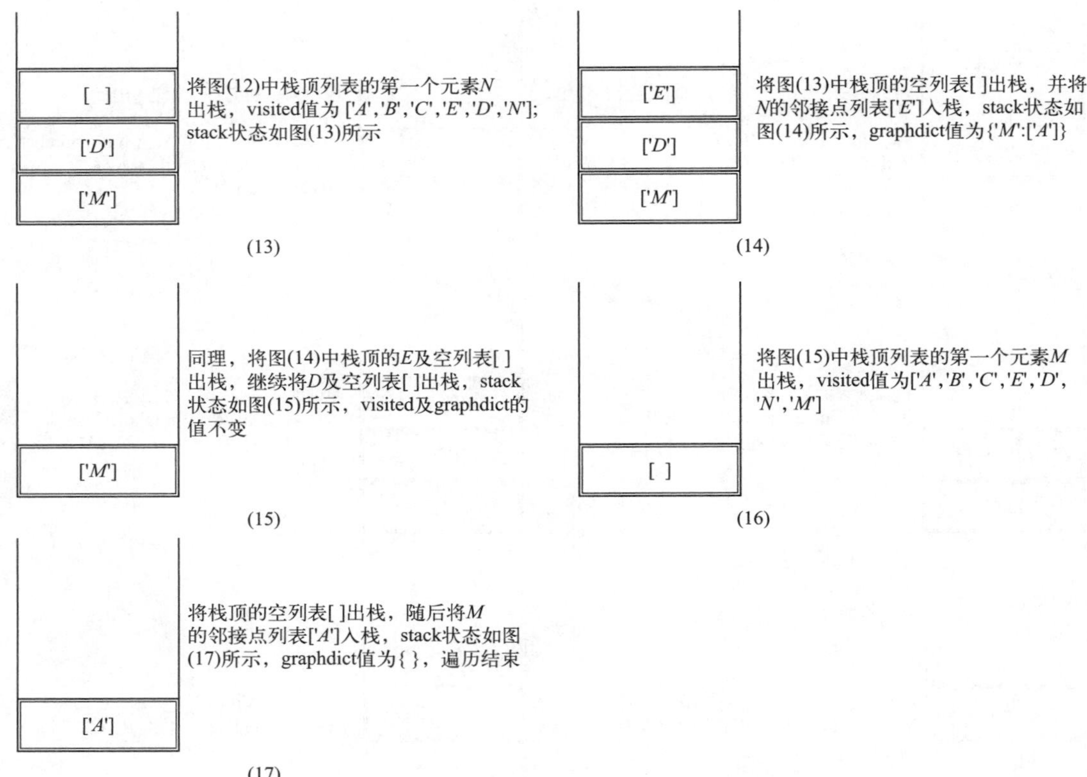

图 5.17 堆栈实现遍历图的过程

程序 5.8 是图 5.17 的具体实现，从顶点 A 开始深度优先搜索图 5.15，该图用邻接表方式存储在变量 graphdict 中。

程序 5.8 堆栈实现遍历图并存储

```
# 字典实现的邻接表
graphdict = {'A': ['B', 'M'], 'B': ['A', 'C', 'D'],
             'C': ['B', 'E'], 'D': ['B', 'E'],
             'E': ['C', 'D', 'N'], 'M': ['A'], 'N': ['E']}
# 当前顶点初始化，从 A 开始遍历
vert = 'A'
# 存放已经遍历的顶点
visited = [vert]
# 用作栈的列表
stack = []
# 邻接表不为空时循环
while graphdict:
    # 如果当前顶点在邻接表里
    if vert in graphdict:
        # 将当前顶点的键值对从邻接表里移走
        nb = graphdict.pop(vert)
        # 当前顶点的邻接点列表入栈
        stack.append(nb)

    # 栈顶列表的第一个元素出栈，作为新的当前顶点
    vert = stack[-1].pop(0)
```

```
    #如果栈顶为空列表，空列表出栈
    if stack[-1] == []:
        stack.pop(-1)
    #如果出栈的顶点未被访问，加入 visited 列表
    if vert not in visited:
        visited.append(vert)
print(visited)
```

运行结果如下：

```
['A', 'B', 'C', 'E', 'D', 'N', 'M']
```

将上述代码改为函数。程序 5.9 是实现深度优先搜索的函数，参数为字典存储的邻接表和开始遍历的顶点。

程序 5.9　实现深度优先搜索的函数

```
def DFS(graphdict,vert):
    visited = [vert]
    stack = []
    while graphdict:
        if vert in graphdict:
            nb = graphdict.pop(vert)
            stack.append(nb)
        vert = stack[-1].pop(0)
        if stack[-1] == []:
            stack.pop(-1)
        if vert not in visited:
            visited.append(vert)
    return visited
```

函数调用示例如下：

```
graphdict = {'A': ['B', 'M'], 'B': ['A', 'C', 'D'],
             'C': ['B', 'E'], 'D': ['B', 'E'],
             'E': ['C', 'D', 'N'], 'M': ['A'], 'N': ['E']}
DFS(graphdict,'E')
```

运行结果：

```
['E', 'C', 'B', 'A', 'M', 'D', 'N']
```

注意：程序 5.8 和程序 5.9 对邻接表做了修改，如果后面有使用邻接表的需要，先对邻接表进行拷贝。

5.3.2　广度优先搜索

广度优先搜索类似于二叉树的层序遍历，从顶点 A 开始对图 5.15 做广度优先搜索的过程如图 5.18，已被访问的顶点用灰色标识。

从顶点 A 开始访问，A 的邻接点 B 和 M 都访问后，再访问 B 未被访问的邻接点 C 和 D，接着访问 M 未被访问的邻接点，依次类推，直到所有的顶点都访问过，广度优先搜索结束。

对于图的广度优先搜索，可以借助队列来实现，实现过程如图 5.19 所示，将顶点 A 入队作为初始状态，即将出队的顶点用灰色标识，如果出队的顶点已被访问过，将其出队即可，不

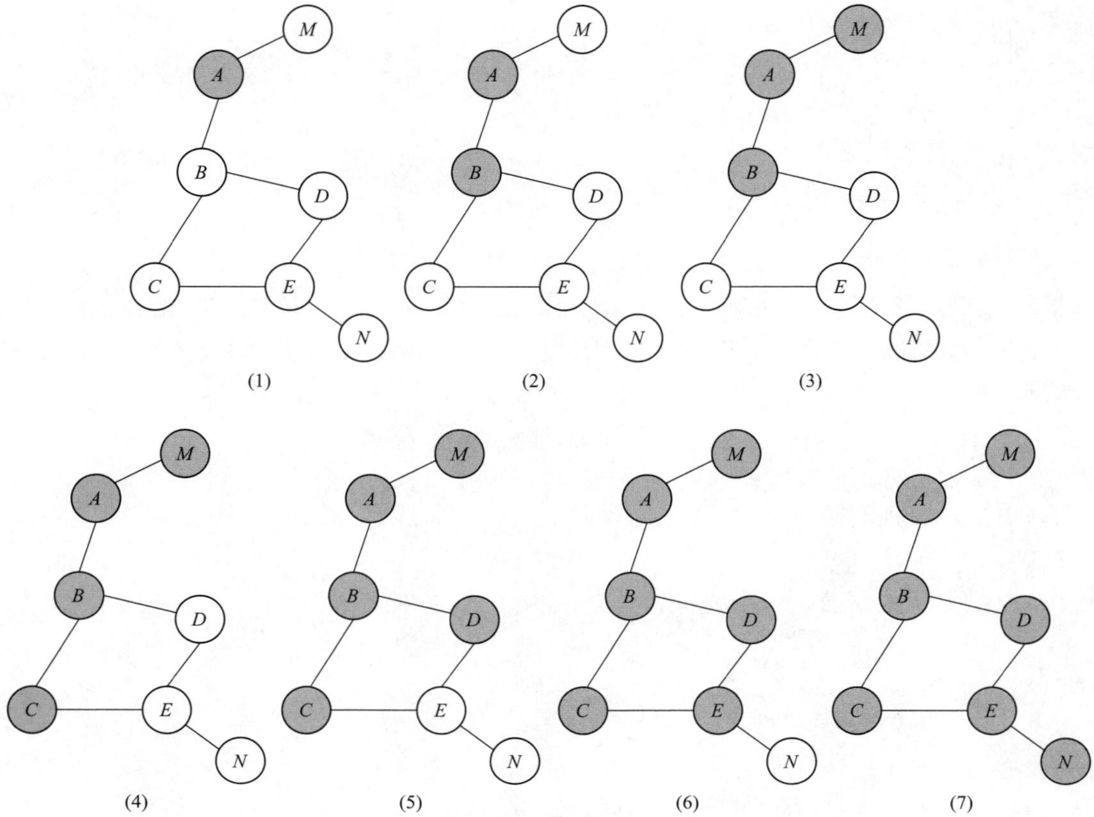

(1) (2) (3)

(4) (5) (6) (7)

图 5.18 广度优先搜索遍历图的过程

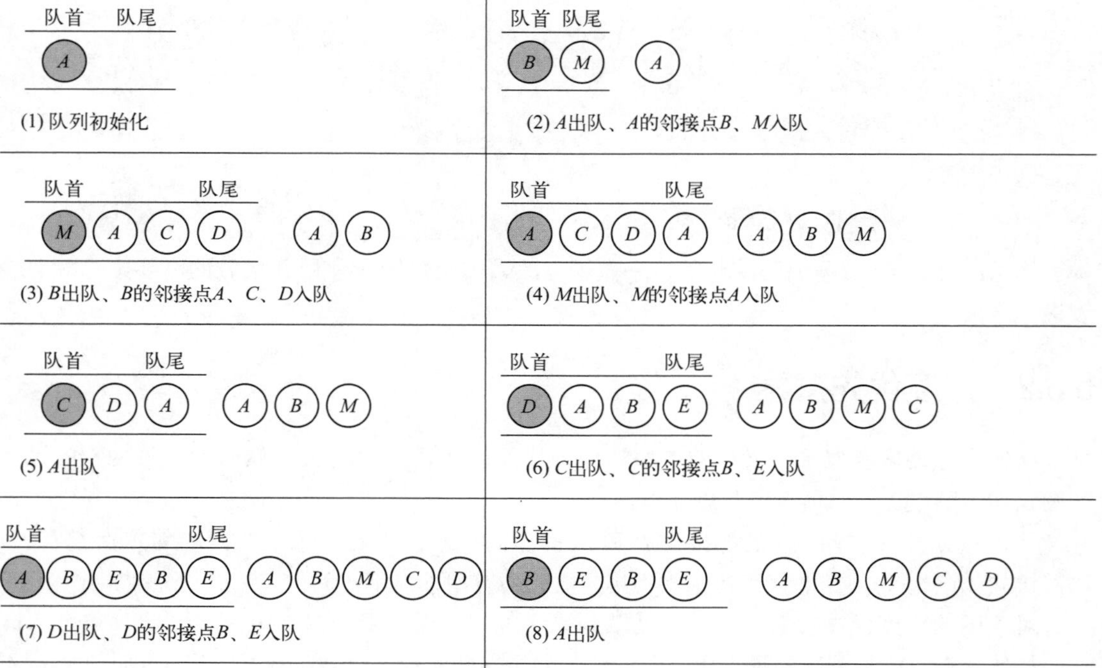

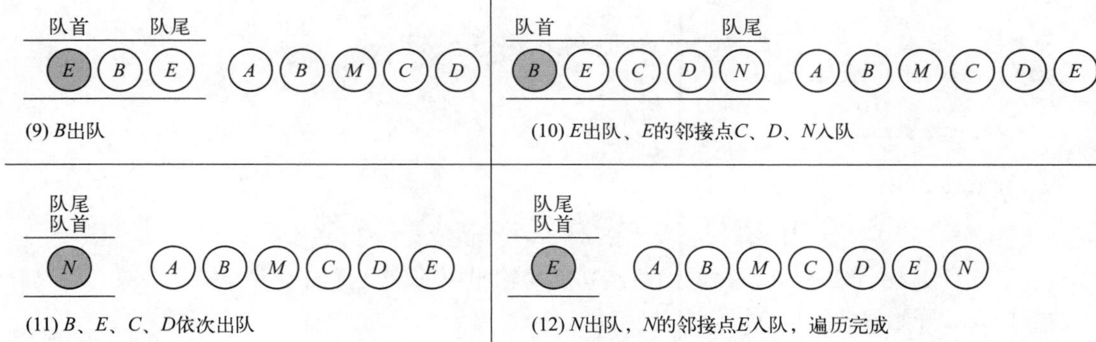

图 5.19　队列实现图的广度优先搜索的过程

做其他操作；如果出队的顶点未被访问过，将其放入存放广度搜索结果的变量，并将其所有的邻接点入队。

程序 5.10 是图 5.19 描述过程的具体实现，从顶点 *A* 开始广度优先搜索图 5.15，该图用邻接表方式存储在字典 graphdict 中，搜索结果存储在列表 visited 中。队列用列表实现，从列表的一端插入数据，另一端弹出数据，则实现了队列这种先进后出的数据结构。

由于顶点的邻接点存放在列表中，因此当顶点的邻接点入队时，入队的是一个列表，随着列表内顶点的出队，队首有可能出现空列表的情况，此时需将空列表出队；从 *A* 开始访问，即第一个出队的顶点是 *A*，因此队列初始化就是将 *A* 入队到一个空队列中。

图 5.19 中，为了表述方便，*B* 的邻接点 *A*、*C*、*D* 入队时标明的是顶点直接入队，在用代码实现的时候，*B* 的邻接点存储在列表中，入队的是列表，如 *B* 的邻接点 *A*、*C*、*D* 入队，即列表 [*A*, *C*, *D*] 入队。

程序 5.10　广度优先搜索的代码实现

```
# 字典实现的邻接表
graphdict = {'A': ['B', 'M'], 'B': ['A', 'C', 'D'],
                 'C': ['B', 'E'], 'D': ['B', 'E'],
                'E': ['C', 'D', 'N'], 'M': ['A'], 'N': ['E']}
# 当前顶点初始化为 A
vert = 'A'
# 存放已经遍历的顶点
visited = [vert]
# 用作队列的列表
queue = []
# 邻接表不为空时循环
while graphdict:
    # 如果当前顶点在邻接表里
    if vert in graphdict:
        # 当前顶点的键值对从邻接表里移走
        nb = graphdict.pop(vert)
        # 当前顶点的邻接点列表入队
        queue.append(nb)
    # 队首列表的第一个元素出队，作为新的当前顶点
    vert = queue[0].pop(0)
    # 如果队首为空列表，空列表出队
    if queue[0] == []:
```

```
        queue.pop(0)
    # 如果出队的顶点未被访问，加入 visited 列表
    if vert not in visited:
        visited.append(vert)
print(visited)
```

运行结果如下：

```
['A', 'B', 'M', 'C', 'D', 'E', 'N']
```

程序 5.11 是由程序 5.10 改写的函数，功能是输出图的广度优先搜索结果，参数为字典存储的邻接表和开始搜索的顶点。

程序 5.11　输出图的广度优先搜索结果

```
def BFS(graphdict,vert):
    visited = [vert]
    queue = []
    while graphdict:
        if vert in graphdict:
            nb = graphdict.pop(vert)
            queue.append(nb)
        vert = queue[0].pop(0)
        if queue[0] == []:
            queue.pop(0)
        if vert not in visited:
            visited.append(vert)
    return visited
```

函数调用示例如下：

```
graphdict = {'A': ['B', 'M'], 'B': ['A', 'C', 'D'],
             'C': ['B', 'E'], 'D': ['B', 'E'],
             'E': ['C', 'D', 'N'], 'M': ['A'], 'N': ['E']}
BFS(graphdict,'B')
```

运行结果如下：

```
['B', 'A', 'C', 'D', 'M', 'E', 'N']
```

注意：程序 5.10 和程序 5.11 对邻接表做了修改，如果后面有使用邻接表的需要，需先对邻接表进行拷贝。

5.4 生成树、生成森林和最小生成树

（1）生成树

对连通图进行遍历，遍历过程中将经过一系列的边和顶点，这些边和顶点的组合被看作是一棵普通树，通常称为生成树。前面讲解了遍历的两种方式为：深度优先搜索和广度优先搜索。

从 A 开始对图 5.16 进行深度优先搜索，搜索过程经过的边和顶点如图 5.20 中（1）。

从 E 开始对图 5.16 进行深度优先搜索，搜索过程经过的边和顶点如图 5.20 中（2）。

从 A 开始对图 5.16 进行广度优先搜索，搜索过程经过的边和顶点如图 5.20 中（3）。

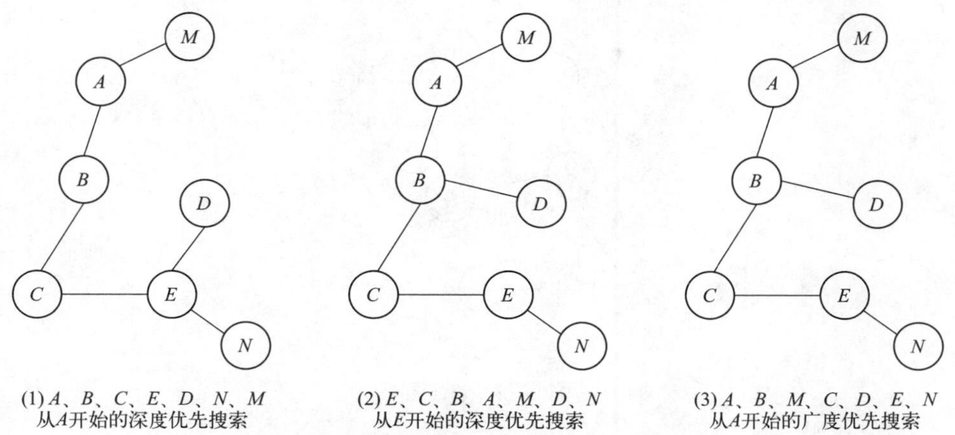

图 5.20 深度优先搜索和广度优先搜索

图 5.20 中（1）（2）或（3）都是连通图 5.15 对应的生成树，不同的遍历顺序可以得到相同的生成树，如（2）和（3）。图 5.15 对应的生成树都是 7 个顶点、6 条边。

连通图中的生成树必须满足两个条件：包含连通图中所有的顶点；任意两顶点之间有且仅有一条通路。

生成树的属性如下：

① 一个连通图可以有多个生成树；

② 一个连通图的所有生成树都包含相同的顶点个数和边数；

③ 生成树当中不存在环；

④ 移除生成树中的任意一条边都会导致图的不连通，即生成树的边最少；

⑤ 在生成树中添加一条边会构成环；

⑥ 对于包含 n 个顶点的连通图，生成树包含 n 个顶点和 $n-1$ 条边；

（2）生成森林

生成树对应连通图，而生成森林则对应非连通图。

非连通图可分解为多个连通分量，而每个连通分量又各自对应多个生成树（至少 1 个），因此与整个非连通图相对应的，是由多棵生成树组成的生成森林。

如图 5.21 所示是一张非连通图，可分解为 2 个连通分量，其中各个连通分量对应的生成树如图 5.22 所示。

因此，与整个非连通图相对应的，是由多棵生成树组成的生成森林。

注意：图 5.22 中列出的仅是各个连通分量所对应的其中一种生成树。

（3）最小生成树

不带权连通图对应生成树，带权连通图对应最小生成树。一个带权图的最小生成树，就是原图中边的权值最小的生成树，权值最小指边的权值之和小于或者等于其他生成树的边的权值之和，如图 5.23，原来的带权图（1）可以生成其右侧的两个最小生成树（2）和（3），这两棵最小生成树的权值之和最小，且包含原图中的所有顶点。

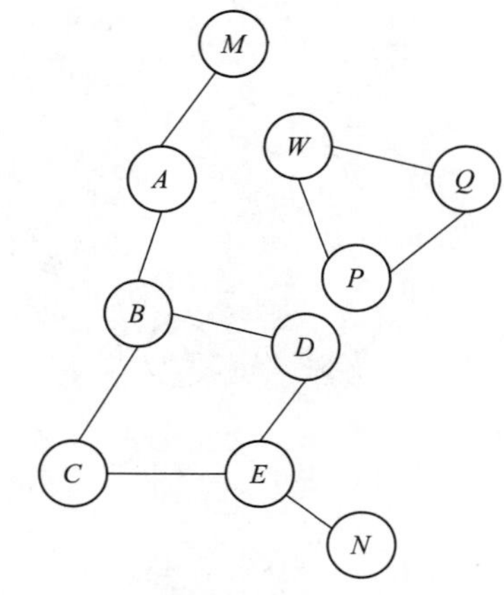

图 5.21　非连通图

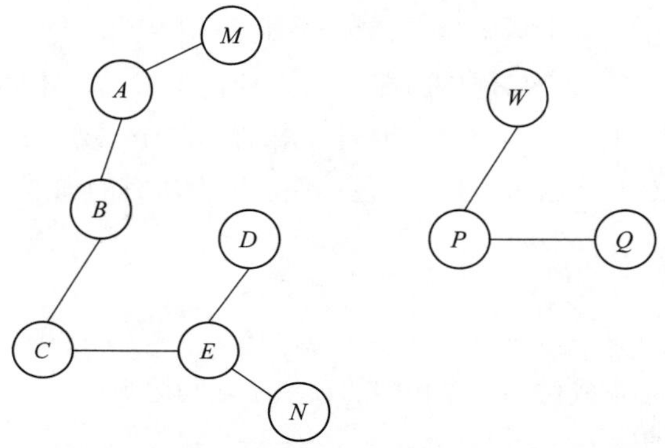

图 5.22　非连通图分解的连通分量对应的生成树

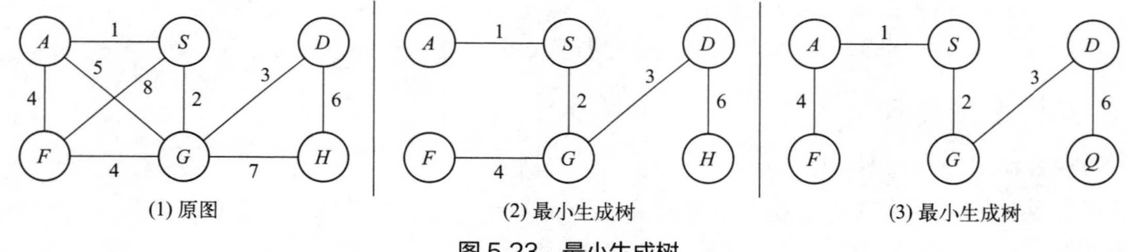

图 5.23　最小生成树

通过给定的图构建最小生成树的算法有很多，其中最经典的就是克鲁斯卡尔（Kruskal）算法和普里姆（Prim）算法。

5.4.1　克鲁斯卡尔算法

克鲁斯卡尔算法查找最小生成树的方法是：将带权连通图中所有的边按照权值大小做升序排序，从权值最小的边开始选择，只要此边不和已选择的边一起构成环路，就可以选择它组成最小生成树。对于 N 个顶点的连通图，挑选出 $N-1$ 条符合条件的边，这些边组成的生成树就是最小生成树。

克鲁斯卡尔算法查找图 5.23 中（1）对应的最小生成树，需要经历以下几个步骤：

① 将图5.23（1）中的所有边按照权值大小做升序排序，如表5.1所示。

表5.1 按权值大小升序排序

边	(A，S)	(S，G)	(D，G)	(A，F)	(F，G)	(A，G)	(D，H)	(G，H)	(S，F)
权值	1	2	3	4	4	5	6	7	8

② 选择权值最小的边（*A*，*S*），由于尚未选择任何边组成最小生成树，且（*A*，*S*）自身不会构成环路，所以（*A*，*S*）边可以组成最小生成树，连接*A*和*S*，如图5.24所示。

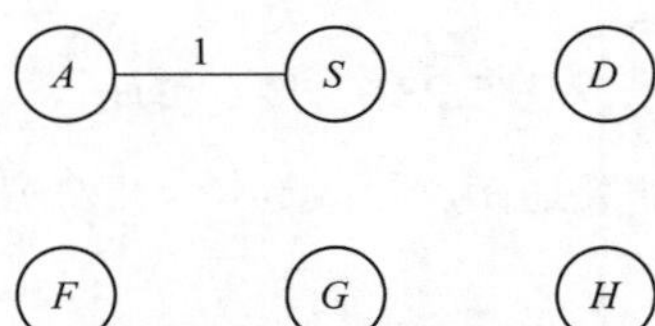

图5.24 连接*A*和*S*

③ 选择权值最小的边（*S*，*G*），它不会和已选（*A*，*S*）边构成环路，可以组成最小生成树，连接*S*和*G*，如图5.25所示。

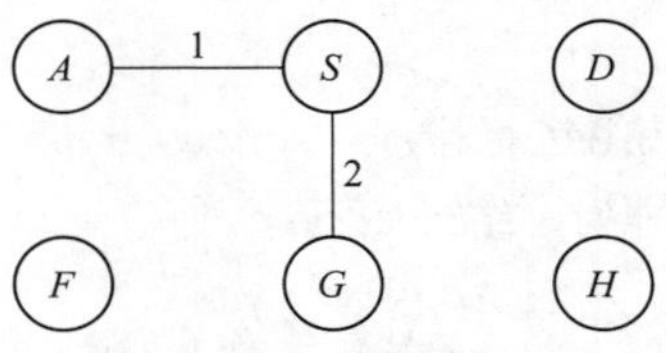

图5.25 连接*S*和*G*

④ 选择权值最小的边（*D*，*G*），它不会和已选（*A*，*S*）、（*S*，*G*）边构成环路，可以组成最小生成树，连接*D*和*G*，如图5.26所示。

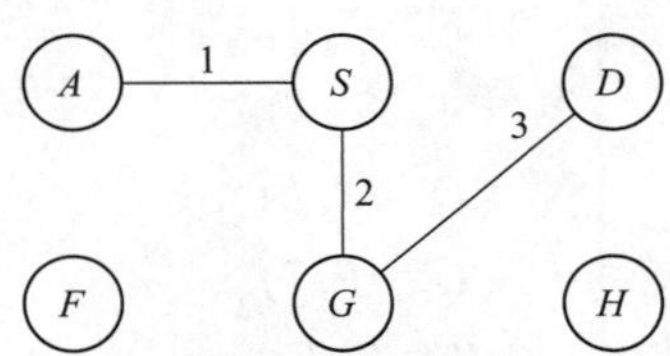

图5.26 连接*D*和*G*

⑤ 选择权值最小的边（*A*，*F*），它不会和已选（*A*，*S*）、（*S*，*G*）、（*D*，*G*）边构成环路，可以组成最小生成树，连接*A*和*F*，如图5.27所示。

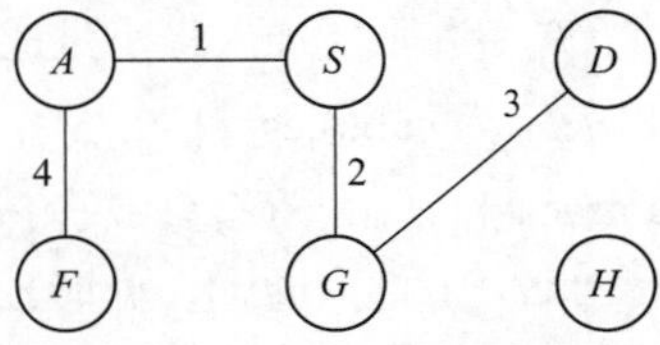

图5.27 连接*A*和*F*

⑥ 选择权值最小的边（*F*，*G*），它和已选（*A*，*S*）、（*S*，*G*）、（*A*，*F*）边构成环路，因此不能组成最小生成树（此时顶点*F*和*G*都已经位于同一棵树上）。

⑦ 选择权值最小的边（*A*，*G*），它和已选（*A*，*S*）、（*S*，*G*）构成环路，因此不能组成最

小生成树（此时顶点 *A* 和 *G* 都已经位于同一棵树上）。

⑧ 选择权值最小的边（*D*，*H*），它不会和已选（*A*，*S*）、（*S*，*G*）、（*D*，*G*）、（*A*，*F*）边构成环路，可以组成最小生成树，连接 *D* 和 *H*，如图 5.28 所示。

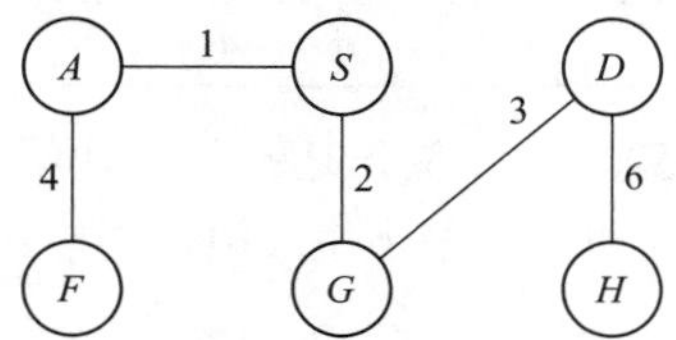

图 5.28　连接 *D* 和 *H*

此时对于一个包含 6 个顶点的连通图，已经选择了 5 条边，这些边组成的生成树就是最小生成树。

克鲁斯卡尔算法的具体实现如下所述。

用元组存储边，如（'*A*', '*F*', 4）表示无向边（*A*, *F*），权值为 4，权值在元组中对应的索引为 2，将所有的边放入列表则可以表示图。如用列表 graph 存储图 5.23 中的原图——一个无向带权连通图，则 graph = [('*A*', '*G*', 5), ('*A*', '*S*', 1), ('*A*', '*F*', 4), ('*F*', '*S*', 8), ('*S*', '*G*', 2), ('*F*', '*G*', 4), ('*G*', '*H*', 7), ('*G*', '*D*', 3), ('*D*', '*H*', 6)]。

用 sorted() 函数对列表中的元组进行排序，sorted (graph, key=lambda item: item[2]) 功能是按元组中索引为 2 的项进行升序排列，结果如下：

[('*A*', '*S*', 1),
('*S*', '*G*', 2),
('*G*', '*D*', 3),
('*A*', '*F*', 4),
('*F*', '*G*', 4),
('*A*', '*G*', 5),
('*D*', '*H*', 6),
('*G*', '*H*', 7),
('*F*', '*S*', 8)]

选出当前权值最小的边，如果所选边没有和已选的边构成回路，将其加入最小生成树，否则不能加入生成树。实现时，将已经选择的构成最小生成树的顶点放入集合中，如图 5.27 中构成最小生成树的顶点集合为 {'*A*', '*F*', '*S*', '*G*', '*D*'}，顶点 *F* 和 *G* 都在该集合中，表明边（*F*, *G*）会和已选择的边构成回路，因此边（*F*, *G*）不能加入最小生成树。

图 5.24 中所有顶点的状态可以表示为 subtrees=[{'*A*', '*S*'}, {'*D*'}, {'*F*'}, {'*G*'}, {'*H*'}]；图 5.25 中所有顶点的状态可以表示为：subtrees=[{'*A*', '*S*', '*G*'}, {'*D*'}, {'*F*'}, {'*H*'}]；图 5.27 中所有顶点的状态可以表示为 subtrees=[{'*A*', '*F*', '*S*', '*G*', '*D*'}, {'*H*'}]，此时顶点 *D* 和顶点 *H* 在不同的集合，*D* 位于集合 subtrees[0]，*H* 位于集合 subtrees[1]，表明边（*D*, *H*）和已经选择的边不会构成回路。subtrees 是个变量，初值为 [{'*A*'}, {'*S*'}, {'*D*'}, {'*F*'}, {'*G*'}, {'*H*'}]，用于判断当前权值最小的边和已经选择的边是否构成回路。

程序 5.12 是构建无向带权连通图 graph 的最小生成树 mst。

程序 5.12　构建无向带权连通图的最小生成树

```
graph = [('A', 'G', 5), ('A', 'S', 1), ('A', 'F', 4),
         ('F', 'S', 8), ('S', 'G', 2), ('F', 'G', 4),
         ('G', 'H', 7), ('G', 'D', 3), ('D', 'H', 6)]
# 按权值对图中的边进行排序
sorted(graph, key=lambda item: item[2])
# 存放最小生成树的边
mst = []
vertex = ['A', 'S', 'G', 'D', 'F', 'H']
# 存放当前所有顶点的状态
subtrees = []
# 设置 subtrees 的初始状态
for i in vertex:
    subtree = set()
    subtree.add(i)
    subtrees.append(subtree)
# 取出当前权值最小的边，顶点分别为 vertex1、vertex2，权值为 weight
for edge in sorted(graph, key=lambda item: item[2]):
    vertex1, vertex2, weight = edge
    for i in range(len(subtrees)):
        if vertex1 in subtrees[i]:
            tree1 = i
        if vertex2 in subtrees[i]:
            tree2 = i
    # 两个顶点 vertex1、vertex2 不在同一个集合中
    if tree1 != tree2:
        # 顶点 vertex2 所在的集合与顶点 vertex1 所在的集合做并集
        subtrees[tree1].update(subtrees[tree2])
        # 将顶点 vertex2 所在的集合从 subtrees 中去掉
        subtrees.pop(tree2)
        # 将边 (vertex1,vertex2,weight) 加入最小生成树
        mst.append(edge)
print(mst)
```

运行结果如下：

```
[('A', 'S', 1), ('S', 'G', 2), ('G', 'D', 3), ('A', 'F', 4), ('D', 'H', 6)]
```

程序 5.13 是由程序 5.12 改写而成的函数，功能是构建最小生成树，将 graph 和 vertex 作为参数传入。

程序 5.13　构建最小生成树

```
def Kruskal( graph,vertex ):
    sorted(graph, key=lambda item: item[2])
    mst = []
    subtrees = []
    for i in vertex:
        subtree = set()
        subtree.add(i)
        subtrees.append(subtree)
    for edge in sorted(graph, key=lambda item: item[2]):
        vertex1, vertex2, weight = edge
        for i in range(len(subtrees)):
            if vertex1 in subtrees[i]:
```

```
                tree1 = i
            if vertex2 in subtrees[i]:
                tree2 = i
        if tree1 != tree2:
            subtrees[tree1].update(subtrees[tree2])
            subtrees.pop(tree2)
            mst.append(edge)
    print(mst)
```

函数调用示例如下：

```
graph = [('A', 'G', 5), ('A', 'S', 1), ('A', 'F', 4),
         ('F', 'S', 8), ('S', 'G', 2), ('F', 'G', 4),
         ('G', 'H', 7), ('G', 'D', 3), ('D', 'H', 6)]
vertex = ['A', 'S', 'G', 'D', 'F', 'H']
Kruskal(graph,vertex)
```

运行结果如下：

```
[('A', 'S', 1), ('S', 'G', 2), ('G', 'D', 3), ('A', 'F', 4), ('D', 'H', 6)]
```

5.4.2 普里姆算法

下面举例说明普里姆算法构建最小生成树的过程。

构建图 5.29 中原图的最小生成树。首先需要两个列表：vertex 存放所有顶点，vertex = ['*A*', '*S*', '*G*', '*D*', '*F*', '*H*']；列表 visited 存放已经加入最小生成树的顶点。

如图 5.29 所示，设从顶点 *G*（任意顶点都可以）出发，visited =['*G*']，和 *G* 相连的顶点有 5 个，其中（*G*, *S*）的权值最小，因此将（*G*, *S*, 2）加入最小生成树，此时 visited =['*G*', '*S*']。

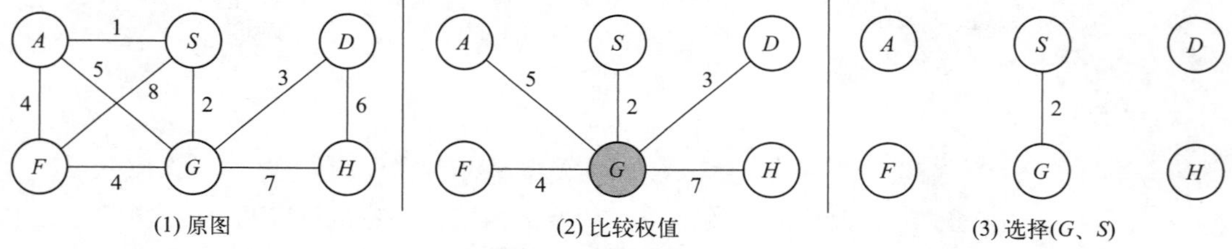

图 5.29 普里姆算法构建最小生成树①

如图 5.30 所示，和 visited 中 *G* 相连的顶点有 *A*、*F*、*D*、*H*（不包含 *S*），和 *S* 相连的顶点有 *A*、*F*（不包含 *G*），共对应有 6 条边，如图 5.30（2）所示，边（*A*, *S*）的权值最小，将（*A*, *S*, 1）加入最小生成树，此时 visited=['*G*', '*S*', '*A*']。

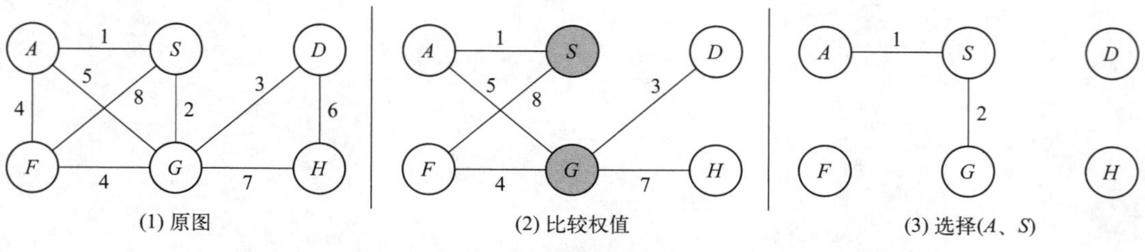

图 5.30 普里姆算法构建最小生成树②

同理，如图 5.31 所示，和 visited 中的顶点 A、S、G 相连的顶点有 F、D、H（不包含 A、S、D），对应边有 5 条，边（G, D）的权值最小，将（$G, D, 3$）加入最小生成树，此时 visited=['G', 'S', 'A', 'D']。

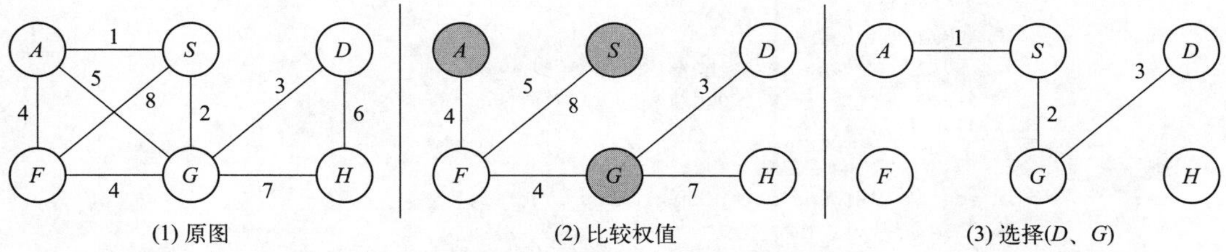

图 5.31　普里姆算法构建最小生成树③

如图 5.32 所示，和 G、S、A、D 相连的顶点有 F、H，对应有 5 条边，边（A, F）和（F, G）的权值最小，将其中一条边加入最小生成树，此处以（$F, G, 4$）为例，将 F 加入 visited，此时 visited=['G', 'S', 'A', 'D', 'F']。

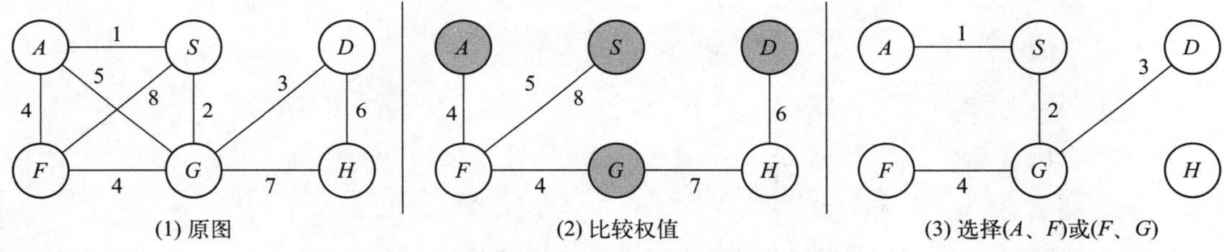

图 5.32　普里姆算法构建最小生成树④

如图 5.33（1）所示，和 visited 中顶点相连的顶点有 H（visited 中的顶点除外），对应有 2 条边，边（D, H）的权值最小，将（$D, H, 6$）加入最小生成树，并将 H 加入 visited，此时 visited=['G', 'S', 'A', 'D', 'F', 'H']，len(vertex)=len(visited)，最小生成树构建完成，如图 5.33（3）所示。

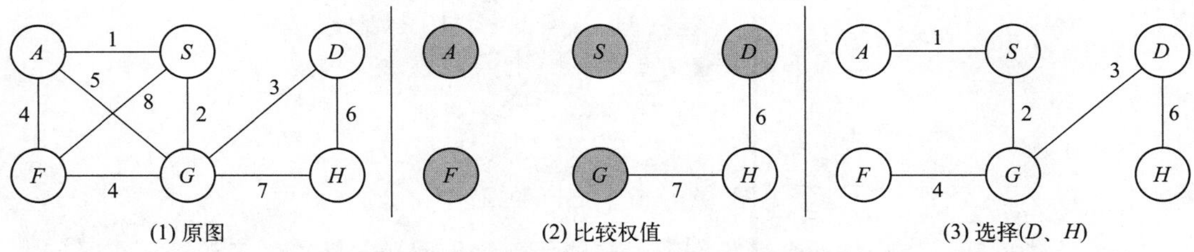

图 5.33　普里姆算法构建最小生成树⑤

程序 5.14 是上述过程的实现。

程序 5.14　普里姆算法构建最小生成树

```
graph = [('A', 'G', 5), ('A', 'S', 1), ('A', 'F', 4),
         ('F', 'S', 8), ('S', 'G', 2), ('F', 'G', 4),
         ('G', 'H', 7), ('G', 'D', 3), ('D', 'H', 6)]
vertex = ['A', 'S', 'G', 'D', 'F', 'H']
visited = ['G']
mst = []
# 当所有的顶点都加入 visited 列表时，循环结束
```

```
8. while len(visited) < len(vertex):
9.     # 存放边
10.    candidate = []
11.    for v in visited:
12.        # 将与 v 相邻且另一顶点不在 visited 中的边加入 candidate
13.        candidate.extend(
14.            [edge for edge in graph if v in edge and
15.            (set(edge[:2])-{v}).pop() not in visited])
16.    if candidate:
17.        # 找到 candidate 中权值最小的边
18.        min_edge = min(candidate, key=lambda item: item[2])
19.        # 权值最小的边，一个顶点在 visited 中，另一个顶点记为      other_vertex
20.        other_vertex = (set(min_edge[:2])-{v}).pop()
21.        # 将另一个顶点 other_vertex 加入 visited
22.        visited.append(other_vertex)
23.        # 将权值最小的边加入 mst
24.        mst.append(min_edge)
25. # 输出结果
26. mst
```

运行结果如下：

```
[('S', 'G', 2), ('A', 'S', 1), ('G', 'D', 3), ('F', 'G', 4), ('D', 'H', 6)]
```

将程序 5.14 中的第 5 行设置为：visited = ['A']，运行结果为：

```
[('A', 'S', 1), ('S', 'G', 2), ('G', 'D', 3), ('A', 'F', 4), ('D', 'H', 6)]
```

这两个结果都是原图的最小生成树。将程序 5.14 改成函数，参数为 graph、vertex 和 visited，请读者自行完成。

【案例 5.1】求城市间最短路径的程序

有 5 个城市，编号为 0 ～ 4，它们之间的距离如图 5.34 所示。

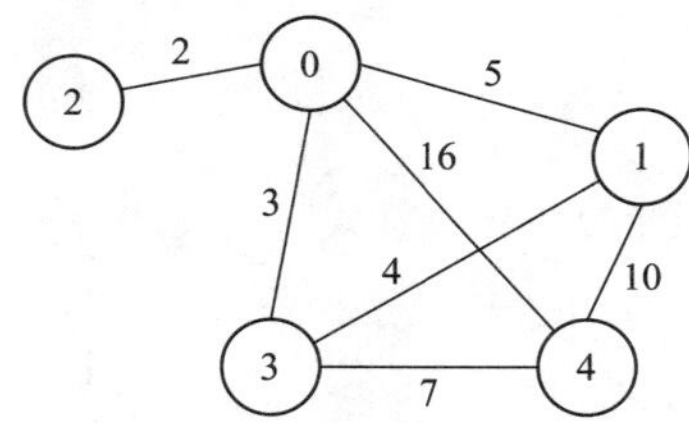

图 5.34　5 个城市间的距离

① 第一类问题：求任意两个城市间的最短路径。这种问题常被称为多源最短路径问题，最常用的解决办法为弗洛伊德（Floyd）算法，主要思想如下。

要让任意两个城市之间的路程变短，可能需要引入第三个城市中转，有时候可能还不止一个，而是经过两个或更多的城市进行中转。如 0 号城市和 4 号城市之间原本路程为 16，表示为 graph[0][4]=16，通过 3 号城市中转可以缩短该路程，先从城市 0 到城市 3，graph[0][3]=3，再从城市 3 到城市 4，graph[3][4]=7，城市 0 到城市 4 之间的距离缩短为 graph[0][3]+graph[3][4]=10。再比如，城市 2 到城市 4 之间的最短路径不止中转一次，需要通过城市 0 和城市 3 进行中转，即 graph[2][0]+graph[0][3]+graph[3][4]=2+3+7=12。

通过以上分析，发现每个顶点都有可能使得另外两个顶点之间的路程变短。

将图 5.34 用邻接矩阵存储如下：

graph = [[0, 5, 2, 3, 16],
[5, 0, inf, 4, 10],
[2, inf, 0, inf, inf],
[3, 4, inf, 0, 7],
[16, 10, inf, 7, 0]]

inf 为正无穷，表示两个城市间不能直接到达，如 1 号城市和 2 号城市间不能直接到达，对应 graph 中第 2 行第 3 列处的值为 inf，即 graph[1][2]=inf；再比如 0 号城市与 4 号城市的直达距离为 16，则 graph[0][4]=16。

假设只允许通过 0 号城市进行中转，求任意两个城市 i、j 之间的最短路径，只需要判断 graph[i][0]+graph[0][j] 是否比 graph[i][j] 小，代码如下：

```
# 经过 0 号城市中转
v_number = 5
for i in range(v_number):
      for j in range(v_number):
           if graph[i][j] > graph[i][0] + graph[0][j]:
                graph[i][j] = graph[i][0] + graph[0][j]
```

在只经过 0 号城市中转的情况下，原来不能直接到达的两个城市都可以通过 0 号城市中转，如 graph[2][1]=7(原来的值为 inf)，任意城市间的最短路径保存到邻接矩阵中，graph 更新为：

[[0, 5, 2, 3, 16],
[5, 0, 7, 4, 10],
[2, 7, 0, 5, 18],
[3, 4, 5, 0, 7],
[16, 10, 18, 7, 0]]

如果只允许经过 0 号、1 号城市中转，求任意两个城市间的最短路径。需要在经过 0 号城市中转后的任意两个城市间最短路径的结果下，再判断经过 1 号城市是否使任意两个城市间的路径变短，即判断 graph[i][1]+graph[1][j] 是否比 graph[i][j] 小，代码如下：

```
# 经过 0 号城市中转
v_number = 5
for i in range(v_number):
      for j in range(v_number):
           if graph[i][j] > graph[i][0] + graph[0][j]:
                graph[i][j] = graph[i][0] + graph[0][j]
# 经过 1 号城市中转
for i in range(v_number):
      for j in range(v_number):
           if graph[i][j] > graph[i][1] + graph[1][j]:
                graph[i][j] = graph[i][1] + graph[1][j]
```

只允许经过 0 号、1 号城市中转，任意两个城市间的最短路径保存到邻接矩阵中，graph 更新为：

[[0, 5, 2, 3, 15],
[5, 0, 7, 4, 10],

[2, 7, 0, 5, 17],
[3, 4, 5, 0, 7],
[15, 10, 17, 7, 0]]

2 号城市到 4 号城市不能直接到达，在经过 0 号城市中转的结果的基础上，考虑经过 1 号城市中转，判断 graph[2][1]+graph[1][4] 是否小于 graph[2][4]，前者为 7+10=17，后者等于 18，所以用 17 替换 18。综上所述，2 号城市到 4 号城市经过 0 号城市中转后的最短路径 graph[2][4] 从 inf 变为 18，再经过 1 号城市中转后，graph[2][4] 的值从 18 缩短为 17。依次类推，代码需要写成如下形式：

```
#经过 0 号城市中转
v_number = 5
for i in range(v_number):
      for j in range(v_number):
          if graph[i][j] > graph[i][0] + graph[0][j]:
              graph[i][j] = graph[i][0] + graph[0][j]
#经过 1 号城市中转
for i in range(v_number):
      for j in range(v_number):
          if graph[i][j] > graph[i][1] + graph[1][j]:
              graph[i][j] = graph[i][1] + graph[1][j]
#经过 2 号城市中转
for i in range(v_number):
      for j in range(v_number):
          if graph[i][j] > graph[i][2] + graph[2][j]:
              graph[i][j] = graph[i][2] + graph[2][j]
#经过 3 号城市中转
……
#经过 4 号城市中转
……
```

这样确保得到的是 0 ～ 4 号城市中任意两个城市间的最短路径，上述代码可改为三重循环实现，代码如下：

```
v_number = 5
for k in range(v_number):
      for i in range(v_number):
          for j in range(v_number):
              if graph[i][j] > graph[i][k] + graph[k][j]:
                  graph[i][j] = graph[i][k] + graph[k][j]
```

最后，程序 5.15 是用弗洛伊德算法实现的计算图 5.34 所示城市间的最短路径，结果保存在 graph 中。

程序 5.15　弗洛伊德算法实现城市间最短路径

```
from math import inf
graph = [[0,    5,     2,     3,     16],
         [5,    0,     inf,   4,     10],
         [2,    inf,   0,     inf,   inf],
         [3,    4,     inf,   0,     7],
         [16,   10,    inf,   7,     0]]
v_number = 5
for k in range(v_number):
```

```
    for i in range(v_number):
        for j in range(v_number):
            if graph[i][j] > graph[i][k] + graph[k][j]:
                graph[i][j] = graph[i][k] + graph[k][j]
graph
```

运行结果如下：

```
[[0,  5,  2,  3, 10],
 [5,  0,  7,  4, 10],
 [2,  7,  0,  5, 12],
 [3,  4,  5,  0,  7],
 [10, 10, 12, 7,  0]]
```

② 第二类问题：4 号城市到其他城市的最短路径是多少？类似这样的问题，求图中一个顶点到其他顶点的最短路径，称为单源最短路径问题，最常用的解决方法称为 Dijkstra 算法，过程如图 5.35 所示。

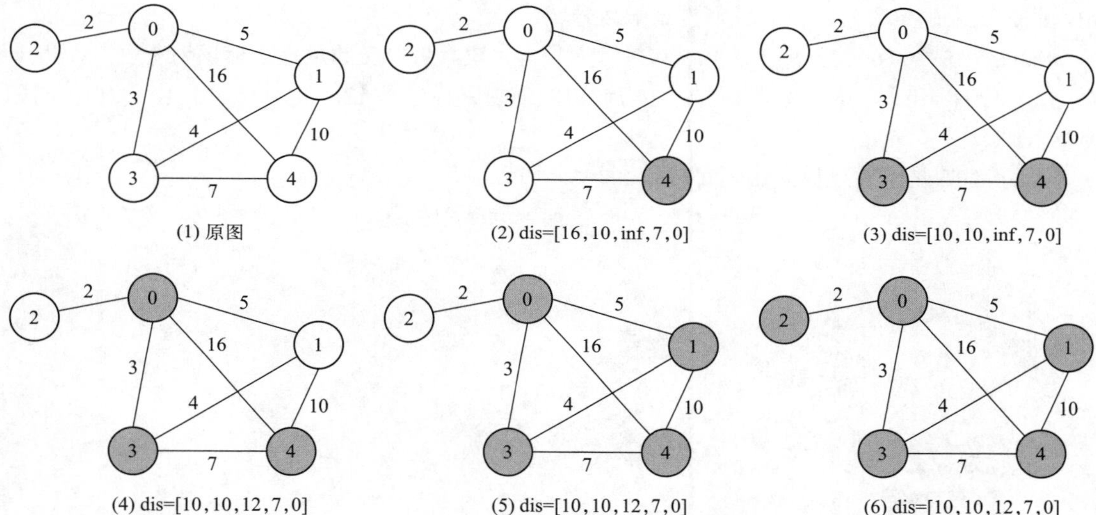

(1) 原图　(2) dis=[16, 10, inf, 7, 0]　(3) dis=[10, 10, inf, 7, 0]

(4) dis=[10, 10, 12, 7, 0]　(5) dis=[10, 10, 12, 7, 0]　(6) dis=[10, 10, 12, 7, 0]

图 5.35　Dijkstra 算法解决单源最短路径问题

列表 dis 存放 4 号城市到其他城市的最短路径（初值为权值），dis=[16, 10, inf, 7, 0]，列表 visited 存放已用灰色标识的城市编号，标识为灰色的城市编号表示 4 号城市到该城市的最短路径已经确定，graph 为原图的邻接矩阵。

如图 5.35 中（2），从 4 号城市出发到其他所有城市的最短路径。初始时，4 号城市到 4 号城市的路径为 0，认为是最短路径并将顶点 4 标识为灰色，dis=[16, 10, inf, 7, 0]，visited=[4]。可以看出，一开始 0 就为最短路径的话，该算法不适合权值有负值的图，因为有负值时 0 不可能最小。

如图 5.35 中（3），4 号城市到 0、1、2、3 号城市的路径长度分别为 16、10、inf、7，即 dis[0]、dis[1]、dis[2] 和 dis[3]，其中值最小的是 7，表示 4 号城市到 3 号城市的最短路径是 7，将 3 号城市标识为灰色，visited=[4, 3]。通过 3 号城市中转，4 号城市到 0、1、2 号（不包括 3、4 号）城市的最短路径可能会发生改变，其中 4 号城市到 0 号城市的最短路径原来是 16，即 dis[0]=16, 从 4 号先到 3 号，再从 3 号到 0 号城市的距离为 7+3=10，即 dis[3]+graph[3][0]=10，将 dis[0] 改为 10，dis=[10, 10, inf, 7, 0]。

如图 5.35 中（4），当 4 号到 3 号城市的最短路径确定后，比较 4 号到 0 号、1 号、2 号城市的路径 dis[0]、dis[1] 和 dis[2]：10、10 和 inf，最小值为 10，按顺序选择对应的 0 号城市，将对应的顶点 0 标识为灰色，visited=[4，3，0]。除了 4、3、0 号城市，剩下的城市还有 1 号和 2 号，通过 0 号城市中转，判断 4 号城市到 1 号、2 号的路径会不会缩短。其中 4 号到 2 号城市的路径缩短了，原来 dis[2]=inf，4 号到 0 号城市的距离即 dis[0]=10, 0 号城市到 2 号城市的距离即 graph[0][2]=2，“4 号城市→ 0 号城市→ 2 号城市”的距离 =10+2=12，将 dis[2] 改为 12，dis=[10, 10, 12, 7, 0]。此时，未确定最短路径的城市只有 1 号和 2 号城市。

如图 5.35 中（5），比较 dis[1] 和 dis[2]，即比较 10 和 12，最小值为 10，对应 1 号城市，将对应的顶点 1 标识为灰色，visited=[4，3，0，1]，除了 4、3、0、1 号城市，剩下 2 号城市。通过 1 号城市中转，判断 4 号城市到 2 号城市的路径会不会缩短，4 号城市到 2 号城市的路径 dis[2]=12，“4 号城市到 1 号城市的路径”加上“1 号城市到 2 号城市的路径”，即 dis[1]+graph[1][2] =10+inf，12 小于 (10 + inf)，通过 1 号城市中转并未缩短 4 号城市到 2 号城市的路径，dis=[10, 10, 12, 7, 0]。此时，未确定最短路径的城市只剩下 2 号城市。

如图 5.35 中（6），只剩下 2 号城市时，无须再比较，将对应的顶点 2 标识为灰色，visited=[4, 3, 0, 1, 2]，dis[2]=12，4 号城市到 2 号城市的最短路径就是 12，dis=[10, 10, 12, 7, 0]，问题求解完成。

程序 5.16 是上述过程的代码实现。

程序 5.16　代码实现单源最短路径输出

```
from math import inf
graph =[[0,   5,    2,   3,     16],
        [5,   0,   inf,   4,    10],
        [2,  inf,   0,   inf,  inf],
        [3,   4,   inf,   0,      7],
        [16,  10,  inf,   7,      0]]
# 设定出发城市编号为 4
origin = 4
dis = graph[origin].copy()
visited = [origin]
# 去掉出发城市和最后一个城市，循环次数比城市个数少 2
for i in range(len(dis)-2):
    min_weight = inf
    # 用循环求出发城市到其他城市（编号不在 visited 中）路径的最小值
    # 最短路径对应城市编号存入变量 min_idx 中
    for j in range(len(dis)):
        if j not in visited and min_weight > dis[j]:
            min_weight = dis[j]
            min_idx = j
    visited.append(min_idx)
    for v in range(len(dis)):
        # 如果 min_idx 号城市缩短了出发城市到其他城市（编号不在
        #visited 中）的路径，修改 dis
        if v not in visited and
            dis[v] > dis[min_idx] + graph[min_idx][v]:
            dis[v] = dis[min_idx] + graph[min_idx][v]
print(dis)
```

运行结果如下：

```
[10, 10, 12, 7, 0]
```

程序 5.17 是由程序 5.16 改写而成的函数，参数为 graph、origin。

程序 5.17　函数 Dijkstra

```
def Dijkstra(graph,origin):
    dis = graph[origin].copy()
    visited = [origin]
    for i in range(len(dis)-2):
        min_weight = inf
        for j in range(len(dis)):
            if j not in visited and min_weight > dis[j]:
                min_weight = dis[j]
                min_idx = j
        visited.append(min_idx)
        for v in range(len(dis)) :
            if v not in visited and dis[v] > dis[min_idx] + graph[min_idx][v]:
                dis[v] = dis[min_idx] + graph[min_idx][v]
    print(dis)
```

函数调用示例如下：

```
from math import inf
graph = [[0,   5,    2,    3,    16],
         [5,   0,    inf,  4,    10],
         [2,   inf,  0,    inf,  inf],
         [3,   4,    inf,  0,     7],
         [16,  10,   inf,  7,     0]]
Dijkstra(graph,0)
```

运行结果如下：

```
[0, 5, 2, 3, 10]
```


【案例 5.2】关于地图着色问题的程序

为地图或其他由不同区域组成的图形着色时，相邻国家 / 地区不能使用相同的颜色，同时希望使用尽可能少的不同颜色进行填涂。一些简单的图形，如棋盘仅需要黑白两种颜色，但是大多数复杂的地图需要更多颜色。

每张地图包含四个相互连接的国家时，至少需要四种颜色。1852 年，植物学专业的学生弗朗西斯・古思里（Francis Guthrie）首次提出“四色问题”，他观察到四种颜色似乎足以满足他尝试的任何地图填色问题，但他无法找到适用于所有地图的证明。这个问题被称为四色问题。长期以来，数学家无法证明四种颜色就够了，或者无法找到需要四种以上颜色的地图。直到 1976 年，德国数学家沃尔夫冈・哈肯（Wolfgang Haken）和肯尼斯・阿佩尔（Kenneth Appel）使用计算机证明了四色定理，他们将无数种可能的地图缩减为 1936 种特殊情况，每种情况都由一台计算机进行了总计超过 1000 个小时的检查。

将地图转换为平面图，每个地区缩小成一个顶点，相邻地区用边连接，如图 5.36 所示，新疆、西藏、青海、甘肃和四川分别缩小成顶点，相邻地区用边连接，这样就可以用邻接矩阵、邻接表或其他存储方式来表示地图，'新疆'：['西藏'，'甘肃'，'青海'] 表示和新疆相邻的地区是西藏、青海和甘肃。

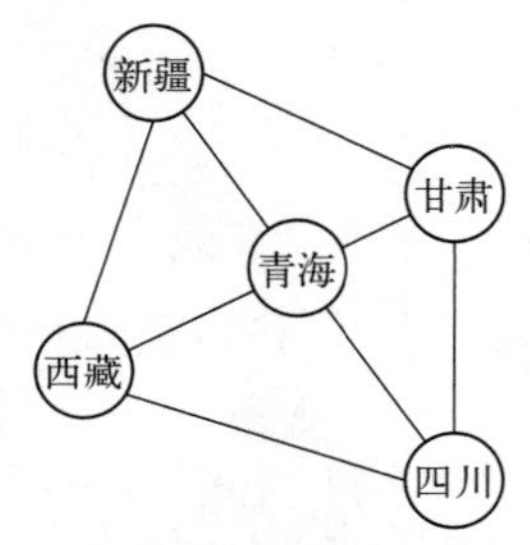

图 5.36　地图转换为平面图

为地图着色转换为对相应图形的顶点着色，并且两个顶点通过边连接时必须具有不同的颜色，即为某个顶点着色后，该顶点的所有邻接顶点不能和其他颜色相同。

要将图中所有的顶点都着色，需要遍历整个图，对应的方法有深度优先搜索和广度优先搜索，此处采用广度优先搜索，遍历所有顶点并着色，着色时避免和其他已经着色的邻接顶点同色。下面用一个具体的例子说明着色的过程。

如图 5.37 所示，用广度优先搜索遍历该图，并对所有顶点进行着色，要求所有相邻顶点颜色不同，并尽可能地使用更少的颜色。

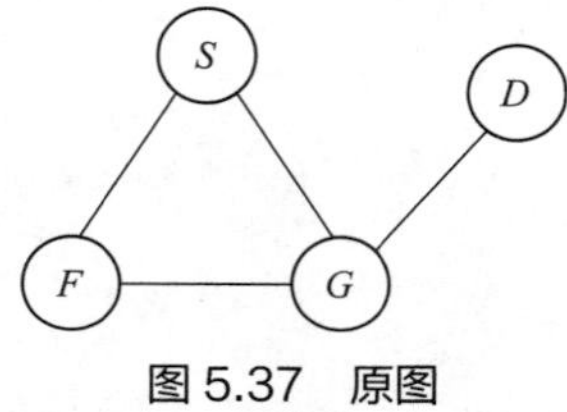

图 5.37　原图

从 *S* 开始，广度优先搜索方式遍历图 5.37 顶点的顺序为：*S*、*F*、*G*、*D*。按该顺序对顶点着色，可选颜色列表 all_colors = [' 红 ', ' 绿 ', ' 蓝 ', ' 黄 ', ' 橙 ', ' 黑 ']

① 对 *S* 着色，将 *S* 着色为红色；

② 对 *F* 着色，*F* 与 *S* 相邻，相邻顶点不能用相同颜色，因此不能选红色，选红色后面的绿色，将 *F* 着色为绿色；

③ 对 *G* 着色，*G* 与 *S*、*F* 相邻，因此不能选红色、绿色，选红色和绿色后面的蓝色，将 *G* 着色为蓝色；

④ 对 *D* 着色，*D* 与 *G* 相邻，不能选蓝色，选红色，将 *D* 着色为红色。

遍历结束，顶点着色结束。该过程对应的数据存储和数据操作如下：

① 初始化。图 5.37 存储如下：

```
rels={'S':['F', 'G'],
      'F':['S', 'G'],
      'G':['F', 'S', 'D'],
      'D':['G']}
```

存储着色的字典为 color，着色前，所有顶点的着色赋值为 ' '，即 color={'*S*':[' '], '*F*':[' '], '*G*':[' '], '*D*':[' ']}，可选颜色列表 all_colors = [' 红 ', ' 绿 ', ' 蓝 ', ' 黄 ', ' 橙 ', ' 黑 ']。

队列为 other，用于实现广度优先搜索，着色前将顶点 *S* 入队（字典 rels 的第一个键），other=['*S*']。

② 着色过程

a. 拷贝 all_colors 到 color_list 中，队首元素（顶点 S）出队，S 的邻接顶点 F 未着色且未入队，将 F 入队，S 的邻接顶点 G 未着色且未入队，将 G 入队。用 color_list[0] 给顶点 S 着色，变量的值为：

color_list= [' 红 '，' 绿 '，' 蓝 '，' 黄 '，' 橙 '，' 黑 ']

other=['F','G']

color={'S':[' 红 '], 'F':[' '], 'G':[' '], 'D':[' ']}

b. 拷贝 all_colors 到 color_list 中，队首元素（顶点 F）出队，F 的邻接顶点 S 着红色，将红色从 color_list 中去掉，S 无须入队，F 的另一个邻接点 G 已入队，G 无须入队。用 color_list[0] 给顶点 F 着色，变量的值为：

color_list= [' 绿 '，' 蓝 '，' 黄 '，' 橙 '，' 黑 ']

other=['G']

color={'S':[' 红 ']，'F':[' 绿 ']，'G':[' ']，'D':[' ']}；

c. 拷贝 all_colors 到 color_list 中，队首元素（顶点 G）出队，G 的邻接顶点 F 着绿色，将绿色从 color_list 中去掉，F 无须入队，G 的第二个邻接点 S 着红色，将红色从 color_list 中去掉，S 无须入队，G 的第三个邻接点 D 未着色且未入队，将 D 入队。用 color_list[0] 给顶点 G 着色，变量的值为：

color_list= [' 蓝 '，' 黄 '，' 橙 '，' 黑 ']

other=['D']

color={'S':[' 红 ']，'F':[' 绿 ']，'G':[' 蓝 ']，'D':['']}；

d. 拷贝 all_colors 到 color_list 中，队首元素（顶点 D）出队，D 的邻接顶点 G 着蓝色，将蓝色从 color_list 中去掉，G 无须入队。用 color_list[0] 给顶点 D 着色，变量的值为：

color_list= [' 红 '，' 绿 '，' 黄 '，' 橙 '，' 黑 ']

other=[ ]

color={'S':[' 红 ']，'F':[' 绿 ']，'G':[' 蓝 ']，'D':[' 红 ']}；

队列 other 为空，变量结束，顶点着色结束，程序 5.18 是上述过程的实现。

程序 5.18　为图 5.38 着色

```
rels={'S':['F','G'],
      'F':['S','G'],
      'G':['F','S','D'],
      'D':['G']}
nodes = [item for item in rels]
all_colors = ['红', '绿', '蓝', '黄', '橙', '黑']
#字典 color，存放每个顶点对应的颜色
color = {}
#所有顶点对应的颜色初始化为空
for p in nodes:
    color[p] = ''

#从 "S" 开始着色
start = nodes[0]
#队列 other 初始化
other = [start]
```

```

# 队列 other 不为空时循环
while other:
    # 从队列 other 中出队一个顶点作为当前顶点 p
    p = other.pop(0)
    #color_list 共有 6 种颜色可选
    color_list = all_colors.copy()
    # 循环处理 p 的所有邻接点
    for node in rels[p]:
        # 当前顶点 p 的邻接点 node 没有着色且没有入队，将其入队
        if color[node] == '' and node not in other:
            other.append(node)
        #node 已经着色，将该色从 color_list 中删除
        elif color[node] in color_list:
            color_list.remove(color[node])
    # 用 color_list 中的第一个颜色给 p 着色
    color[p] = color_list[0]
# 输出着色结果
print(color)
# 检查一共用了多少颜色
s = set()
for c in color.values():
    s.add(c)
print(len(s), s)
```

运行结果如下：

```
{'S': '红', 'F': '绿', 'G': '蓝', 'D': '红'}
3 {'绿', '蓝', '红'}
```

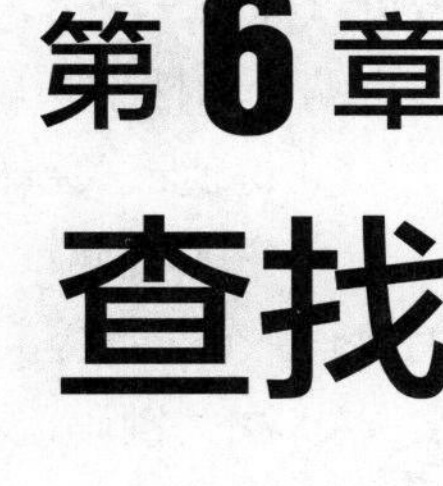

第6章 查找

PYTHON

查找操作在生活中随处可见，如到图书馆借书时查找书籍信息，购买机票时查找航班信息，或者去某个地方时查找路线信息。

同样，在数据结构中，我们为了得到某种信息或某个信息，也常常使用查找操作，因此有必要学习一些关于查找的不同算法以及它们的优缺点，便于我们在面对不同的数据时，选择与之匹配的查找算法。

首先了解关于查找的基本概念。

① 查找表：由同一类型的数据元素组成的集合。如表 6.1 所示，把某心理咨询室客户的编号、姓名、性别、手机号码、咨询项目等信息看成一个整体，即数据元素，这些数据元素放在一起构成一个集合，这个集合就是一个查找表。

表 6.1　某心理咨询室客户信息

客户编号	姓名	性别	手机号码	咨询项目
001	王松	男	1331228****	抑郁症
002	李娜	女	1359517****	焦虑症

② 关键码：数据元素中的某个数据项，可以标识列表中的一个或一组数据元素。客户编号可以标识一个客户，对应一个数据元素；而客户性别可以标识多个客户，对应一组数据元素。客户编号和性别都属于关键码。

③ 键值：关键码的值。如值为 002 的客户编号，或者性别取值为男。

④ 主关键码：可以唯一地标识一个记录的关键码。如客户编号、客户手机号码都属于主关键码，它们都是可以唯一标识一个记录的关键码。

⑤ 次关键码：不能唯一地标识一个记录的关键码。如咨询项目、姓名、性别都不能唯一地标识一个记录，属于次关键码。

⑥ 查找：在具有相同类型的记录构成的集合中找出满足给定条件的记录。如查找姓名为李娜的客户记录。

⑦ 查找的结果：若在查找集合中找到了与给定值相匹配的记录，则称查找成功；否则，称查找失败。查找结果可以用布尔值来表示，值为真表示查找成功，值为假表示查找失败。

在实际应用中，针对不同的情况往往可以选择不同的查找算法。对于无顺序的数据，只有逐个比较数据，才能找到需要的内容，这称为顺序查找。对于有顺序的数据，也可以采用顺序查找法逐个比较，但还可以采用更快速的方法找到所需的数据。另外，对于一些特殊的数据结构，如链表、树结构和图结构等，其都有对应的查找算法。

而静态查找是不涉及插入和删除操作的查找，其适用的场合为：查找集合一经生成，便只对其进行查找，而不进行插入和删除操作，或经过一段时间的查找之后，集中地进行插入和删除等修改操作。动态查找则是涉及插入和删除操作的查找，其适用的场合为：查找与插入和删除操作在同一个阶段进行，例如当查找成功时，要删除查找到的记录，当查找不成功时，要插入被查找的记录。

6.1 线性查找

线性查找又称顺序查找，是一种最简单的查找方法，它的基本思想是从第一个记录开始，逐个比较记录的关键字，直到和给定的 K 值相等，则查找成功；若比较结果与文件中 n 个记录的关键字都不相符，则查找失败。

如果查找到相应的数据项，往往需要返回该数据项的地址或者位置信息。这样，程序中可以通过位置信息来显示数据项、插入数据项、删除数据项等操作。如果没有查找到相应的数据项，则可以返回相应的提示信息。

顺序查找主要针对少量的无规则的数据。对于包含 n 个数据的数据序列，使用顺序查找方法查找数据时，最理想的情况是目标数据位于序列的第一个位置，这样比较 1 次就能找到目标数据。而最差的情况是需比较完所有的 n 个数据才能找到目标或者确认没有该数据。平均来说，比较次数为 $n/2$ 次，其效率比较差。

程序 6.1 是查找函数，找到数据所在的第一个位置并返回。

程序 6.1　查找函数查找数据所在的第一个位置并返回

```
# 在列表 lis 中查找数据 target，返回第一个 target 所在的位置信息
# 查找失败时返回 -1
def sequentail_search_first(lis,target):
    for i in range(len(lis)):
        if lis[i]==target:
            return i
    return -1
```

函数调用示例如下：

```
lis=['王松','李娜','朱晨晨','孟伟民','张嘉义','李娜']
sequentail_search_first(lis,'李娜')
```

运行结果如下：

```
1
```

程序 6.2 是查找函数，找到数据所在的所有位置并返回。

程序 6.2　查找函数查找数据所在的所有位置并返回

```
# 在列表 lis 中查找数据 target，返回所有 target 所在的位置信息
# 查找失败时返回 -1
def sequentail_search(lis,target):
    pos=[ ]
    for i in range(len(lis)):
        if lis[i]==target:
            pos.append(i)
    if len(pos)==0:
        return -1
    else:
        return pos
```

函数调用示例如下：

```
lis=['王松','李娜','朱晨晨','孟伟民','张嘉义','李娜']
sequentail_search(lis,'李娜')
```

运行结果如下：

```
[1, 5]
```

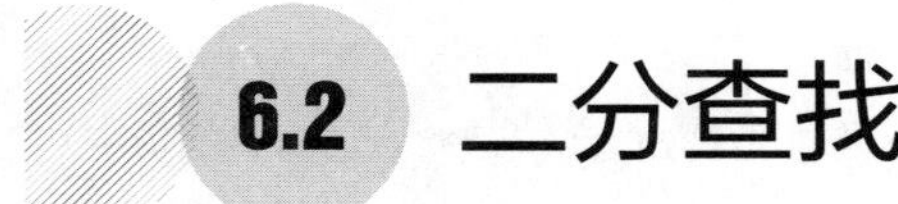

6.2 二分查找

以一个实际的例子来看二分查找的操作过程。假设待查找数列如表 6.2 第一行所示，这是一个有顺序的列表，要找的元素为 18。下面进行二分查找，首先找到中间的元素 8［位置：(0+6)/2=3，计算机从 0 开始标记位置，因此 8 这个数在列表中的位置为 3］。

表 6.2　有顺序列表

元素	2	4	6	8	10	12	20
位置	0	1	2	3	4	5	6

要找的数据比 8 大，于是在 8 对应的后半部分查找，如表 6.3 所示。后半部分数列为 10、12、20，找到后半部分的中间元素 12，其位置为 (4+6)/2=5。

表 6.3　在中间元素位置的后半部分查找

元素	2	4	6	8	**10**	**12**	**20**
位置	0	1	2	3	**4**	**5**	**6**

待查数据 18 与 12 比较，18 比 12 大，继续在 12 对应的后半部分查找，如表 6.4 所示。后半部分只有一个元素 20，这时直接与 20 比较，若不相等，则说明在数列中没有找到数据，查找结束。

表 6.4　继续在 12 对应的后半部分查找

元素	2	4	6	8	10	12	**20**
位置	0	1	2	3	4	5	**6**

对于这 7 个元素的数列，查找并比较了 3 次，是不是比较次数很少呢？二分查找有个很重要的特点，就是不会查找数列的全部元素，正常情况下每次查找的元素个数都是一半一半地减少，所以二分查找的时间复杂度为 $O(\log_2 n)$。最好的情况是只查找一次就能找到对应元素。

对于具有偶数个元素的数列，如表 6.5 所示，数列有 8 个元素时，中间元素取 8 和 10 其实都不影响查找的结果，一般情况下都是取 8，其位置的计算方式为：对 (0+7)/2 进行下取整，结果为 3。

表 6.5　偶数个元素的数列

元素	2	4	6	8	10	12	20	21
位置	0	1	2	3	4	5	6	7

从上述可以看出，需要用变量来存放位置，假设用 mid 存放中间元素的位置，mid=(left+right)/2，如表 6.6 所示。初始时，left=0，right=列表个数 −1=len(列表名)−1，此时查找数据的位置范围为 [left, right]。

表 6.6　用 mid 存放中间元素的位置

元素	2	4	6	8	10	12	20	21
位置	0	1	2	3	4	5	6	7
变量	left			mid				right

比较所查数据和中间元素的大小，比较结果有三种。

① 如果所查数据比中间元素大，如表 6.7 所示，left=mid+1, mid=(left+right)/2，继续查找。

表 6.7　所查数据比中间元素大

元素	2	4	6	8	10	12	20	21
位置	0	1	2	3	4	5	6	7
变量					left	mid		right

② 如果所查数据比中间元素小，如表 6.8 所示，right=mid−1, mid=(left+right)/2，继续查找。

表 6.8　所查数据比中间元素小

元素	2	4	6	8	10	12	20	21
位置	0	1	2	3	4	5	6	7
变量	left	mid	right					

③ 如果所查数据等于中间元素，查找结束，返回 mid 的值。

上述过程可以用循环语句实现。因为查找数据的位置范围为[left, right]，所以查找未成功时，继续查找的条件是 left ≤ right。

程序 6.3 是二分查找的具体实现。函数 len() 的功能是返回列表的元素个数，参数为列表名；函数 int() 的参数为一个数，功能是返回一个小于等于该数的整数，常称为下取整。

程序 6.3　二分查找的实现代码

```
def binary_search(lis,target):
    left=0
    right=len(lis)-1
    while left<=right:
        mid=int((left+right)/2)
        if target>lis[mid]:
            left=mid+1
        elif target<lis[mid]:
            right=mid-1
        elif target==lis[mid]:
            return mid
    return -1
```

函数调用示例如下：

```
lis=[2,3,9,11,22,40,41,45,50,52,53,55]
binary_search(lis,53)
```

运行结果如下：

```
10
```

如果初始时，left=0, right= 列表个数 = len(列表名)，此时查找数据的位置范围为 [left, right)，继续查找的循环条件变为：left < right，只需将程序 6.3 中的第 3 行、第 4 行如下修改即可。

```
right=len(lis)
while left < right:
```

【案例 6.1】寻找左侧边界的二分查找

二分查找的巧妙运用之一就是寻找一个数的左侧边界，如寻找 lis=[2, 4, 6, 7, 10, 10, 20, 21] 中，10 第一次出现的位置，即寻找 10 的左侧边界。

- lis: 查找列表。
- target: 待查找目标元素。
- left: 左边界。
- right: 右边界。
- mid: int((left+right)/2)，查找的中间位置。
- 查找区间：while(left<=right)。

算法如下：

left ≤ right 时，循环执行①、②、③条。

① 如果 lis[mid]<target，则 left=mid+1；

② 如果 lis[mid]>target，则 right=mid−1；

③ 如果 lis[mid]=target，则 right=mid−1。

循环结束，返回 left。

在 lis 中求 10 的左侧边界的过程如表 6.9 ～表 6.12 所示，初始时，left=0, right=7, mid=3。

表 6.9　初始状态

元素	2	4	6	7	10	10	20	21
位置	0	1	2	3	4	5	6	7
变量	left			mid				right

lis[mid]<10, left=mid+1=4（表 6.10）。

表 6.10　left=3+1=4 时

元素	2	4	6	7	10	10	20	21
位置	0	1	2	3	4	5	6	7
变量					left	mid		right

lis[mid]=10，right=mid−1=4（表 6.11）。

表 6.11　找到 10

元素	2	4	6	7	10	10	20	21
位置	0	1	2	3	4	5	6	7
变量					left,right,mid			

lis[mid]=10，right=mid−1=3（表 6.12）。

表 6.12　寻找左侧边界

元素	2	4	6	7	10	10	20	21
位置	0	1	2	3	4	5	6	7
变量				right	left,mid			

left>right，循环结束，返回 left，即 10 的左侧边界为 4。

程序 6.4 是求左侧边界的函数，功能是在列表 lis 中求元素 target 的左侧边界。

程序 6.4　求左侧边界

```
def left_bound(lis,target):
left=0
right=len(lis)-1
while left<=right:
    mid=int((left+right)/2)
    if target>lis[mid]:
        left=mid+1
    elif target<lis[mid]:
        right=mid-1
    elif target==lis[mid]:
        right=mid-1
return left
```

【案例 6.2】寻找右侧边界的二分查找

二分查找的另一应用就是寻找一个数的右侧边界，如寻找 lis=[2, 4, 6, 7, 10, 10, 20, 21] 中，10 最后一次出现的位置，即寻找 10 的右侧边界。

- left: 左边界，初值为 0。
- right: 右边界，初值为 len(lis)−1。
- mid: int((left+right)/2)，查找的中间位置。

求列表 lis 中元素 target 的右侧边界的算法如下：

left ≤ right 时，循环执行①、②、③条。

① 如果 lis[mid]<target，则 left=mid+1；

② 如果 lis[mid]>target，则 right=mid−1；

③ 如果 lis[mid]=target，则 left=mid+1。

循环结束，返回 right。right 的值就是 target 的右侧边界，程序 6.5 是上述算法的具体实现。

程序 6.5　求右侧边界

```
def left_bound(lis,target):
left=0
right=len(lis)-1
while left<=right:
    mid=int((left+right)/2)
    if target>lis[mid]:
        left=mid+1
    elif target<lis[mid]:
        right=mid-1
    elif target==lis[mid]:
```

6

```
            left=mid+1
    return right
```

6.3 插值查找

查字典的时候，如果要查以 a 开头的单词，你会怎么翻字典？肯定是从最前面开始翻；如果要查以 z 开头的单词，应该会从最后开始翻。显而易见，不会采用二分查找的方式去查这个单词在哪儿。

同样，假设数据的范围是 1 到 10000，让你找 10，你会怎么找？因为数列是升序的，没必要用二分查找，用顺序查找比二分查找的比较次数少。

经过这样的考虑，我们可以优化一下二分查找，并不一定要从正中间开始分，而是尽量找到一个更接近要找的那个数字的位置，这样能够减少很多查找次数。之前是根据长度找到这个中间位置，现在是根据待查数据 target 所在的序列范围区间找到这个位置。比如数列是 1 到 10，待查 target 是 3，可能会将前面三分之一的部分作为这个划分点。

设对列表 lis 进行元素 target 的插值查找，变量表示如下：

- left: 左边界，初值为 0。
- right: 右边界，初值为 len(lis)−1。

要查找的位置 pos 的计算方式如下：

$$pos=int(left+(target-lis[left])/(lis[right]-lis[left])\times(right-left))$$

式中，函数 int() 是下取整函数，而 left+(target−lis[left])/(lis[right]−lis[left])×(right−left) 这种计算方式是为了找 target 所在的相对位置，让 target 的值更接近划分的位置，从而减少比较次数。

这种对二分查找的优化叫作插值查找，插值查找对于数列比较大并且比较均匀的数列来说，性能会好很多；但是如果数列极不均匀，则插值查找未必会比二分查找的性能好。

程序 6.6 是插值查找函数的实现，和二分查找函数比较，它们只是位置变量不同，因此将二分查找函数中的 mid 用 pos 代替，即可得到插值查找函数。

程序 6.6　插值查找函数的实现

```
def insert_search(lis,target):
    left=0
    right=len(lis)-1
    while left<=right:
        pos=int(left+(target-lis[left])/(lis[right]-lis[left])*(right-left))
        if target>lis[pos]:
            left=pos+1
        elif target<lis[pos]:
            right=pos-1
        elif target==lis[pos]:
            return pos
    return -1
```

6.4 斐波那契查找

斐波那契查找是在二分查找的基础上根据斐波那契数列进行分割的，同样要求数据是有序的（升序或降序）。斐波那契查找采用和二分查找或插值查找相似的区间分割策略，都是通过不断地分割区间缩小搜索的范围。

斐波那契数列（Fibonacci sequence）又称黄金分割数列，因数学家莱昂纳多·斐波那契（Leonardo Fibonacci）以兔子繁殖为例子而引入，故又称为“兔子数列”。

在数学上，斐波那契数列被如下的方法定义：

$F(0)=0$

$F(1)=1$

$F(n)=F(n-1)+F(n-2)\ (n\geqslant 2, n\in \mathbf{N})$

斐波那契数列从第三项开始，每一项都等于前两项之和。如表 6.13 所示是一个斐波那契数列。

表 6.13　斐波那契数列

$F(0)$	$F(1)$	$F(2)$	$F(3)$	$F(4)$	$F(5)$	$F(6)$	$F(7)$	$F(8)$	$F(9)$
0	1	1	2	3	5	8	13	21	34

利用斐波那契数列的特点做区间分割。将一个长度为 $F(n)$ 的列表分成左右两段，左边一段长度是 $F(n-1)$，右边一段长度是 $F(n-2)$，列表元素位置从 0 开始，因此分割点元素在列表中的位置为：左边界 $+F(n-1)-1$。斐波那契查找算法与二分查找和插值查找的基本思路是一致的，其中最重要的区别就是它们的分割点位置的确定方法，下面举例说明。

如表 6.14 所示，在列表 lis=[2,4,6,7,10,15,20,21] 中查找 7，左边界 left 初值为 0，右边界 right 初值为 7，列表元素个数为 8。找到斐波那契数列中 $F(6)=8$，按照 $F(6)=F(5)+F(4)=5+3$，pos 将列表分成两部分，左边元素个数为 5，右边元素个数为 3，分割处列表元素的值为 10，大于目标值 7，去 pos 的左边继续查找元素 7，pos 的左边对应的是 F(5)。

表 6.14　列表 lis

元素	2	4	6	7	10	15	20	21
位置	0	1	2	3	4	5	6	7
变量	left				pos			right

right 位置更新为 pos−1=3。

如表 6.15 所示，$F(5)=F(4)+F(3)=3+2$，pos=left+$F(4)-1=0+3-1=2$，pos 处的元素为 6，小于目标值 7，去 pos 的右边继续查找 7，pos 的右边对应 $F(3)$。

表 6.15　right 位置更新为 3

元素	2	4	6	7	10	15	20	21
位置	0	1	2	3	4	5	6	7
变量	left		pos	right				

left 更新为 pos+1=3。如表 6.16 所示，$F(3)=F(2)+F(1)=1+1$，pos=left+$F(2)-1=3+1-1=3$，pos 处的元素等于 7，查找成功，返回 pos。

表 6.16　left 位置更新为 3

元素	2	4	6	7	10	15	20	21
位置	0	1	2	3	4	5	6	7
变量				left, right, pos				

设对列表 lis 进行元素 target 的斐波那契查找，变量表示如下：

• left: 左边界，初值为 0。

• right: 右边界，初值为 len(lis)−1。

分割点位置 pos 的计算方式如下：

$$\text{pos}=\text{left}+F(n-1)-1$$

斐波那契查找的基本思想如下：

在斐波那契数列中找到等于（或第一个大于）列表长度的数 $F(n)$，如列表长度 len(lis)=34，找到 $F(9)=34$；再比如 len(lis)=12，斐波那契数列中第一个大于 12 的数是 13，即 $F(7)$。

当列表 lis 长度小于 $F(n)$ 时，则重复补充 lis 中最后一个元素，直到 lis 的元素个数等于 $F(n)$，然后再进行斐波那契分割，分割点位置 pos=left+$F(n-1)-1$。如果 pos 处的元素值大于目标值 target，去 pos 的左边继续查找，更新 right=pos−1，更新 $n=n-1$，继续查找；如果 pos 处的元素值小于目标值 target，去 pos 的右边继续查找，更新 left=pos+1，更新 $n=n-2$，继续查找；直到找到该元素。

上述思想分为以下几步：

① 构建斐波那契数列。

② 找出列表 lis 长度对应的斐波那契数列中的元素 $F(n)$。

③ 如果 lis 长度小于 $F(n)$ 的值，则补充 lis（以 lis 中最后一个元素补充）直至 len(lis)=$F(n)$。

④ 确定查找点（分割点）pos = left+$F(n-1)-1$。

⑤ 如果 target 小于 lis[pos]，说明 target 位于左区间，由于左区间长度为 $F(n-1)$，因此 n 应该更新为 $n-1$，right 更新为 pos−1，然后再次执行④、⑤两步；

如果 target 大于 lis[pos]，说明 target 位于右区间，由于右区间长度为 $F(n-2)$，因此 n 应该更新为 $n-2$，left 更新为 pos+1，然后再次执行④、⑤两步；

如果 target 等于 lis[pos]，说明找到了 target。但此时还需判别 target 是 lis 中的元素还是填充元素：如果是 lis 中的元素，直接返回 pos；如果是填充元素，则返回原 lis（填充前）中最后一个元素的位置索引，即 len(lis)−1（因为扩展查找列表是以原列表中最后一个元素来填充，如果待查值是填充元素，则说明原查找列表最后一个元素就是待查的目标值）。

现举例说明斐波拉契查找算法中的一种特殊情况，列表 lis=[2, 4, 6, 7, 10, 15, 20, 21, 22, 30, 35, 43, 55]，在 lis 中查找 55，left、pos、right 的取值情况如表 6.17 ～表 6.19 所示。开始时，$F(7)=F(6)+F(5)=8+5$，pos=left+8−1=7。

lis(pos) 小于 55，left 更新为 pos+1=8，见表 6.18。此时，$F(5)=F(4)+F(3)=3+2$，pos=8+3−1=10。

lis(pos) 小于 55，left 更新为 pos+1=11，见表 6.19。此时，$F(3)=F(2)+F(1)=1+1$，pos=11+1−1=11。

表 6.17　列表 lis

元素	2	4	6	7	10	15	20	21	22	30	35	43	55
位置	0	1	2	3	4	5	6	7	8	9	10	11	12
变量	left							pos					right

表 6.18　left 更新为 8

元素	2	4	6	7	10	15	20	21	22	30	35	43	55
位置	0	1	2	3	4	5	6	7	8	9	10	11	12
变量									left		pos		right

表 6.19　left 更新为 11

元素	2	4	6	7	10	15	20	21	22	30	35	43	55
位置	0	1	2	3	4	5	6	7	8	9	10	11	12
变量												left pos	right

此时，F(1) 已经不能再分成两个值的和，而目标值 55 还没有查找到，pos 的值不能再修改，所以需要在上述算法中加上以下判断：如果 lis[right]=target，返回 right。当目标值大于 lis 的最后一个元素，直接返回；当目标值小于 lis 的第一个元素，也无须再查找，直接返回。

斐波那契查找的循环条件和斐波那契数列 $F(n)$ 有关，当循环体内有计算公式 pos=left+ $F(n-1)+1$ 时，要求 $n \geqslant 1$。

程序 6.7 是斐波那契查找的实现，由两个函数构成，代码中的 fibolacci(n) 即前文中的 $F(n)$，执行时 fibolacci(n) 直接调用函数。当查找表长度已知时，可以直接构造一个长度适中的斐波那契函数列表，如 F=[0, 1, 1, 2, 3, 5, 8, 13, 21, 34, 55, 89]，这样只需将程序 6.7 中的 fibolacci(n) 用 $F(n)$ 替代即可。

程序 6.7　斐波那契查找的实现

```
def fibolacci(n):
    if n==0:
        return 0
    elif n==1:
        return 1
    else:
        return(fibolacci(n-2)+fibolacci(n-1))

def fibolacci_search(lis,target):
    if target<lis[0] or target>lis[len(lis)-1]:
        return -1

    # 找到等于（或第一个大于）列表长度的斐波那契函数值
    n=0
    while len(lis)>fibolacci(n):
        n=n+1

    # 用 lis 的最后一个元素扩展 lis
    max=len(lis)-1
```

```
    while len(lis)<fibolacci(n):
        lis.append(lis[len(lis)-1])

    left=0
    right=len(lis)-1
    while left<=right and n>=1:
        pos=left+fibolacci(n-1)-1
        if target==lis[right]:
            return right
        if target>lis[pos] :
            left=pos+1
            n=n-2
        elif target<lis[pos] :
            right=pos-1
            n=n-1
        elif target==lis[pos]:
            if pos<=max:
                return pos
            elif pos>max:
                return max
    return -1
```

程序 6.7 调用示例如下：

```
lis=[2,3,9,11,22,40,41,45,50,52,53,55,60]
fibolacci_search(lis,11)
```

运行结果如下：

```
3
```

6.5 散列查找 / 哈希查找

哈希查找算法又称散列查找算法，是一种借助哈希表（散列表）查找目标元素的方法，查找效率最高时对应的时间复杂度为 $O(1)$。

哈希查找算法适用于大多数场景，既支持在有序序列中查找目标元素，也支持在无序序列中查找目标元素。讲解哈希查找算法之前，首先要搞清楚什么是哈希表。

哈希表（Hash table）又称散列表，是一种存储结构，用来存储多个元素。哈希表通常是在列表或数组的基础上构建的。

哈希表的各个元素并不从起始位置依次存储，它们的存储位置由专门设计的函数计算得出，通常将这样的函数称为哈希函数。类似于数学中的一元函数，给函数传递一个元素，函数反馈一个结果值，这个值就是该元素对应的索引，也就是存储到哈希表中的位置。

如将 {70, 90, 40, 80, 200} 存储到哈希表中，哈希函数为 $y=x//10$，最终各个元素的存储位置如表 6.20 所示。

和其他存储结构（线性表、树等）相比，哈希查找目标元素的效率非常高。每个存储到哈希表中的元素，都配有一个唯一的“索引”或者“键”，用户想查找哪个元素，凭借该元素对

表6.20 哈希查找存储结构

索引/键	0	1	2	3	4	5	6	7	8	9	10
元素			20		40			70	80	90	

应的索引或键就可以直接找到它，无须遍历整个哈希表。如要在表6.20中查找元素90，只需将它代入$y=x//10$这个哈希函数中，计算出它对应的索引值为90，直接可以在哈希表中找到它。借助哈希函数，可提高数据的查找效率，这就是哈希表存储结构。

构建哈希表时，哈希函数的设计至关重要。如将{5, 20, 30, 50, 55}存储到哈希表中，哈希函数是y等于元素x除以10取余数，各个元素在表中的存储位置如表6.21所示。

表6.21 哈希表中各元素存储位置

索引/键	0	1	2	3	4	5	6	7	8
元素	20，30，50					5，55			

5和55对应的索引值相同，20、30和50对应的索引值相同，它们的存储位置分别发生了冲突，称为哈希冲突或者哈希碰撞。设计一个好的哈希函数，可以降低哈希冲突的出现次数。哈希表提供了很多解决哈希冲突的方案，比如线性探测法、链地址法等。

线性探测法是：当元素的索引值（存储位置）发生冲突时，从当前位置向后查找，直至找到一个空闲位置，作为冲突元素的存储位置。

以表6.21为例，按顺序存储{5, 20, 30, 50, 55}，使用线性探测法解决哈希冲突的过程是：

① 元素5最先存储到索引为5的位置；

② 元素20最先存储到数组中索引为0的位置；

③ 元素30的存储位置为0，和20冲突，根据线性探测法，从索引为0的位置向后查找，索引为1的存储位置空闲，用来存储30；

④ 元素50的存储位置为0，和20冲突，根据线性探测法，从索引为0的位置向后查找，索引为2的存储位置空闲，用来存储50；

⑤ 元素55的存储位置为5，和5冲突，根据线性探测法，从索引为5的位置向后查找，索引为6的存储位置空闲，用来存储55。

借助线性探测法，{5, 20, 30, 50, 55}存储到哈希表中的结果如表6.22所示。

表6.22 借助线性探测法存储

索引/键	0	1	2	3	4	5	6	7	8	9
元素	20	30	50			5	55			

假设从表6.22所示的哈希表中查找元素50，过程如下：

① 根据哈希函数y等于x除以10取余，目标元素的存储位置为0，但经过和索引为0处的元素20比较，该位置存储的不是50；

② 根据线性探测法，和索引位置为1处的元素30比较，该位置存储的也不是50；

③ 继续比较索引位置为2的元素50，成功找到目标元素。

对于发生哈希冲突的哈希表，尽管查找效率会下降，但仍比一些普通存储结构（比如列表）的查找效率高。

哈希查找算法就是利用哈希表查找目标元素的算法。对于给定的序列，该算法会先将整个序列存储到哈希表中，然后再查找目标元素。

程序 6.8 生成如表 6.22 所示的哈希表，哈希表是名为 hashLis 的列表，该表可存储 10 个元素，初始时所有的元素为 −1。

程序 6.8　哈希表的生成

```
lis = [5, 20, 30, 50, 55]
hashLis=[-1]*10
for ele in lis:
    index = ele%10   #哈希函数
    while hashLis[index]!=-1:
        index = (index + 1)%len(hashLis)
    hashLis[index]=ele
hashLis
```

程序 6.8 中，哈希表表长为 10，需要存储的元素为 5 个，哈希表没有存储满。当哈希表表长小于需要存储的元素个数时，如何判断哈希表是否已存满？

如需要存储 lis = [5, 20, 30, 50, 55] 中的元素，哈希表表长为 4，哈希函数为 $y=x\%4$，用线性探测法解决哈希冲突，5 % 4 = 1，20 % 4 = 0，30 % 4 = 2，50 % 4 = 2，lis 的前 4 个元素存储情况如表 6.23 所示，哈希表满，此时如何存储 55？ 55%4=3，哈希表在索引为 3 处存储了元素 50，表已到末尾，下一个要探测的地方是索引为 0 处，即 (3+1)% 4 =0（4 为哈希表表长），索引为 0 处已存储元素 20；下一个位置是索引为 1 处，即 (0+1)% 4 =1，该处存储元素 5；下一个位置是索引为 2 处，即 (1+1)% 4 = 2，该处存储元素 30；下一个位置是索引为 3 处，依旧没有存储的位置，说明哈希表已存储满，此时 (2+1)% 4 = 55 % 4 = 3。

表 6.23　前 4 个元素存储情况

索引 / 键	0	1	2	3
元素	20	5	30	50

程序 6.9 是一个函数，功能是将列表 lis 中的元素存入哈希表 hashLis，参数是 lis 和 length，length 是哈希表表长，当哈希表存储满时有提示。

程序 6.9　将列表 lis 中的元素存入哈希表

```
def create_hash(lis,length):
    hashLis=[-1]*length
    for ele in lis:
        index = ele%4  #哈希函数
        add=index
        while hashLis[add]!=-1:
            add = (add + 1)%len(hashLis) #下一个存储的位置
            if add==index:    #已经探测一圈，说明表已满
                print("哈希表已满，无法存储元素",ele)
                return hashLis
        hashLis[add]=ele
    return hashLis
```

函数调用示例如下：

```
lis = [5, 20, 30, 50, 55]
```

```
a=create_hash(lis,4)
print(a)
```

运行结果如下：

```
哈希表已满，无法存储元素 55
[20, 5, 30, 50]
```

运行结果提示“表已满”时，需及时修改参数，将 create_hash(lis,4) 中的 4 改为任何一个大于等于 5 的整数即可。

列表存储到哈希表之后，如果在哈希表中进行查找，称为哈希查找。哈希查找也需要通过哈希函数求索引值，比如查找元素 20，首先需要求出 20 对应的哈希函数值，因此可将程序 6.9 改为两个函数，一个计算哈希函数值，一个生成哈希表并存储元素，程序 6.10 除了具有这两个函数，还包含了哈希查找函数。

程序 6.10　将程序 6.9 改为两个函数的形式

```
def hash(ele,c):
    return ele%c

def create_hash(lis,length):
    hashLis=[-1]*length
    for ele in lis:
        index = hash(ele,length) #length 为新建哈希表长度
        add=index
        while hashLis[add]!=-1:
            add = (add + 1)%len(hashLis)
            if add==index:
                print(" 哈希表已满，无法存储元素 ",ele)
                return hashLis
        hashLis[add]=ele
    return hashLis

def hash_search(hashLis,target):
    hashAdd = hash(target,len(hashLis))
    index=hashAdd
    if (hashLis[hashAdd] == -1):
        return -1
    else:
        while hashLis[index] != target:
            index = (index + 1)%len(hashLis)
        # 如果探测位置重新回到了探测开始的位置（即探测了一圈），则查找失败
            if hashAdd == index:
                return -1
    return index
```

哈希函数是求余数的方式时，如 $y=x\%10$，$y<10$，y 作为哈希表的索引，当 y 值超过了哈希表的索引范围时，程序会报错，比如 $y=9$，哈希表的索引为 0 到 7。哈希函数采用 $y= x\ \%$（哈希表长度）时，y 的最大值刚好是哈希表索引的最大值，因此 $y=x\ \%\ c$ 中，c 一般取小于或等于哈希表长度的素数。

其他形式的哈希函数，如用加法、位移运算构成的哈希函数，用于将字符串映射为整数。

程序 6.11 是一个加法实现的哈希函数，参数为素数 prime 和字符串 key，字符串中所有字

符的 ASCII 码求和，并用该和除以 prime 取余；函数 ord() 的参数为字符，功能是返回该字符的 ASCII 码。

程序 6.11　加法实现的哈希函数

```
def hash_add(prime,key = ''):
    hash = 0;
    for ch in key:
        hash += ord(ch)
    return hash % prime
```

函数调用示例如下：

```
hash_add(31,'python')
```

运行结果如下：

```
23
```

程序 6.12 是一个哈希函数，prime 是素数，“<<” 是左移运算符，“>>” 是右移运算符，“^” 是“按位异或”运算符。

程序 6.12　哈希函数

```
def hash_rotating(prime,key = '') :
    hash = 0
    for ch in key:
        hash = (hash << 4) ^ (hash >> 28) ^ ord(ch)
       return  hash % prime
```

函数调用示例如下：

```
hash_rotating(31,'python')
```

运行结果如下：

```
22
```

第 7 章
排序

PYTHON

7.1 选择排序

7.1.1 选择排序的算法

首先在未排序序列中找到最小（大）元素，存放到排序序列的起始位置；再从剩余未排序元素中继续寻找最小（大）元素，放到已排序序列的末尾；……以此类推，直到所有元素排序完毕。

假设对一组数：2，3，5，4，1 进行升序的选择排序，过程如下。

（1）第1轮

① 第 1 轮第 1 次比较，2 比 3 小，二者不交换，2，3，5，4，1；

② 第 1 轮第 2 次比较，2 比 5 小，二者不交换，结果为：2，3，5，4，1；

③ 第 1 轮第 3 次比较，2 比 4 小，二者不交换，结果为：2，3，5，4，1；

④ 第 1 轮第 4 次比较，2 比 1 大，二者交换，结果为：1，3，5，4，2。

第 1 轮比较结束，找到最小的数 1，放在第一个位置，从第二个数开始第 2 轮比较。

（2）第2轮

① 第 2 轮第 1 次比较，3 比 5 小，二者不交换，结果为：**1**，3，5，4，2；

② 第 2 轮第 2 次比较，3 比 4 小，二者不交换，结果为：**1**，3，5，4，2；

③ 第 2 轮第 3 次比较，3 比 2 大，二者交换，结果为：**1**，2，5，4，3。

④ 第 2 轮比较结束，找到第二小的数，放在第二个位置，从第三个数开始第 3 轮比较。

（3）第3轮

① 第 3 轮第 1 次比较，5 比 4 大，二者交换，结果为：**1**，**2**，4，5，3；

② 第 3 轮第 2 次比较，4 比 3 大，二者交换，结果为：**1**，**2**，**3**，5，4。

第 3 轮比较结束，找到第三小的数，放在第三个位置，从第四个数开始第 4 轮比较。

（4）第4轮

第 4 轮第 1 次比较，5 比 4 大，二者交换，结果为：**1**，**2**，**3**，**4**，**5**。排序完成。

可以看出，选择排序有如下特点：

① n 个数需进行 $n-1$ 轮排序。

② 从待排序数据中获取最小元素放入已排序数据的末尾。

7.1.2 选择排序的程序

程序 7.1 由三部分构成：数据交换函数 swap()、升序的选择排序函数 Selection_sort() 以及函数的实际调用。

程序 7.1　选择排序

```
def swap(data,i,j):
    a=data[i]
    data[i]=data[j]
    data[j]=a

def Selection_sort(data):
    i=0
    while i<len(data)-1:
        j=i+1
        while j<len(data):
            if data[i]>data[j]:
                swap(data,i,j)
            j=j+1
        i=i+1
    return data

data=[8,5,3,6,7,1,4,23,10,11]
print(Selection_sort (data))
```

运行结果如下：

```
[1, 3, 4, 5, 6, 7, 8, 10, 11, 23]
```

7.2 插入排序

7.2.1 插入排序的算法

插入排序是将数据按照一定的顺序一个一个地插入到有序的表中，最终得到的序列就是已经排好序的数据。

直接插入排序是插入排序算法中的一种，采用的方法是：在添加新的记录时，使用顺序查找的方式找到其要插入的位置，然后将新记录插入。

很多初学者所说的插入排序，实际上指的是直接插入排序算法。插入排序算法还包括折半插入排序、表插入排序和希尔排序等。

假设对一组数 3, 1, 7, 5, 2, 4, 9, 6 进行升序直接插入排序，过程如下。

插入排序刚开始时，有序表中没有任何记录，所以将第一个数据 3 直接添加到有序表中，结果如表 7.1 所示，灰色部分表示有序表。

表 7.1　将数据 3 添加到有序表中

3	1	7	5	2	4	9	6

下一个数据 1 插入有序表中，1 小于 3，将 1 前移，结果如表 7.2 所示。

表 7.2　将数据 1 插入有序表中

1	3	7	5	2	4	9	6

下一个数据 7 插入有序表中，结果如表 7.3 所示。

表 7.3　将数据 7 插入有序表中

1	3	7	5	2	4	9	6

下一个数据 5 插入有序表中，将 5 移到 7 的前面，结果如表 7.4 所示。

表 7.4　将数据 5 插入有序表中

1	3	5	7	2	4	9	6

下一个数据 2 插入有序表中，将 2 移到 3 的前面，结果如表 7.5 所示。

表 7.5　将数据 2 插入有序表中

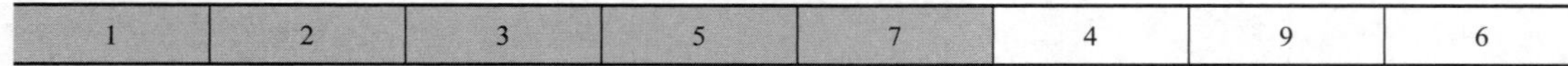

1	2	3	5	7	4	9	6

下一个数据 4 插入有序表中，将 4 前移到 5 的前面，结果如表 7.6 所示。

表 7.6　将数据 4 插入有序表中

1	2	3	4	5	7	9	6

下一个数据 9 插入有序表中，结果如表 7.7 所示。

表 7.7　将数据 9 插入有序表中

1	2	3	4	5	7	9	6

最后一个数据 6 插入有序表中，将 6 前移到 7 的前面，结果如表 7.8 所示。插入排序完成。

表 7.8　将数据 6 插入有序表中

1	2	3	4	5	6	7	9

7.2.2　插入排序的程序

程序 7.2 由三部分构成：数据交换函数 swap()、升序的插入排序函数 Insertion_sort() 以及函数的实际调用。

程序 7.2　插入排序

```
def swap(data,i,j):
    a=data[i]
    data[i]=data[j]
    data[j]=a

def Insertion_sort(data):
    i=1
    while i<len(data):
        j=i-1
         while j>=0:
             if data[j+1]<data[j]:
                 swap(data,j,j+1)
                 j=j-1
             else:
```

```
                break
            i=i+1
    return data

data=[8,5,3,6,7,1,4,23,10,11]
print(Insertion_sort(data))
```

运行结果如下：

```
[1, 3, 4, 5, 6, 7, 8, 10, 11, 23]
```

7.3 希尔排序

7.3.1 希尔排序的算法

希尔排序（Shell sort）是插入排序算法中的一种，是优化直接插入排序得到的算法。它又称缩小增量排序，因 DL.Shell 于 1959 年提出而得名。

希尔排序是将待排序的数组元素按索引的一定增量分组，分成多个子序列，对各个子序列采用直接插入排序算法排序，然后依次缩减增量再进行排序，直到增量为 1 时，进行最后一次直接插入排序，排序结束。

一般来说，第一个增量 = 数组的长度 //2，第二个增量 = 第一个增量 //2，第三个增量 = 第二个增量 //2。以此类推，最后一个增量 =1。其中，“//” 是整除（下取整）符号，如 7//2=3。

假设对一组数（数组长度为 8）13, 24, 37, 5, 12, 21, 39, 6 进行升序希尔排序，如表 7.9 所示，过程如下。

表 7.9　一组数及其索引

索引	0	1	2	3	4	5	6	7
元素	13	24	37	5	12	21	39	6

① 第一个增量 =8//2=4，即索引增量为 4，这样将元素分为四组，索引增量为 4 的第一组元素用灰色标记，如表 7.10 所示。

表 7.10　索引增量为 4 的第一组元素

索引	0	1	2	3	4	5	6	7
元素	13	24	37	5	12	21	39	6

索引增量为 4 的第一组元素进行直接插入排序（增序），结果如表 7.11 所示。

表 7.11　第一组元素进行直接插入排序

索引	0	1	2	3	4	5	6	7
元素	12	24	37	5	13	21	39	6

同理，索引增量为 4 的第二组元素（用加深的灰色标记）进行直接插入排序（增序）后，结果如表 7.12 所示。

表 7.12　索引增量为 4 的第二组元素进行直接插入排序

索引	0	1	2	3	4	5	6	7
元素	12	21	37	5	13	24	39	6

索引增量为 4 的第三组元素（用加深的灰色标记）进行直接插入排序（增序）后，结果如表 7.13 所示。

表 7.13　索引增量为 4 的第三组元素进行直接插入排序

索引	0	1	2	3	4	5	6	7
元素	12	21	37	5	13	24	39	6

索引增量为 4 的第四组元素（白色标记）进行直接插入排序（增序）后，结果如表 7.14 所示。第一轮排序结束。

表 7.14　索引增量为 4 的第四组元素进行直接插入排序

索引	0	1	2	3	4	5	6	7
元素	12	21	37	5	13	24	39	6

② 第二个增量 = 第一个增量 /2=4/2=2，采用元素索引依次加 2 的方式，将表 7.14 中的元素分为两组，第一组元素用灰色标记，第二组用白色标记，结果如表 7.15 所示。

表 7.15　元素分为两组

索引	0	1	2	3	4	5	6	7
元素	12	21	37	5	13	24	39	6

对两组元素分别进行直接插入排序（升序），结果如表 7.16 所示。第二轮排序结束。

表 7.16　两组元素分别进行直接插入排序

索引	0	1	2	3	4	5	6	7
元素	12	5	13	6	37	21	39	24

③ 第三个增量 = 第二个增量 /2=2/2=1，元素索引依次加 1，将表 7.16 所示元素分为一组，结果如表 7.17 所示。

表 7.17　元素分为一组

索引	0	1	2	3	4	5	6	7
元素	12	5	13	6	37	21	39	24

对该组元素进行直接插入排序（升序），结果如表 7.18 所示，希尔排序结束。

表 7.18　进行直接插入排序

索引	0	1	2	3	4	5	6	7
元素	5	6	12	13	21	24	37	39

7.3.2 希尔排序的程序

希尔排序由直接插入排序优化而来，因此希尔排序的程序可由程序 7.2 改进而来，程序 7.2 中的第 7 行到第 13 行，是直接插入排序的核心语句，这些语句中的整数 1，表示当前元素 data[i] 排序后，下一个参与排序的元素将是 data[i+1]，即元素增量为 1。而希尔排序中，元素的增量是一个变量，该变量假设为 step，因此将程序 7.2 中第 7 行到第 13 行中的 1 改为变量 step，外面加上循环语句，采用 step=step//2，使 step 的值从 len(data)//2 逐步变到 1。这样可以得到希尔排序的程序，即程序 7.3。

程序 7.3 由三部分构成：数据交换函数 swap()、升序的希尔排序函数 Shell_sort() 以及函数的实际调用。

程序 7.3　希尔排序

```
def swap(data,i,j):
    a=data[i]
    data[i]=data[j]
    data[j]=a

def Shell_sort(data):
    step=len(data)//2
    while  step >= 1:
        i=step
        while i<len(data):
            j=i- step
            while j>=0:
                if data[j+ step] < data[j]:
                    swap(data,j+ step,j)
                    j=j- step
                else:
                    break
            i=i+1
        step= step//2
    return data

data=[8,5,3,6,7,4,23,10,0]
print(Shell_sort(data))
```

运行结果如下：

```
[0, 3, 4, 5, 6, 7, 8, 10, 23]
```

7.4 冒泡排序

7.4.1 冒泡排序的算法

冒泡排序是从头到尾依次对相邻数据进行比较，第一次循环可以得到最大（小）的数，该数像最先冒出的气泡，不再参与比较；第二次循环可以得到第二大（小）的数，该数像第二个冒出的气泡，也不再参与比较；重复这样的过程，直到没有数据需要交换，排序完成。

如果对 N 个数排序，一般需要进行（N−1）次冒泡。假设对一组数 3, 1, 7, 5, 2 进行升序冒泡排序，过程如下，表中灰色表示进行比较的数据。

（1）第一次循环

第一次循环第一次比较：3 和 1 比较，如表 7.19 所示。将这两个数按升序排列（交换两数），结果如表 7.20 所示。

表 7.19　3 和 1 比较

3	1	7	5	2

表 7.20　3 和 1 按升序排列

1	3	7	5	2

第一次循环第二次比较：3 和 7 比较，如表 7.21 所示。将这两个数按升序排列（不交换两数），结果如表 7.21 所示。

表 7.21　3 和 7 比较并按升序排列

1	3	7	5	2

第一次循环第三次比较：7 和 5 比较，如表 7.22 所示。将这两个数按升序排列（交换两数），结果如表 7.23 所示。

表 7.22　7 和 5 比较

1	3	7	5	2

表 7.23　7 和 5 按升序排列

1	3	5	7	2

第一次循环第四次比较：7 和 2 比较，如表 7.24 所示。将这两个数按升序排列（交换两数），结果如表 7.25 所示。

表 7.24　7 和 2 比较

1	3	5	7	2

表 7.25　7 和 2 按升序排列

1	3	5	2	7

第一次循环结束，也称第一趟起泡完成，7 就像一个最大的气泡冒出水面，如表 7.26 所示，用较深的灰色标记不再需要比较的数。

表 7.26　标记不再需要比较的数 7

1	3	5	2	7

（2）第二次循环

第二次循环第一次比较：1 和 3 比较，如表 7.27 所示。将这两个数按升序排列（不交换两数），结果如表 7.27 所示。

表 7.27　1 和 3 比较并按升序排列

1	3	5	2	7

第二次循环第二次比较：3 和 5 比较，如表 7.28 所示。将这两个数按升序排列（不交换两数），结果如表 7.28 所示。

表 7.28　3 和 5 比较并按升序排列

1	3	5	2	7

第二次循环第三次比较：5 和 2 比较，如表 7.29 所示。将这两个数按升序排列（交换两数），结果如表 7.30 所示。

表 7.29　5 和 2 比较

1	3	5	2	7

表 7.30　5 和 2 按升序排列

1	3	2	5	7

第二次循环结束，将第二大的数 5 标记为深灰色，如表 7.31 所示，5 不再参与第三次循环比较。

表 7.31　标记不再参与第三次循环比较的数 5

1	3	2	5	7

（3）第三次循环

第三次循环第一次比较：1 和 3 比较，如表 7.32 所示。将这两个数按升序排列（不交换两数），结果如表 7.32 所示。

表 7.32　1 和 3 比较并按升序排列

1	3	2	5	7

第三次循环第二次比较：3 和 2 比较，如表 7.33 所示。将这两个数按升序排列（交换两数），结果如表 7.34 所示。

表 7.33　3 和 2 比较

1	3	2	5	7

表 7.34　3 和 2 按升序排列

1	2	3	5	7

第三次循环结束，第三大的数 3 冒泡，将其标记为深灰色，如表 7.35 所示，3 不再参与比较。

表 7.35　标记不再参与比较的数 3

1	2	3	5	7

（4）第四次循环

第四次循环第一次比较：1 和 2 比较，如表 7.36 所示。将这两个数按升序排列（不交换两数），结果如表 7.36 所示。

表 7.36　1 和 2 比较并按升序排列

1	2	3	5	7

第四次循环结束，第四大的数 2 已经冒泡，将其标记为深灰色，如表 7.37 所示。

表 7.37　标记第四大的数 2

1	2	3	5	7

最后一个数自然排列好，至此，冒泡排序结束，5 个数经过四次循环比较已经按升序排列整齐，结果如表 7.38 所示。

表 7.38　5 个数按升序排列

1	2	3	5	7

7.4.2　冒泡排序的程序

程序 7.4 由三部分构成：数据交换函数 swap()、升序的冒泡排序函数 Bubble_sort() 以及对该函数的实际调用。

程序 7.4　冒泡排序

```
def swap(data,i,j):
    a=data[i]
    data[i]=data[j]
    data[j]=a

def Bubble_sort(data):
    j=len(data)-1
    while j>=0:
        i=0
        while i<j:
            if data[i]>data[i+1]:
                swap(data,i,i+1)
            i=i+1
        j=j-1
    return data

data=[8,5,3,6,7,4,23,10,0]
print(Bubble_sort(data))
```

运行结果如下：

```
[0, 3, 4, 5, 6, 7, 8, 10, 23]
```

7.5 快速排序

7.5.1 快速排序的算法

快速排序（quicksort）是对冒泡排序的一种改进算法。由 C.A.R. Hoare 在 1960 年提出。该算法使用广泛，效率很高，是最重要的排序算法之一。

该算法的实现基本可分为以下几步：

- 第一步：在数组中选一个数，该数称为基准数（通常选数组的第一个数）。
- 第二步：将数组中小于基准数的数据移到基准数左边，大于基准数的移到右边。
- 第三步：对于基准数左、右两边的数组，不断重复第一步、第二步，直到基准数左右两边只有一个元素，即为全部有序。

假设对一组数 3，5，8，1，2，9，4，7，6 进行升序快速排序，过程如下，表中浅灰色表示基准数。

选基准数为 3，变量 i、j 用来表示位置，初始值如表 7.39 所示。

表 7.39　初始值

i								j
3	5	8	1	2	9	4	7	6

将 3 保存在变量 x 中，并将其所在位置设为空缺，像挖了个坑（用灰色标记）一样，如表 7.40 所示。

表 7.40　将 3 所在位置设为空缺

i								j
	5	8	1	2	9	4	7	6

x=3，j 从后往前移动，找到第一个小于等于 x 的数，结果如表 7.41 所示。

表 7.41　j 移动到第一个小于等于 x 的数①

i				j				
	5	8	1	2	9	4	7	6

将 j 指向的数填入“坑”中，j 指向的位置成为新的“坑”，如表 7.42 所示。

表 7.42　将 j 指向的数填入“坑”中①

i				j				
2	5	8	1		9	4	7	6

x=3，i 从前往后移动，找到第一个大于等于 x 的数，结果如表 7.43 所示。

将 i 指向的数填入“坑”中，i 指向的位置成为新的“坑”，如表 7.44 所示。

表 7.43　*i* 移动到第一个大于等于 *x* 的数①

	i			*j*				
2	5	8	1		9	4	7	6

表 7.44　将 *i* 指向的数填入“坑”中①

	i			*j*				
2		8	1	5	9	4	7	6

x=3，*j* 从后往前移动，找到第一个小于等于 *x* 的数，结果如表 7.45 所示。

表 7.45　*j* 移动到第一个小于等于 *x* 的数②

	i		*j*					
2		8	1	5	9	4	7	6

将 *j* 指向的数填入“坑”中，*j* 指向的位置成为新的“坑”，如表 7.46 所示。

表 7.46　将 *j* 指向的数填入“坑”中②

	i		*j*					
2	1	8		5	9	4	7	6

x=3，*i* 从前往后移动，找到第一个大于等于 *x* 的数，结果如表 7.47 所示。

表 7.47　*i* 移动到第一个大于等于 *x* 的数②

		i	*j*					
2	1	8		5	9	4	7	6

将 *i* 指向的数填入“坑”中，*i* 指向的位置成为新的“坑”，如表 7.48 所示。

表 7.48　将 *i* 指向的数填入“坑”中②

		i	*j*					
2	1		8	5	9	4	7	6

x=3，*j* 从后往前移，*i*=*j* 时退出循环，循环结束。将 *x*=3 放入 *i* 指向的位置，此时 3 左边的数比它小，右边的数比它大，结果如表 7.49 所示，3 所在的位置就是它在升序数组中的位置。

表 7.49　确定 3 的位置

		i、*j*						
2	1	3	8	5	9	4	7	6

3 将数组分成左右两个数组，对左边数组执行快速排序的第一步、第二步，2 为该数组的基准数，*i*、*j* 初始位置为数组的首末端，如表 7.50 所示。

表 7.50　3 的左边数组 *i*、*j* 的初始位置

i	*j*							
2	1							

将 2 保存在变量 x 中，x=2，i 指向的位置成为“坑”，如表 7.51 所示。

表 7.51　i 指向的位置成为“坑”①

i	j							
	1							

x=2，j 指向的元素小于 x，将 1 填入“坑”中，j 指向的位置成为“坑”，如表 7.52 所示。

表 7.52　将 1 填入“坑”中

i	j							
1								

x=2，i 从前往后移动，寻找第一个大于等于 x 的数，找到这个数之前 i 和 j 相遇，循环结束。将 x 的值 2 填入 i、j 指向位置，如表 7.53 所示，2 的左边只有一个元素，右边无元素，无须再进行排序。

表 7.53　i 和 j 相遇①

	i、j							
1	2							

3 的左边部分已经排序完成，继续对 3 的右边数组（参照表 7.49）进行快速排序的第一步、第二步，i、j 初始位置为数组的首末端，如表 7.54 所示。

表 7.54　3 的右边数组 i、j 的初始位置

			i					j
			8	5	9	4	7	6

i 指向的数 8 作为基准数保存起来，x=8，其所在的位置成为“坑”，如表 7.55 所示。

表 7.55　i 指向的位置成为“坑”②

			i					j
				5	9	4	7	6

x=8、j 从后往前移动，找到第一个小于等于 x 的数 6、将 6 填入“坑”，j 指向的位置成为“坑”，如表 7.56 所示。

表 7.56　将 6 填入“坑”中

			i					j
			6	5	9	4	7	

x=8，i 从前往后移动，找到第一个大于等于 x 的数 9，如表 7.57 所示。

表 7.57　找到第一个大于等于 x 的数 9

					i			j
			6	5	9	4	7	

将 i 指向的元素填入“坑”中，i 指向的位置成为“坑”，如表 7.58 所示。

表 7.58　将 9 填入“坑”中

					i			j
			6	5		4	7	9

x=8，j 从后往前移动，找到第一个小于等于 x 的数 7，将该数入“坑”，j 指向的位置成为新的待填“坑”，如表 7.59 所示。

表 7.59　将 7 填入“坑”中

					i		j	
			6	5	7	4		9

x=8，i 从前往后移动，寻找第一个大于等于 x 的数，还未找到该数时，i 与 j 相遇，退出循环。将 x=8 放入 i、j 指向的位置，如表 7.60 所示。

表 7.60　i 和 j 相遇②

							i、j	
			6	5	7	4	8	9

8 的右边只有一个元素，无须再排序。继续对 8 左边的数组进行排序，i、j 初始值指向数组的首末位置，如表 7.61 所示。

表 7.61　8 的左边数组 i、j 的初始位置

			i			j		
			6	5	7	4		

i 指向的数作为基准数，并保存在变量 x 中，x=6，i 指向的位置成为待填“坑”，如表 7.62 所示。

表 7.62　i 指向的位置成为“坑”③

			i			j		
				5	7	4		

x=6，j 从后往前移动，找到第一个小于等于 x 的数 4，将该数填入“坑”中，j 指向的位置成为待填“坑”，如表 7.63 所示。

表 7.63　将 4 填入“坑”中

			i			j		
			4	5	7			

x=6，i 从前往后移动，找到第一个大于等于 x 的数 7，将该数填入“坑”中，i 指向的位置成为待填“坑”，如表 7.64 所示。

表 7.64　将 7 填入"坑"中

					i	j		
			4	5		7		

x=6，j 从后往前移动，寻找第一个小于等于 x 的数，找到该数之前，i 和 j 相遇，循环结束。x=6 放入 i、j 指向的位置，如表 7.65 所示。

表 7.65　i 和 j 相遇③

					i、j			
			4	5	6	7		

6 的右边无须再排序，其左边数组以 4 作为基准数，表示位置的变量 i、j 将在指向 4 的位置相遇，至此快速排序结束，结果如表 7.66 所示。

表 7.66　排序结果

1	2	3	4	5	6	7	8	9

7.5.2　快速排序的程序

程序 7.5 由三部分构成：通过循环填"坑"最终实现排序的递归函数 steps()，升序的快速排序函数 Quick_sort() 以及对该函数的实际调用。

程序 7.5　快速排序

```
def steps(data,i,j):
        begin=i
        end=j
        x=data[i]
        while i!=j://i 和 j 相遇时循环结束
            while data[j]>x and j>i:
                j=j-1
            data[i]=data[j]// 先填 i 指向的 " 坑 "
            while data[i]<x and i<j:
                i=i+1
            data[j]=data[i] // 再填 j 指向的 " 坑 "
        data[i]=x// 基准数放入 i、j 指向的位置
        if (i>begin+1): // 基准数左边数组元素大于 1 时
            steps(data,begin,i-1) // 重复执行第一、第二步
        if (j<end-1): // 基准数右边数组元素大于 1 时
            steps(data,i+1,end) // 重复执行第一、第二步

def Quick_sort(data):
    steps(data,0,len(data)-1)
    return data

data=[8,5,3,6,7,4,23,40,0]
Quick_sort(data)
```

运行结果如下：

```
[0, 3, 4, 5, 6, 7, 8, 23, 40]
```

程序 7.5 实现的是升序的快速排序，降序的快速排序只需修改程序 7.5 的第 6 行、第 9 行：

```
while data[j]>x and j>i  改为  while data[j]<x and j>i
while data[i]<x and i<j  改为  while data[i]>x and i<j
```

第 8 章 Python 标准库的数据结构模块

PYTHON

8.1 queue（队列）模块

在 Python 中，有 queue（队列）这一模块，先了解它的常用操作。

（1）队列类

① class queue.Queue(maxsize=0)　　　　先进先出队列

② class queue.LifoQueue(maxsize=0)　　　　先进后出队列

③ class queue.PriorityQueue(maxsize=0)　　　　优先队列

上述三种类代表不同类型的队列，其中 maxsize 是整数，用于设置放入队列中的任务数的上限。当任务数达到上限的时候，插入操作将阻塞（阻止程序继续运行）直至队列中的任务数小于上限；如果 maxsize 小于等于零，表示队列中的任务数设置为无限大。

（2）添加任务

向队列中添加任务时，直接调用 put() 函数即可。

例：向队列 q 中放入整数 100，代码如下。

```
import queue
q = queue.Queue(maxsize=1)          #队列中最多放一个任务
q.put(100)
```

put() 函数完整的信息为：Queue.put(item, block=True, timeout=None)

它有两个可选参数，默认情况下，当队列满时，函数会一直阻塞（阻止程序继续运行），直到队列中有空余的位置可以添加任务为止。如果 timeout 是正数，则最多阻塞 timeout 秒，如果这段时间内还没有空余的位置，则会引发 Full 异常。

例：队列 q 的任务数上限为 1，放入两个数时，最多阻塞 2 秒，队列没有多余空间引发异常，代码如下。

```
import queue
q = queue.Queue(maxsize=1)
q.put(100)                          #放入第一个数
q.put(100,True,2)                   #放入第二个数
```

运行结果：引发 Full 异常，如图 8.1 所示。

当 block 为 False 时，timeout 参数将失效。如果队列中没有空余的位置添加任务，则会引发 Full 异常，否则直接把任务放入队列并返回，不会阻塞。

例：队列 q 的任务数上限为 1，放入第二个数时，put() 的 block 参数设为 False，队列没有多余的空间立刻引发异常，代码如下。

```
import queue
   q = queue.Queue(maxsize=1)
   q.put(100)
   q.put(100,False,2)
```

运行结果：引发 Full 异常，如图 8.2 所示。

```
---------------------------------------------------------------------------
Full                                      Traceback (most recent call last)
/tmp/ipykernel_2581/446526878.py in <module>
      2 q = queue.Queue(maxsize=1)
      3 q.put(100)
----> 4 q.put(100,True,2)

/opt/conda/envs/python3.10/lib/python3.10/queue.py in put(self, item, block, timeout)
    146                         remaining = endtime - time()
    147                         if remaining <= 0.0:
--> 148                             raise Full
    149                         self.not_full.wait(remaining)
    150             self._put(item)

Full:
```

图 8.1 引发 Full 异常①

```
---------------------------------------------------------------------------
Full                                      Traceback (most recent call last)
/tmp/ipykernel_2581/403276938.py in <module>
      2 q = queue.Queue(maxsize=1)
      3 q.put(100)
----> 4 q.put(100,False,2)

/opt/conda/envs/python3.10/lib/python3.10/queue.py in put(self, item, block, timeout)
    135             if not block:
    136                 if self._qsize() >= self.maxsize:
--> 137                     raise Full
    138             elif timeout is None:
    139                 while self._qsize() >= self.maxsize:

Full:
```

图 8.2 引发 Full 异常②

另外，还可以通过 Queue.put_nowait(item) 添加任务，相当于 Queue.put(item, False)，此处不再赘述。同样，在队列满时，该操作会引发 Full 异常。

（3）获取任务

从队列中获取任务，直接调用 get() 函数即可。

例：将 100 放入队列 q 中，并将该数出队，该队列没有任务数限制，代码如下。

```
import queue
q = queue.Queue()
q.put(100)
q.get()
```

运行结果如下：

```
100
```

与 put() 函数一样，get() 函数也有两个可选参数，即：Queue.get(block=True, timeout=None)

默认情况下，当队列空时，调用该函数会一直阻塞，直到队列中有任务可获取为止。如果 timeout 是正数，则最多阻塞 timeout 秒，如果这段时间内还没有任务可获取，则会引发 Empty 异常。

例：队列中只有一个数 100，执行 get() 函数两次将会引发异常，代码如下。

```
import queue
q = queue.Queue()
```

```
q.put(100)
q.get()
q.get(True,2)
```

运行结果：引发 Empty 异常，如图 8.3 所示。

```
---------------------------------------------------------------------------
Empty                                     Traceback (most recent call last)
/tmp/ipykernel_2581/3930797623.py in <module>
      3 q.put(100)
      4 q.get()
----> 5 q.get(True,2)

/opt/conda/envs/python3.10/lib/python3.10/queue.py in get(self, block, timeout)
    177                         remaining = endtime - time()
    178                         if remaining <= 0.0:
--> 179                             raise Empty
    180                         self.not_empty.wait(remaining)
    181                 item = self._get()

Empty:
```

图 8.3　引发 Empty 异常

当 block 为 False 时，timeout 参数将失效。如果队列中没有任务，立刻引发 Empty 异常，否则将获取一个任务并返回，不会阻塞。

另外，还可以通过 Queue.get_nowait() 获取任务，相当于 Queue.get(False)，此处不再赘述。同样，在队列为空时，该操作会引发 Empty 异常。

（4）其他常用方法

① 获取队列大小。例：将数据 100、200 放入队列 q 中，返回队列中的任务数，代码如下。

```
import queue
q = queue.Queue()
q.put(100)
q.put(200)
q.qsize()
```

运行结果如下：

```
2
```

② 判断队列是否为空。如果队列为空，返回 True，否则返回 False。如果 empty() 返回 True，则不能保证后续调用的 put() 不被阻塞。类似地，如果 empty() 返回 False，也不能保证后续调用的 get() 不被阻塞。

例：判断队列 q 是否为空，代码如下。

```
import queue
q = queue.Queue(maxsize=1)
q.empty()
```

运行结果如下：

```
True
```

例：判断队列 q 是否为空，代码如下。

```
import queue
q = queue.Queue(maxsize=1)
q.put(100)
q.empty()
```

运行结果如下：

```
False
```

③ 判断队列是否满。如果队列是满的，返回 True，否则返回 False。如果 full() 返回 True，则不能保证后续调用的 get() 不被阻塞。类似地，如果 full() 返回 False，也不能保证后续调用的 put() 不被阻塞。

例：判断队列 q 是否满，代码如下。

```
import queue
q = queue.Queue(maxsize=1)
q.full()
```

运行结果如下：

```
False
```

例：判断队列 q 是否满，代码如下。

```
import queue
q = queue.Queue(maxsize=1)
q.put(100)
q.full()
```

运行结果如下：

```
True
```

④ LIFO 队列（栈）

queue.LifoQueue() 是 LIFO（后进先出）队列，出队顺序跟入队顺序是完全相反的。因此，queue.LifoQueue() 生成的对象就可以当成栈。

例：将 0 ～ 9 依次放入栈 q，并将它们依次弹出，代码如下。

```
import queue
q = queue.LifoQueue()         # 创建一个 LIFO 队列
for index in range(10):
    q.put(index)              # 将数据 0 ~ 9 放入队列 q
while not q.empty():
    print(q.get(), end=", ")  # 将队列 q 中的数据依次弹出
```

运行结果如下：

```
9, 8, 7, 6, 5, 4, 3, 2, 1, 0,
```

8.2 queue 的先进先出队列（FIFO）

上节介绍的 queue.LifoQueue() 是 LIFO（后进先出）队列，此外，queue.Queue() 是 FIFO 队列，

出队顺序跟入队顺序是一致的。

例：将数据 0 ～ 9 依次放入队列 q 中，并将队列中的数据出队，代码如下。

```
import queue
q = queue.Queue()
for index in range(10):
    q.put(index)
while not q.empty():
    print(q.get(), end=", ")
```

运行结果如下：

```
0, 1, 2, 3, 4, 5, 6, 7, 8, 9,
```

8.3 queue 模块的优先队列

普通队列是一种先进先出的数据结构，元素在队列尾部追加，在队列头部删除。某些情况下需要找出队列中的最大值或最小值，如使用一个队列保存计算机要执行的任务，一般来说任务都是有优先级的，要在这些任务中找出优先级最高的先执行，执行完毕后需要把这个任务从队列中移除。普通的队列要完成这样的功能，需要每次遍历队列中的所有元素，比较并找出最大值，效率不是很高，这个时候，就可以使用一种特殊的队列完成这种需求——优先队列。

优先队列按照其作用不同，可以分为以下两种：

① 最大优先队列。可以获取并删除队列中最大的值。

② 最小优先队列。可以获取并删除队列中最小的值。

Python 中的队列分为三种，即先进先出（FIFO）队列、先进后出（LIFO）队列以及优先队列。其中，优先队列在 Python 中使用 PriorityQueue 表示。调用方法如下：

```
from queue import PriorityQueue
```

PriorityQueue 类继承自 Queue 类，并重写了 _init、_qsize、_put、_get 这四个私有方法，代码如下。

```
# Initialize the queue representation
    def _init(self, maxsize):
        self.queue = deque()

    def _qsize(self):
        return len(self.queue)

    # Put a new item in the queue
    def _put(self, item):
        self.queue.append(item)

    # Get an item from the queue
    def _get(self):
        return self.queue.popleft()
```

当调用被重写的函数，例如调用 put() 函数时，put() 会调用重载后的 _put() 函数。

例：arr=[(16.66, 'Python'), (11.94, 'C++'), (11.82, 'Java'), (16.56, 'C'), (4.92, 'C#'), (3.19, 'JavaScript'), (3.94, 'Visual Basic')]，arr 保存了各种编程语言对应的使用比例，如 C 语言有 16.56% 的人使用等，按使用比例从低到高顺序输出，代码如下。

```
from queue import PriorityQueue
pq = PriorityQueue()
arr=[(16.66,'Python'),(11.94,'C++'),(11.82,'Java'),(16.56,'C'),
(4.92, 'C#'),(3.19, 'JavaScript'),(3.94, 'Visual Basic')]
for i in arr:
      pq.put(i)
while not pq.empty():
      print(pq.get())
```

运行结果如下：

```
(3.19, 'JavaScript')
(3.94, 'Visual Basic')
(4.92, 'C#')
(11.82, 'Java')
(11.94, 'C++')
(16.56, 'C')
(16.66, 'Python')
```

注意：在将数据存入到优先队列 PriorityQueue 时，设置的优先级的值越小，则表明优先级越高，越先被取出。

8.4 collections 模块实现双端队列

队列（queue）是限定在表的一端进行插入，在表的另一端进行删除的数据结构。

栈（stack）是限定仅在表的一端进行操作的数据结构，且栈是一种先进后出 (FIFO) 的数据结构。

双端队列又名 double ended queue，简称 deque，是一种具有队列和栈的性质的数据结构。双端队列中的元素可以从两端插入和弹出，假设两端分别为端点 *A* 和端点 *B*，在实际应用中可以有输出受限的双端队列（即端点 *A* 允许插入和删除，端点 *B* 只允许插入的双端队列）；可以有输入受限的双端队列（即端点 *A* 允许插入和删除，端点 *B* 只允许删除的双端队列）。如果限定双端队列从某个端点插入的元素只能从该端点删除，则该双端队列就蜕变为两个栈底相邻的栈。

collections 包含了 deque 这种数据结构。例：建立双端队列 d，并遍历其中的元素，代码如下：

```
from collections import deque
d = deque('python')                        # 新建一个 deque，有六个元素
for ele in d:                              # 遍历 deque
      print(ele, end=" ")
```

运行结果如下：

```
p y t h o n
```

deque 支持如下方法：

- append(x)：将 x 添加到 deque 的右侧。
- appendleft(x)：将 x 添加到 deque 的左侧。
- clear()：将 deque 中的元素全部删除，最后长度为 0。
- count(x)：返回 deque 中元素等于 x 的个数。
- pop()：返回和移除最右侧元素。
- popleft()：返回和移除最左侧元素。
- list(deque)：以列表形式展示出 deque 的内容。
- clear()：清空 deque。
- reversed(deque)：将 deque 的元素逆序。

例：新建一个双端队列，并在两端插入新的元素，代码如下。

```
from collections import deque
d = deque('python')                    # 新建一个 deque，有六个元素
d.append('!')                          # deque 右侧添加一个元素
d.appendleft('y')                      # deque 左侧添加一个元素
d.appendleft('m')                      # deque 左侧添加一个元素
print(d)
```

运行结果如下：

```
deque(['m', 'y', 'p', 'y', 't', 'h', 'o', 'n', '!'])
```

例：新建一个双端队列，在两端插入新的元素，移除最右侧元素并返回，代码如下。

```
from collections import deque
d = deque('python')                    # 新建一个 deque，有六个元素
d.append('!')                          # deque 右侧添加一个元素
d.appendleft('y')                      # deque 左侧添加一个元素
d.appendleft('m')                      # deque 左侧添加一个元素
d.pop()                                # 返回和移除最右侧元素
```

运行结果如下：

```
'!'
```

例：新建一个双端队列，以列表形式展示其内容，代码如下。

```
from collections import deque
d = deque('python')                    # 新建一个 deque，有六个元素
list( d )                              # 以列表形式展示 deque 的内容
```

运行结果如下：

```
['p', 'y', 't', 'h', 'o', 'n']
```

例：新建一个双端队列，获取该列表最左侧的元素，代码如下。

```
from collections import deque
d = deque('python')                    # 新建一个 deque，有六个元素
d[0]                                   # 获取 deque 最左侧的元素
```

运行结果如下：

```
'p'
```

例：新建一个双端队列，获取该列表最右侧的元素，代码如下。

```
from collections import deque
d = deque('python')                        # 新建一个 deque，有六个元素
d[-1]                                      # 获取 deque 最右侧的元素
```

运行结果如下：

```
'n'
```

例：新建一个双端队列，判断元素“n”是否在队列中，代码如下。

```
from collections import deque
d = deque('python')                        # 新建一个 deque，有六个元素
'n' in d                                   # 判断元素是否在 deque 中
```

运行结果如下：

```
True
```

例：新建一个双端队列，在列表两侧一次添加多个元素。

```
from collections import deque
d = deque('python')                        # 新建一个 deque，有六个元素
d.extendleft('ym')                         # 在 deque 左侧一次添加多个元素
d.extend('s!')                             # 在 deque 右侧一次添加多个元素
print(d)
```

运行结果如下：

```
deque(['m', 'y', 'p', 'y', 't', 'h', 'o', 'n', 's', '!'])
```

例：新建一个双端队列，从列表的左侧往右侧翻转两个元素，代码如下。

```
from collections import deque
d = deque('s!python')                      # 新建一个 deque，有八个元素
d.rotate(-2)                               # 从左侧往右侧翻转两个元素
print(d)
```

运行结果如下：

```
deque(['p', 'y', 't', 'h', 'o', 'n', 's', '!'])
```

例：新建一个双端队列，从列表的右侧往左侧翻转一个元素，代码如下。

```
from collections import deque
d = deque('ythonp')                        # 新建一个 deque，有六个元素
d.rotate(1)                                # 从右侧往左侧翻转一个元素
print(d)
```

运行结果如下：

```
deque(['p', 'y', 't', 'h', 'o', 'n'])
```

例：新建一个双端队列，将列表内容逆序输出，代码如下。

```
from collections import deque
d = deque('python')                        # 新建一个 deque，有六个元素
for i in reversed(d):                      # deque 的元素逆序
       print(i,end=' ')
```

运行结果如下：

```
n o h t y p
```

8.5 heapq 模块实现堆

在 4.6 节介绍了小根堆以及建立小根堆的算法。小根堆是满足以下条件的数据结构：

① 它是一棵完全二叉树；

② 所有父结点的值小于或等于两个子结点的值。

小根堆常常采用顺序存储的物理结构，实现小根堆的语句（heap 为列表，有时也称为数组）为：heap[k] <= heap[2k+1] 并且 heap[k]<= heap[2k+2]。最小元素即为根元素 heap[0]。

对于大根堆来说，与小根堆相反，堆中索引位置 0 即 heap[0] 的值是堆中最大值，堆中每个元素都符合公式 heap[k]>= heap[2k+1] 和 heap[k]>=heap[2k+2]，父结点永远大于它的子结点。

Python 中对堆这种数据结构进行了模块化，可以通过调用 heapq 模块建立堆这种数据结构，同时 heapq 模块也提供了相应的方法对堆进行操作。

用 heapq 模块建立小根堆，只需调用模块中的方法。heapq.heapify(x) 中 x 必须是 List，此函数将 List 变成堆。

用无序列表构造一个小根堆。继续采用 4.6 节的例子，此处得到的小根堆和 4.6 节略有不同。

例：设 a=[23, 11, 10, 8, 12, 7]，用 a 构造一个小根堆，代码如下。

```
import heapq
a=[23, 11, 10, 8, 12, 7]
heapq.heapify(a)
print(a)
```

运行结果（小根堆）如下：

```
[7, 8, 10, 11, 12, 23]
```

heapq 模块主要提供了下述的方法。

```
heap = []                      # 创建了一个空堆
heappush(heap,item)            # 往堆中插入一条新的值
item = heappop(heap)           # 从堆中弹出最小值
item = heap[0]                 # 查看堆中最小值，不弹出
heapify(x)                     # 将一个列表转化为堆
item = heapreplace(heap,item)  # 弹出并返回最小值，然后将 heapqreplace 方法中
```

item 的值插入到堆中，堆的整体结构不会发生改变。

heapq.heappush(heap, item) 可用于建立小根堆或者向堆中加入新的元素。

例：设 a=[23, 11, 10, 8, 12, 7]，用 a 构造一个小根堆 h，代码如下。

```
import heapq
a=[23, 11, 10, 8, 12, 7]
h=[]
for value in a:
      heapq.heappush(h,value)
print(h)
```

运行结果（小根堆）如下：

```
[7, 10, 8, 23, 12, 11]
```

heapq.heappush(heap, item) 有两个位置参数 :heap 和 item, heap 是堆的意思，item 是要被压入到 heap 中的对象，如果 item 无法通过小于号“<”与 heap 中的各个元素进行比较，那么就会报错。

① 关于第一个位置参数 heap

a. heap 的数据类型只能是一个列表，如 heap = []。

b. heap 中的元素如果符合 heap[k]<=heap[k*2+1] 和 heap[k]<=heap[k*2+2]，那么这个 heap 就是一个堆，或者说 heap 符合堆特性。

c. 如果 heap 不符合堆的特性，可以将 heap 传入 heapq.heapify() 进行堆化 , 但前提是 heap 中的各个元素都可以使用小于号“<”进行比较运算，否则会报错。字典类型是无法使用小于号进行比较运算的，在 heap 中两个数据类型不同的元素也无法使用小于号进行比较运算，比如把整型值 3 和字符串 '5' 进行比较（3<'5'）就会报错，所以 heap 中元素的数据类型要一致，比如都是整型或者都是字符串型时，heapq.heapify() 才能通过比较 heap 中各个元素的值去调整元素在 heap 中的顺序，让其符合堆特性。

② 关于第二个位置参数 item。item 的数据类型必须与 heap 中元素的数据类型一致（item、heap 中元素的数据类型都不能是字典，因为字典无法通过小于号进行比较运算）。如果 heap 中的元素都是整型，比如 heap=[1, 2, 3]，那么使用 heapq.heappush() 压入到 heap 中的元素必须是一个整型。

如果一个列表本身不符合堆（Python 里是最小堆）的特性，比如 heap = [7, 1, 8]，即使通过 heap.heappush(heap, 4) 将整型值 4 压入 heap，这个 heap 最后也不会符合堆的特性。如果一个列表本身就符合堆的特性或者列表中的元素的个数小于等于 1，那么使用 heapq.heappush() 将值压入到这个列表后，这个列表还是会符合堆的特性。

例：设 a=[23, 11, 10, 8, 12, 7]，用 a 构造一个小根堆并向堆中增加数据 6 和 10，增加数据后 a 仍然是小根堆，代码如下。

```
import heapq
a=[23, 11, 10, 8, 12, 7]
heapq.heapify(a)
heapq.heappush(a, 6)
heapq.heappush(a, 10)
print(a)
```

代码的运行结果如下：

```
[6, 8, 7, 10, 12, 23, 10, 11]
```

heapq.heappop(heap) 为返回堆顶的元素，即返回最小值。

例：设 a=[23, 11, 10, 8, 12, 7]，用 a 构造一个小根堆并返回最小值，代码如下。

```
import heapq
a=[23, 11, 10, 8, 12, 7]
heapq.heapify(a)
heapq.heappop(a)
```

运行结果如下：

```
7
```

可以用 heappop() 实现堆排序，将所有值压入堆中，然后每次弹出一个最小值。

例：实现堆排序函数 heapsort（），并调用该函数，代码如下。

```
import heapq
def heapsort(iterable):
      a = []
      for value in iterable:
          heapq.heappush(h, value)
      return [heapq.heappop(h) for i in range(len(a))]

heapsort([1, 3, 5, 7, 9, 2, 4, 6, 8, 0])
```

运行结果如下：

```
[0, 1, 2, 3, 4, 5, 6, 7, 8, 9]
```

例：a=[23, 11, 10, 8, 12, 7]，生成一个最小堆，弹出堆中的最小值并插入数据 30，代码如下。

```
import heapq
a=[ 23, 11, 10, 8, 12, 7 ]
heapq.heapify(a)
heapq.heapreplace ( a, 30 )
print(a)
```

运行结果如下：

```
[8, 11, 10, 30, 12, 23]
```

下面介绍一种最大堆的实现方案。

heapq.heappush() 是往堆中添加新值，每次 push 时给元素加一个负号（即取相反数），此时最小值变最大值，反之亦然，那么实际上的最大值就可以处于堆顶了，返回时再取负即可。

例：a=[23, 11, 10, 8, 12, 7]，用 a 的元素构成大根堆 h，代码如下。

```
import heapq
a=[23, 11, 10, 8, 12, 7]
h=[]
for value in a:
      heapq.heappush(h,-value)           #用 a 元素的相反数建立小根堆 h
h=[-i for i in h]                        #将 h 的元素取相反数
print(h)
```

运行结果如下：

```
[23, 12, 10, 8, 11, 7]
```

例：arr=[(16.66, 'Python'), (11.94, 'C++'), (11.82, 'Java'), (16.56, 'C'), (4.92, 'C#'), (3.19, 'JavaScript'), (3.94, 'Visual Basic')]，arr 保存了各种编程语言对应的使用比例，如 C 语言有 16.56% 的人使用等，按使用比例从低到高顺序输出，代码如下。

```
import heapq
arr=[(16.66,'Python'),(11.94,'C++'),(11.82,'Java'),(16.56,'C'),
     (4.92, 'C#'),(3.19, 'JavaScript'),(3.94, 'Visual Basic')]
```

```
heapq.heapify(arr)
for i in range(len(arr)):
    print(heapq.heappop(arr))
```

运行结果如下：

```
(3.19, 'JavaScript')
(3.94, 'Visual Basic')
(4.92, 'C#')
(11.82, 'Java')
(11.94, 'C++')
(16.56, 'C')
(16.66, 'Python')
```

例：arr=[(16.66, 'Python'), (11.94, 'C++'), (11.82, 'Java'), (16.56, 'C'), (4.92, 'C#'), (3.19, 'JavaScript'), (3.94, 'Visual Basic')]，arr 保存了各种编程语言对应的使用比例，如 C 语言有 16.56% 的人使用等，优先输出使用比例高的三种语言，代码如下（以下代码在 Python 3.10 上编译）。

```
import heapq
arr=[(16.66,'Python'),(11.94,'C++'),(11.82, 'Java'),(16.56, 'C'),(4.92, 'C#'),(3.19, 'JavaScript'),
     (3.94, 'Visual Basic')]
heapq._heapify_max(arr)
print(heapq._heappop_max(arr))
print(heapq._heappop_max(arr))
print(heapq._heappop_max(arr))
```

运行结果如下：

```
(16.66, 'Python')
(16.56, 'C')
(11.94, 'C++')
```

8

附录　函数 father_bst（）

```
def father_bst(node,x):
      temp=node
      if temp==None:
          print('树为空')
          return
      if temp.data==x:
          print('根结点无父结点')
          return
      else:
          while temp!=None:
              if temp.leftchild!=None and temp.leftchild.data==x:
                  return temp
              elif temp.rightchild!=None and temp.rightchild.data==x:
                  return temp
              elif temp.data>x:
                  temp=temp.leftchild
              elif temp.data<x:
                  temp=temp.rightchild
```